U0319407

山羊生殖技术

主 编 ◎ 周佳勃 岳顺利 佟慧丽

中国出版集团

世界图书出版公司

广州·上海·西安·北京

图书在版编目（CIP）数据

山羊生殖技术 / 周佳勃, 岳顺利, 佟慧丽主编 . --
广州 : 世界图书出版广东有限公司 , 2012.8
  ISBN 978-7-5100-4944-6

Ⅰ . ①山… Ⅱ . ①周… ②岳… ③佟… Ⅲ . ①山羊－
繁殖 Ⅳ . ① S827.3

中国版本图书馆 CIP 数据核字 (2012) 第 155297 号

山羊生殖技术

责任编辑	杨力军　李　茜
封面设计	陈　璐
出版发行	世界图书出版广东有限公司
地　　址	广州市新港西路大江冲 25 号
电　　话	020-84459702
印　　刷	虎彩印艺股份有限公司
规　　格	880mm×1230mm　1/32
印　　张	11.25
字　　数	280 千
版　　次	2012 年 8 月第 1 版　2015 年 1 月第 3 次印刷
ISBN	978-7-5100-4944-6/S·0015
定　　价	45.00 元

版权所有　侵权必究

前　言

　　中国山羊饲养历史悠久，人们在日常饲养实践中积累了很多经验。自古养羊以成群放牧为主。凡水草肥美的地方都是养羊的良好环境。特别值得骄傲的是，早在一千多年前，我国古代劳动人民凭借他们的聪明才智，就能够人为地干预羊的生殖，对羊进行选种及人工繁殖，取得了珍贵的羊生殖技术经验。《齐民要术》总结的前人选种经验为：常留腊月、正月生羔为种者为上，十一月、二月生者次之，羝（公羊）无角者更佳；羊羔生后60日皆能自活，可不必哺乳，产乳多的母羊堪为种者留作种用。明代《陶朱公致富奇书》指出，配种需选适当时期，哺乳期不宜配种。对配偶比例，《沈氏农书》认为以一雄十雌为宜，《豳风广义》则说：西北地区，一只公羊可配10-20只母羊，在非配种的春季可改为50-60只，是以公羊带群放牧配种的。由于秋羔多不良，古代蒙古牧羊者已知在春夏季以毡片裹羝羊之腹，防止交配。羊对于古代劳动人民来说是不可缺少的重要家畜之一。北朝民歌《敕勒歌》："敕勒川，阴山下，天似穹庐，笼盖四野。天苍苍，野茫茫，风吹草低见牛羊"，就是当时畜牧业繁荣景象的真实写照。

　　近年来，随着我国国民经济及畜牧业方面的迅速发展，对于提高家畜的繁殖力及加速家畜的品种改良方面提出了更高的要求。虽然中国山羊养殖居世界第一，但若与养羊业发达国家相比，特别是在品种良种化、产品品质等方面，差距仍然很大。一些辅助生殖技术（ART）相继应用于加速山羊遗传改良的进程。如：山羊的人工输精（AI）和胚胎移植（ET）增加了选择的强度，羔羊的体外胚胎技术（JIVET）可以缩短世代间隔加速改良过程……

与正常育种进程相比，应用 ART 技术可培育出更多生产性能高的动物的后代。而且 ART 技术可以使季节性繁殖的山羊在非繁殖季节进行繁殖后代和产奶。

此外，现代分子生物学和细胞生物学理论与技术的发展，极大地推动了生殖生物学研究，使人们对生殖现象的认识深入到细胞和分子水平。从本质上讲，生殖过程是个体生命活动的一部分，与其它生命现象遵循共同的基本规律，如基因的时空特异性表达调控、细胞的增殖、分化和凋亡、细胞之间通过可溶性信号分子和细胞外基质相互作用等。但是，由于生殖过程在生命活动中担当特殊使命，因此也具有许多独特之处，如生殖细胞发生、性周期、受精、妊娠和分娩等等。现代生殖技术的应用使我们在山羊遗传育种方面取得了巨大的成绩，如培育了转基因山羊、改变了山羊诸多生产性能等，但也存在着一些亟待解决的。笔者多年从事山羊辅助生殖方面的研究工作，在生产实践中积累了相当多的实践经验。本书中，笔者在总结研究经验的同时将尽最大努力，综合国内外山羊生殖生物学领域的研究论文和著作，力求全面的介绍山羊畜牧生产中常用的山羊的超数排卵、人工输精、性别控制、体外受精、胚胎克隆、胚胎移植、生殖细胞保存等一系列技术，期待为广大山羊遗传育种研究工作者，提供一部系统的山羊生殖技术理论及实践的参考用书。书中周佳勃老师撰写第 9、10、11、12 部分内容约 12 万字、岳顺利老师撰写 5、6、7、8 部分约 8 万字、佟慧丽老师撰写第 1、2、3、4 部分约 8 万字。由于编者水平有限，书中定有不足之处，敬请广大读者提出宝贵意见。

编著者

2012 年 5 月

目　录

第1章　山羊生殖系统的结构与功能

1.1 公羊的生殖器官及功能

公羊的生殖器官包括成对睾丸（testis）、附睾（epididymis）、输精管（efferent duct）、尿道（urethra）、阴茎（penis）、包皮（prepuce）及附性腺（accessory gland），见图1-1。附性腺包括精囊腺（seminal vesicle）、前列腺（prostate gland）和尿道球腺（bulbourethral gland）。公羊的生殖系统参与完成精子的发生和成熟，并将精子释放到雌性动物生殖道中。

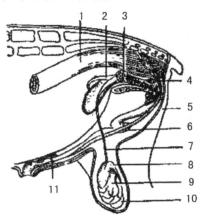

图 1-1　公羊的生殖器官

1. 直肠 2. 输精管壶腹部 3. 精囊腺 4. 尿道球腺 5. 后躯 6. 阴茎的 S 状弯曲
7. 输精管 8. 附睾头 9. 睾丸 10. 附睾 11. 阴茎游离端

1.1.1 睾丸

1.1.1.1 睾丸的组织学结构

睾丸分左、右两个，呈椭圆形。睾丸的外表被覆以浆膜（即固有鞘膜），其下为致密结缔组织构成的白膜。白膜由睾丸的一端（即和附睾头相接触的一端）形成一条宽为 0.5 ～ 1.0cm 的结缔组织索伸向睾丸实质，构成睾丸纵隔，纵隔向四周发出许多放射状结缔组织小梁伸向白膜，称为中隔。它将睾丸实质分成许多锥体形小叶。每个小叶内有一条或数条蟠曲的精细管，其直径为 0.1 ～ 0.3mm，管腔直径 0.08mm，腔内充满液体。

曲细精管在各小叶的尖端先各自汇合，穿入纵隔结缔组织内形成弯曲的导管网，称作睾丸网，为精细管的收集管，最后由睾丸网分出 10 ～ 30 条睾丸输出管，汇入附睾头的附睾管。精细管的管壁由外向内是由结缔组织纤维、基膜和复层的生殖上皮构成。上皮可分为生精细胞和足细胞（Sertoli cell）两种。足细胞又称支持细胞、塞托利氏细胞（Sertoli cell）。体积较大而细长，但数量较少，属体细胞。呈辐射状排列在精细管中，其底部附着在精细管的基膜上，游离端朝向管腔，常有许多个精子镶嵌在上面。该细胞高低不等，界限不清。细胞核较大，位于细胞的基部，着色较浅，具有明显的核仁，但不显示分裂现象。由于它的顶端有数个精子伸入胞浆内，故一般认为此种细胞是对生精细胞起着支持、营养、保护等作用。足细胞失去功能，精子便不能成熟。

1.1.1.2 睾丸的生理功能

（1）产生精子。曲精细管的生殖细胞经过多次分裂后最后形成精子。精子随精细管的液流输出，并经直精细管、睾丸网、输出管而至附睾并贮存于附睾。

（2）分泌雄激素。间质细胞分泌的雄激素，能激发公羊的性欲及性兴奋，刺激第二性征，刺激阴茎及副性腺的发育，维持精子发生及附睾精子的存活。

（3）产生睾丸液。由精细管和睾丸网产生大量的睾丸液。含有较高浓度的钙、钠等离子成分和少量的蛋白质成分。主要作用是维持精子的生存和有助于精子向附睾头部移动。

1.1.2 附睾

1.1.2.1 附睾的组织学结构

附睾是贮存精子和精子最后成熟的地方，也是排出精子的管道。附睾附着于睾丸的附着缘，分头、体、尾部分。睾丸输出管在附睾头部汇成附睾管。附睾管极度弯曲，其长度约 35 ～ 50 米，管腔直径 0.1 ～ 0.3 毫米。管道逐渐变粗，最后称为输精管。附睾管壁很薄，其上皮细胞具有分泌作用，分泌物呈弱酸性，同时具有纤毛，能向附睾尾方面摆动，以推动精子移行。附睾尾部很粗大，有利于贮存精子。附睾管的上皮分泌物可供给精子营养。附睾管的管壁包围一层环状平滑肌，在尾部很发达，有助于在收缩时，将浓密的精子排出。

1.1.2.2 生理功能

附睾是精子最后成熟的地方，睾丸曲精细管生产的精子，刚进入附睾头时形态上尚未发育完全。此时活动微弱，没有受精能力。精子通过附睾管时，附睾管分泌的磷脂及蛋白质，形成脂蛋白膜，附在精子表面将精子包起来，它能在一定程度上防止精子肿胀，也能抵抗外部环境的不良影响。精子通过附睾管时，获得负电荷，可以防止精子彼此凝集。

附睾能够储存精子。在附睾内贮存的精子，60 天内具有受精能力。如贮存过久，则活力降低，畸形及死精子增加，最后死亡被吸收。所以长期不配种的公畜，第一、二次采得的精液，会有较多衰弱和死亡的精子。反之，如果配种过频，则会出现发育不成熟的精子，其标志是精子尾部有原生质滴，故须很好掌握配种频度。精子之所以能在附睾内长期贮存的原因尚不完全清楚。但一般认为，是由于附睾管上皮的分泌作用能供给精子发育所需的养分；附睾内为弱酸性（pH 值为 6.2 ~ 6.8），可抑制精子活动；附睾管内的渗透压高，精子发生脱水现象，导致精子缺乏活动所需的最低限度的水分，故不能运动；附睾温度也较低。这些因素可使精子处于休眠状态，减少能量的消耗，从而为精子的长期贮存创造了条件。

附睾管有吸收作用。附睾头及附睾体可以吸收大量来自睾丸的稀薄精子悬浮液。附睾管还具有运输作用。精子在附睾内不能活动，主要靠纤毛上皮活动，以及附睾管平滑肌的蠕动作用才能通过附睾管。

1.1.3 输精管

输精管是精子由附睾排出的通道。它的管壁较厚，并比较坚实，分左、右两条。输精管是由附睾管延伸而来，沿腹股沟管到腹腔，折向后方进入盆腔。输精管是一条壁很厚的管道，主要功能是将精子从附睾尾部运送到尿道。输精管的开始部分弯曲，后即变直，到输精管的未端逐渐形成膨大部，称为输精管壶腹，其壁含有丰富的分泌细胞，具有分泌作用。输精管在接近膀胱括约肌处，通过一个裂口，进入尿道。输精管的肌层较厚，交配时收缩力较强，可以把精子推入尿道内。在输精管也能够贮存部分精子。

1.1.4 副性腺

副性腺包括精囊腺、前列腺、尿道球腺。射精时，它们的分泌物，加上输精管壶腹的分泌物混合在一起称为精清，与精子共同组成精液。

1.1.4.1 精囊腺

位于输精管末端的外侧，呈蝶形覆盖于尿生殖道骨盆部前端。羊的精囊腺为致密的分叶状腺体，腺体组织中央有一较小的腔。羊精囊腺的排泄管和输精管，共同开口于尿道起始端顶壁上的精阜，形成射精孔。分泌物为弱碱性、粘稠的胶状物质；含有高浓度的球蛋白、柠檬酸、酶以及高含量还原性物质，如维生素 C 等；其分泌物中的糖蛋白为去能因子，能抑制顶体反应，延长精子的受精能力。分泌物为淡乳白色粘稠液体，含有高浓度的蛋白质、果糖和柠檬酸盐等成分，其作用是供给精子营养和刺激精子运动。

1.1.4.2 前列腺

位于精囊腺的后方，由体部和扩散部组成。山羊和绵羊的前列腺仅有扩散部，且为尿道肌包围，故外观上看不到。公羊的前列腺分泌物是不透明稍粘稠的蛋白样液体。其含有果糖、蛋白质、氨基酸及大量的酶，如糖酵解酶、核酸酶、核苷酸酶、溶酶体酶等，对精子的代谢起一定作用；分泌物中还含有抗精子凝集素的结合蛋白，能防止精子头部互相凝集；还含有钾、钠、钙的柠檬酸盐和氯化物。其生理作用是中和阴道酸性分泌物，吸收精子排出的二氧化碳，促进精子的运动。

1.1.4.3 尿道球腺

位于尿生殖道骨盆部后端，是成对的球状腺体，羊的尿道球腺特别发达，呈棒状。尿道球腺分泌物为无色、清亮的水状液体，pH 值为 7.5 ～ 8.5。其生理作用为在射精前冲洗尿生殖道内的剩余尿液；进入阴道后可中和阴道酸性分泌物。

1.1.5 阴茎

阴茎是排精和排尿的共同管道，分骨盆部和阴茎两个部分，膀胱、输精管及副性腺体均开口于尿生殖道的骨盆部。阴茎主要由海绵体构成，包括阴茎海绵体、尿道阴茎部和外部皮肤。成年公羊阴茎全长约为 30 ～ 35 厘米，2 周岁公羊阴茎比成年短 5 ～ 10 厘米。

阴茎的血液循环与勃起机理：分布在阴茎的动脉有阴茎背动脉和阴茎深动脉。阴茎背动脉是营养性血管，主要是供给海绵体营养。阴茎深动脉是功能性血管，其分支走行于每个海绵体中央的小梁中并沿途发出弯弯曲曲的分支，叫螺旋动脉；螺旋动脉的末端注入海绵体血窦。在螺旋动脉的内膜中有平滑肌纵索，它平时收缩使内膜发生褶皱，阻塞管腔。在性冲动传来时，平滑肌索发生松弛，螺旋动脉管腔畅通。结果，大量血液流入海绵窦。海绵窦腔的扩大，压迫小梁中的静脉而使血液还流受阻，海绵体充血而勃起。冲动过后，平滑肌索收缩，螺旋动脉闭塞，流入血量减少，海绵体内的血压降低，血液经海绵体边缘的静脉徐徐流出，阴茎恢复静止状态。

包皮是由皮肤凹陷而发育成的皮肤褶。在不勃起时，阴茎头位于包皮腔内。

1.1.6 阴囊

公羊的阴囊呈袋状，贴近躯体，位于肛门的下方，内里贮藏睾丸、腹睾和部分精索。皮肤薄而富有弹性，易于移动和扩张。内膜有平滑肌纤维，在阴囊正中形成阴囊中隔，将阴囊分为左右两个互不相同的囊腔，内含有睾丸和附睾。

阴囊能保护睾丸和附睾。阴囊还能调节与维持睾丸温度使它低于体温的一定温度。血液进入公羊精索动脉以前的温度是 39℃，进睾丸后，动脉的血温为 34.4℃，睾丸静脉血温为 33℃，离开精索后，静脉血温升高为 38.6℃。阴囊内温度一般比体温低 4～5℃。这对于生精机能至关重要。气温低时阴囊皱缩，睾丸靠近腹壁并使阴囊变厚；气温高时阴囊松弛，睾丸位置降低，阴囊壁变薄。

1.2 精液与精子

精液是由精子和精清两部分组成，是一种不透明的粘稠液体，呈弱碱性，具有特殊腥味。精清是副性腺和附睾的分泌物。精液的成分十分复杂。公羊的射精量随品种不同差异较大。

1.2.1 生精细胞与精子发生

在性成熟以前，曲精小管的管腔很小，管壁上除支持细胞外仅见有精原细胞（spermatogonia）。到性成熟时，精原细胞开始增殖和分化，管壁上由外向内依次出现初级精母细胞（primary spermatocyte）、次级精母细胞（secondary spermatocyte）、精细胞（spermatid）和精子（spermatozoon）。由精原细胞发育分化形成精子的过程，叫做精子发生（spermatogenesis）。

1.2.1.1 精原细胞

它是双倍体细胞，位于生精小管的外周，紧靠在基膜上。细胞较小，呈圆形或卵圆形，细胞器不发达。核大而圆，染色质细密，着色深，有 1～2 个核仁。

精原细胞是生精干细胞，通过有丝分裂来增殖数目。在不同动物，一个原始精原细胞进行的有丝分裂次数不同。在山羊，精原细胞一共进行 5 次有丝分裂。A 型干细胞分裂产生两个 A 型精原细胞。其中一个开始分化，另一个变为新的 A 型干细胞。开始分化的 A 型精原细胞分裂产生两个中间（I）型精原细胞，中间型精原细胞再分裂产生两个 B 型精原细胞，后者再经两次分裂产生初级精母细胞。新的 A 型干细胞在刚产生后先停止发育，直到它的姊妹 A 型精原细胞产生出初级精母细胞时，它才再分裂，又产生出一个 A 型干细胞和一个向下分化的 A 型精原。这样，就保证了精子发生过程的连续性，不断有精子生成。

1.2.1.2 初级精母细胞

它刚由 B 型精原细胞分裂产生的初级精母细胞形态与 B 型精原细胞差不多。后来，初级精母细胞体积明显长大，可达到 B 型精原细胞的二倍，成为生精细胞中个儿最大的，紧靠在精原细胞的内侧排成 1～2 层。

初级精母细胞的胞质内细胞器较发达，大多数细胞处于分裂期，有明显的分裂相。

1.2.1.3 次级精母细胞

它由初级精母细胞经过第一次减数分裂产生稍小一些的次级精母细胞，位于初级精母细胞的内侧，结构与初级精母细胞相似。由于次级精母细胞很快就分裂，没有间期，故在生精小管切片上很难见到。

1.2.1.4 精细胞

由次级精母细胞经过第二次减数分裂产生出精细胞。精细胞在次级精母细胞内侧排列成数层，胞体很小，核圆而小且深染，核仁明显。

精细胞不再分裂，而是经过复杂的精子成型过程变为精子。精子成型（spermiogenesis）过程包括：（1）由精细胞的高尔基复合体产生出顶体泡，后者不断增大成帽状，盖在核的前半部，成为顶体。(2) 中心体移动到顶体对侧，在核下方发出鞭毛的轴丝。（3）核浓缩，变长。（4）细胞质向核下方移动，线粒体集中到鞭毛近端，连接成线粒体带，围绕鞭毛缠绕形成线粒体鞘。（5）多余的细胞质折离，精细胞变成精子。

1.2.1.5 精子

哺乳动物精子为蝌蚪状，分头、颈和尾三部分。刚成型精子的头部群集在支持细胞的游离端，尾巴朝向管腔。进一步成熟后，精子脱离支持细胞而进入管腔内。

根据精子的性染色体类型将精子分为两种：即 X（染色体）精子和 Y（染色体）精子，前者比后者大 7% 左右。若 X 精子钻入卵内（尾部留在外面）与卵细胞核相结合形成合子，则发育为雌性；如果是 Y 精子与卵细胞相结合，则后代发育为雄性。

1.2.2 曲精小管的上皮周期

从山羊精原细胞发育到成熟山羊精子约需 40 ～ 49 天。既然此过程如此之长，那么，是如何保证睾丸内随时都有精子成熟的呢？原来，生精小管各段的精子发生并不是同步的；后一段比前一段的略晚，于是精子一批接一批地发生。在睾丸切片上，不同段生精小管具有不同的生精细胞组合。在同一生精小管上，某一段的细胞组合周期性地反复出现，称之为曲精小管的上皮周期，也叫精子发生波（spermatognic wave）。一个周期内所包括的细胞组合数不同。在山羊曲精小管的上皮周期包括 8 种细胞组合，即 8 期。

第一期　生精小管内无精子，精细胞及其核均为圆形，核淡染，可见初级精母细胞和精原细胞。

第二期　精细胞及其核都变为长形，核染色深，可见到精原细胞和初级精母细胞。

第三期　精细胞变得更长，呈束状排列，在精细胞之间有大的初级精母细胞。

第四期　发生第一次减数分裂，可见到次级精母细胞。

第五期　发生第二次减数分裂，出现新形成的圆形精细胞。

第六期　老一代精细胞变形成精子，开始从支持细胞核的附近移开。新一代精细胞染色质分散，核界限不清。

第七期　老一代精子继续向管腔移动，新一代精细胞核仍然染色较浅。

第八期　精子脱离支持细胞进入生精小管的管腔。

1.2.3 精子的形成

精子细胞形成后不再分裂，而在支持细胞的顶端、靠近管腔经复杂的形态变化，形成蝌蚪状的精子。精子细胞的高尔基体形成精子的顶体系统，线粒体形成线粒体鞘，细胞质形成原生质滴。

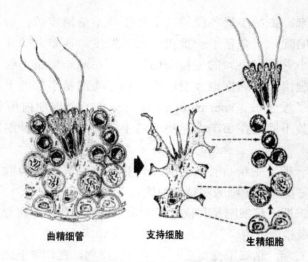

曲精细管　　　　　支持细胞　　　　　生精细胞

图 1-2　曲精细管中的支持细胞和生精细胞

1.2.4 支持细胞

支持细胞又称为足细胞见图 1-2，支持细胞对精子的形成具有重要的生理作用。其生理作用：支持作用；营养作用；帮助精子变形；分泌雄激素结合蛋白（ABP）；清除作用（吞噬作用）；形成完整血睾屏障；合成抑制素；分泌睾丸液。

综上所述，自 A1 型精原细胞分裂开始，到精子形成并释放到管腔所需时间，羊为 40 ~ 49。在诊断精子质量问题时，应记注的是目前的疾病或其他应激损伤了精原细胞及未成熟精子，4 ~ 6 周后这些精子仍会出现在精液中，这将大大地降低公羊的受精能力。

1.2.5 精子的形态和结构

蝌蚪状的的精子分为头、颈、尾三部分。

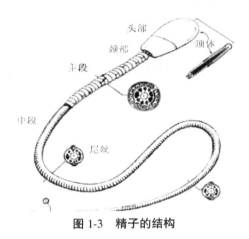

图 1-3　精子的结构

1.2.5.1 头部

精子的头部呈扁卵圆形，主要由细胞核构成，其中主要含有核蛋白及 DNA、RNA、钾、钙、磷酸盐等。核的前面被顶体覆盖，顶体是一双层薄膜囊，内含精子中性蛋白酶、透明质酸酶、顶体蛋白酶、ATP 酶及酸性磷酸酶等，都与受精过程有关。顶体是一个相当不稳定的部分，容易变性和从头部脱落。如果顶体受损，精子就不再具有受精力，所以，在进行稀释处理时应尽可能避免温度变化、pH 值变化以及渗透压变化，因为这些都会损伤顶体。

1.2.5.2 颈部

精子的颈部很短，中央有近端中心粒，外周有九条致密纤维。是精子的脆弱部分，很容易断裂，造成头尾分离。

1.2.5.3 尾部

（1）中段：外周由线粒体鞘、致密纤维及精子膜组成。线粒体变成螺旋状围绕外周致密纤维，在中段有 2 条中心纤丝，周围由外圈较粗的 9 条和内圈的 9 对纤丝组成的两个同心圆环绕着（见图 1-3）。

（2）主段：是尾部最长部分，没有线粒体的变形物环绕。在主段近中段端有 2 条中心纤丝、外周有 9 条纤丝，但主段越向后，纤丝的直径差异就越小，最后外圈的纤丝消失，在外面有强韧的蛋白质膜包绕着。

（3）末段：较短，纤维鞘消失，其结构仅有纤丝及外面的精子膜组成。

精子的尾部是精子运动的动力所在，精子的运动不仅使精子从子宫颈到达输卵管，而且在受精过程中能推动精子头部进入卵子，不动的精子不具备受精力。精子每分钟运动速度为 15 毫米～ 16 毫米，配种或者输精后精子经过 2 ～ 3 小时便可到达输卵管上端。

天生尾部异常是遗传缺陷的结果，表现为卷曲、双尾和线尾。不动精子可能由于不当的处理和保存造成，弯尾常由温度或 pH 值的突然变化而致。当精子受到机械应激或渗透压的变化，也会导致精子的头部和尾部的断裂。

1.2.6 精子的特性

1.2.6.1 运动能力

精子在附睾内贮存时活动力微弱，当射精时与副性腺分泌物混合后就具有了活动能力。活动能力越强精子消耗的能量越多，存活时间就越短。

1.2.6.2 精子运动的形式

精子运动的的基本形式，在光学显微镜下可以观察到以下一些活动方式。（1）直线运动：精子在适宜的条件下，以直线前进运动。在 42℃ 以内温度下，温度越高直线前进运动越快；（2）摆动：头部左右摆动，没有推进的力量；（3）转圈运动：精子围绕一处作圆周运动，不能直线向前行进。

1.2.6.3 精子活率

精子活率又称精子活力，是指直线向前进运动的精子占总精子数的百分率。分级按 0.0 ～ 1.0，或者 0% ～ 100%。新鲜精液的活率要求不低 0.7。精子活率是经验性很强的指标，它与精子的受精能力有强的相关关系。但它是一个"质量指标"，不是"数量指标"，即它将精液分为"好的"（活率 ≥ 0.7）和"差的"（活率 <0.7），也就是说，活率为 0.8 的精子的受精能力并不比活率为 0.9 的精子的差，活率为 0.4 的精子的受精能力并不比活率为 0.3 的精子好。

1.2.6.4 精子运动的特性

（1）逆流性：在流动的液体中，精子表现出向逆流方向运动，并随液体流速运动加快，在雌性生殖道管腔中的精子，能沿管壁逆流而上。

（2）趋物性：在精液或稀释液中有异物存在时，精子有向异物边缘运动的趋向，其头部聚集在异物而死亡。精子的这一特性，要求在处理精子时应注意：采精时应用精液过滤纸过滤，或用四层沙布过滤，且为一次使用。若多次使用将有过多的杂质进入精液；稀释液应溶解充分，不应有杂质；添加的抗生素应为人用，且溶解度高的；所有与精液接触的用具和容器应清洁干净。

（3）趋化性：精子有趋向某些化学物质的特性，在雌性生殖道内的卵细胞可能分泌某些化学物质，能吸引精子向其方向运动。

1.2.7 影响精子的因素

1.2.7.1 渗透压对精子的影响

精子是特化的细胞，与血细胞一样要求所处的环境应为等渗，即渗透压为 324 毫渗摩尔浓度，精子能忍受的渗透范围为正负 50%。如果液体的渗透压高，易使精子本身的水分脱出，造成精子皱缩；如果液体的渗透压低，水分就会渗入精子体内，使精子膨胀。因此，要求与精子接触的液体的渗透压为等渗，即精子不能与水（如自来水、矿泉水、蒸馏水等）直接接触；与精子接触的所有用具和容器应干燥。

1.2.7.2 温度对精子的影响

高温使精子的代谢和活力增强，消耗能量加快，促使精子在短时间内死亡；低温使精子的代谢能力降低，活动力减弱。因此，精液保存要求较低的温度；观察精子的活率要求有 37℃恒温板预热，评定才较准确。

1.2.7.3 pH 值对精子的影响

pH 值影响精子的代谢和活动力，偏酸性的环境，精子运动、代谢减弱，但维持生命时间延长；偏碱性的环境，精子活动能力和代谢能力提高，但精子存活时间显著缩短。

1.2.7.4 离子浓度对精子的影响

离子浓度影响精子的代谢和运动，一般阴离子对精子损害力大于阳离子。在哺乳动物精子中钾离子比钠离子含量高，而在精清中则相反。精清中少量的钾离子能促进精子的呼吸、糖酵解和运动；但高浓度的钾离子对精子代谢和运动有抑制作用。磷酸根离子 - 能抑制精子呼吸和运动，硫酸根离子 - 对精子的代谢没有影响。柠檬酸离子、氯离子、氯酸根离子、溴离子、碘离子等离子对精子有害。不能以强酸盐如生理盐水作为稀释液。

1.2.7.5 稀释对精子的影响

采集到的精液可以进行适当稀释而不影响精子活率，但稀释应低倍到高倍渐近进行。若稀释倍数过高，精子表面膜将发生变化，可导致细胞通透性增加，将对精子有不良影响。

1.2.7.6 药物对精子的影响

在稀释液中加入抗生素，能抑制精液中的病原微生物的繁殖，从而延长精子的存活时间；胰岛素能促进糖酵解；甲状腺素能促进氧的消耗、果糖的分解及葡萄糖的分解，睾酮、孕酮等能抑制精子的呼吸，在有氧的条件下能促进糖酵解。

有些药物能抑制和杀死精子，如酒精、高锰酸钾等消毒药品直接杀死精子。因此，与精子接触的所有的用具和容器不能有消毒药物的残留。

1.2.7.7 光线对精子影响

紫外线造成精子 DNA 变化，红外线能促进精子运动。因此在人工授精操作过程中，请勿阳光直射精子。

1.2.7.8 振荡对精子影响

与空气接触的振荡对精子活率影响较大，因此在运输精液时，应将盛放精液的输精瓶内空气排空，并尽量减少振动。

可见，精子是最脆弱的生命，任何不利用因素将杀死精子；而且，精子一旦形成，将不能合成自身组成成分。

1.3 母羊的生殖器官及功能

母山羊的生殖器官包括卵巢（ovary）、输卵管（oviduct or uterine tube）、子宫（uterus）、阴道（vagina）、前庭（vestibule）、阴门（vulva）和相关腺体。卵子的发生、成熟、运输、受精、妊娠及胎儿的出生等功能均由雌性生殖器官完成，见图1-4。

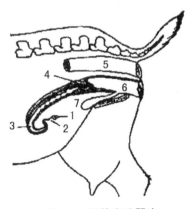

图 1-4 母羊生殖器官

1. 卵巢 2. 输卵管 3. 子宫角 4. 子宫颈 5. 直肠 6. 阴道 7. 膀胱

1.3.1 卵巢

1.3.1.1 卵巢的组织学结构

卵巢位于腹腔肾脏的下后方，由卵巢系膜悬在腹腔靠近体壁处，左右各 1 个，呈卵圆形，约蚕豆大小，长 1～1.5 厘米。卵巢组织分内外两层，外层叫皮质层，可产生滤泡，生产卵子和形成黄体；内层叫髓质层，分布有血管、淋巴管和神经。卵巢的功能是产生卵子和分泌雌性激素。

1.3.1.2 卵巢生理功能

（1）卵泡发育和排卵。卵巢皮质部的卵泡数目很多，它主要是由卵母细胞和周围一单层卵泡细胞构成的初级卵泡，它经过次级卵泡、三级卵泡和成熟卵泡，最后排出卵子。排卵后，在原卵泡处形成黄体。

（2）分泌雌激素和孕酮。在卵泡发育过程中，围绕在卵细胞外的两层卵巢皮质基质细胞，形成卵泡膜，它又可再分为血管性的内膜和纤维性的外膜。内膜可以分泌雌激素，一定量雌激素是导致母畜发情的直接因素。在排卵后形成的黄体能分泌孕酮，它是维持怀孕必须激素的一种。

1.3.2 输卵管

1.3.2.1 输卵管的组织学结构

输卵管是卵子进入子宫的通道，为一弯曲的小管，管壁较薄包在输卵管系膜内，长 3～5 厘米，有许多弯曲。管的前半部或前 1/3 段较粗，称为壶腹，是卵子受精的地方。其余部分较细称为峡部，管的前端（卵巢端）接近卵巢，扩大呈漏斗状，叫做漏斗。漏斗边缘上有许多皱褶和突起称为伞，包在卵巢外面，可以保证从卵巢排出卵子进入输卵管内。输卵管靠近子宫一端，与子宫角尖端相连并相通，称输卵管子宫口。输卵管的管壁从外向内由浆膜、肌肉层和粘膜构成，使整个管壁能协调收缩。粘膜上皮有纤毛柱状细胞，在输卵管的卵巢端更多。这种细胞有一种细长能颤动的纤毛伸入管腔，能向子宫摆动。

1.3.2.2 输卵管的生理功能

输卵管能够承受并运送卵子。排出的卵子被伞接受，借纤毛的活动将卵子运输到漏斗，送入壶腹。输卵管以分节蠕动及逆蠕动将卵子送到壶峡连接部。在输卵管，精子完成获能，精子卵子结合受精，以及卵裂。分泌机能。输卵管的分泌细胞在卵巢激素影响下，在不同的生理阶段，分泌的量有很大的变化。发情时，分泌增多，分泌物的主要是粘蛋白及粘多糖，它是精子卵子的运载工具，也是精子、卵子及早期胚胎的培养液。

1.3.3 子宫

1.3.3.1 子宫的组织学结构

子宫包括两个子宫角、一个子宫体和一个子宫颈。位于骨盆腔前部，直肠下方，膀胱上方。母羊妊娠后，子宫增大，重量可达未妊娠时的 10 倍以上。母羊的子宫呈绵羊角。青年及胎次较少的母羊子宫位于骨盆腔内。胎次多的常垂入腹腔。

子宫粘膜有突出于表面的半圆形子宫阜，阜上没有子宫腺，其深部含有丰富的血管。怀孕时子宫阜即发育为母体胎盘。子宫阜是胎盘附着母体取得营养的地方。肌肉层的外层薄，为纵行肌纤维；内层厚，为螺旋形的环状纤维。子宫颈肌可以看作是子宫肌的附着点，同时也是子宫的括约肌，其内层特别厚，且富有致密的胶原纤维和弹性纤维，是子宫颈皱襞的主要构成部分；内外两层交界处有交错的肌束和血管网。浆膜与子宫阔韧带的浆膜相连续。

子宫颈为子宫和阴道的通道。母羊的子宫颈阴道部仅为上下二片或三片突出，上片较大，子宫颈外口的位置多偏于右侧（见图 1-5）。

子宫体 —— 阴道

图 1-5 母羊子宫颈

1.3.3.2 子宫的生理功能

子宫在发情时子宫借肌纤维有节律地强力收缩运送精液；分娩时子宫强有力地阵缩排出胎儿；子宫是胎儿发育生长的地方，子宫内膜形成的母体胎盘与胎儿胎盘结合成为胎儿与母羊交换营养和排泄废物的器官；子宫在发情前，子宫内膜分泌的前列腺素对卵巢黄体有溶解作用，使黄体机能减退，在促卵泡素的作用下引起母羊发情。

1.3.4 阴道

阴道是交配器官和产道。前接子宫颈口，后连阴唇，靠外部1/3 处的下方为尿道口。阴道的生理功能是排尿、发情时接受交配、分娩时由此产出胎儿。

1.3.5 阴唇和阴蒂

阴唇是构成阴门的两侧壁，其上、下两端分别为阴唇的上、下联合。上联合呈圆形，下联合突而尖。阴蒂位于下联合的阴蒂窝内，由弹力组织和海绵组织构成，富于神经，发情时阴蒂突出充血。若母羔阴蒂过大，长度超过 1.5 厘米者多为间性羊，应及早淘汰。

1.4 卵子与卵泡的发育

1.4.1 卵子的发生和形态结构

1.4.1.1 卵子的发生

在胚胎期性分化之后，雌性胎儿的原始生殖细胞便分化为卵原细胞。卵原细胞与其他细胞一样含有高尔基体、线粒体、细胞核和一个或多个核仁，通过有丝分裂形成许多卵原细胞，称为增殖期。羊的增殖期为胚胎期30天至出生后7天。卵原细胞增殖结束后，发育成为初级卵母细胞，并进入减数分裂前期休止，被卵泡细胞包围而形成原始卵泡。原始卵泡出现后，有的卵母细胞便开始退化，所以卵母细胞数量逐渐减少，最后能达到发育成熟直到排卵的数量只是极少数。

卵母细胞发育成为初级卵母细胞并形成卵泡后，初级卵母细胞体积增大，卵黄颗粒增多，卵泡细胞通过有丝分裂增殖，由单层变为多层，卵泡细胞分泌的液体聚积在卵黄膜周围，形成透明带。卵泡细胞为卵母细胞提供营养物质，为以后的发育提供能量来源。

包裹在卵泡中的卵母细胞是一个初级卵母细胞，在排卵前不久进行第一次减数分裂，排出有一半染色质及少量细胞质的极体，称为第一极体。而含大部分细胞质的卵母细胞则称为次级卵母细胞。第二次减数分裂时，次级卵母细胞分裂为卵细胞和一个极体，称第二极体。第二次减数分裂是在排卵之后，受精过程中完成。

在山羊胎儿期初级卵母细胞进行到第一次减数分裂前期不久，卵母细胞就进入持续很久的静止期，持续到排卵不久才结束，称为复始。排卵时母羊的卵子只完成第一次减数分裂，所以排出的是次级卵母细胞和一个极体。直到精子进入透明带卵母细胞被激活后排出第二极体，才完成第二次减数分裂。

1.4.1.2 卵子的形态结构

山羊的正常卵子为圆形或椭圆形，直径120～140微米。卵子主要结构包括：放射冠、透明带、卵黄膜、卵黄及核和核仁。

刚排出卵子被数层放射冠细胞及卵泡液基质所包围，这些细胞的原生质伸出部分斜着或不定向地穿入透明带，并与卵母细胞本身的微绒毛相交织。排卵后这些突起立刻回缩，另外，由于输卵管液含有的纤维蛋白溶酶的作用，使这些突起进一步收缩和退化，接着引起坏死现象，使卵泡细胞剥落，卵子裸露。

透明带是卵泡细胞在卵泡发育过程中，分泌在卵母细胞周围均质而明显的半透膜，可被蛋白分解酶所溶解。

卵质膜含有卵母细胞的皮质颗粒，它具有与体细胞的原生质膜基本上相同的结构和性质。

透明带和卵黄膜是卵子明显的两层被膜，它们具有保护卵子完成正常受精过程，使卵子有选择性的吸收无机离子和代谢产物，对精子具有选择作用等功能。

排卵时细胞质占透明带内大部分容积。精子和卵子结合后细胞质收缩，并在透明带和卵质膜之间形成"卵周隙"，成熟分裂过程中卵母细胞排出的极体存在于此。

核有明显的核膜，核内有一个或多个染色质核仁，核所含的DNA量很少。

1.4.2 卵泡的发育与排卵

1.4.2.1 卵泡的发育

山羊在出生前卵巢就含有大量原始卵泡，但出生后随着年龄的增长，数量不断减少，在发育过程中大多数卵泡中途闭锁而死亡，只有少数卵泡才能发育成熟而排卵。

初情期前，卵泡虽能发育，但不能成熟排卵，当发育到一定程度时，便退化萎缩，到达初情期时，卵巢上的原始卵泡才通过一系列复杂的发育阶段，而达到成熟排卵。

根据卵泡生长发育阶段不同，可分为原始卵泡、初级卵泡、次级卵泡、三级卵泡及排卵前卵泡。

原始卵泡排列在卵巢皮质外膜，其核为一初级卵母细胞，周围为一层扁平的卵泡上皮细胞，没有卵泡膜和卵泡腔。原始卵泡作为卵泡的贮库。

初级卵泡排列在卵巢皮质区外围，是由卵母细胞和周围一层卵泡上皮细胞所组成，卵泡上皮细胞发育成立方形，周围包有一层基底膜，无卵泡膜和卵泡腔，有不少初级卵泡在发育过程中退化消失。

次级卵泡由初级卵泡进一步发育而成次级卵泡。在生长发育中，它移向卵巢同中央，这时卵泡细胞增殖使卵泡上皮细胞变为复层不规则的圆柱状细胞。随着卵泡的生长，整个卵泡体积也壮大，此时，卵原细胞和卵泡上皮细胞共同分泌出一层由粘多糖构成的透明带，聚积在卵泡细胞与卵黄膜之间，厚 3～5 微米，卵黄膜微绒毛部分延伸到透明带，这些细胞的延伸可供卵黄营养。

三级卵泡在这时期卵泡细胞层的细胞分离，形成许多不规则的腔隙，其中充满着由卵泡分泌出来的卵泡液，以后各腔隙渐次互相汇合形成一个新月形的腔隙，称为卵泡腔。随着卵泡液的使卵泡腔不断扩大，卵母细胞被挤向一边，并被包裹在一团卵泡细胞中，这个细胞团突出于卵泡腔中，状如半岛，称为卵丘。其余的卵泡细胞则紧贴于卵泡腔的周围，形成颗粒层，称为颗粒层细胞。卵的透明带周围有排列成放射状柱状上皮细胞，形成放射冠，放射冠细胞有微绒毛伸入透明带内。

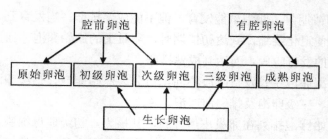

图 1-6 各种类型卵泡的相应关系

排卵前卵泡又称格拉芙氏卵泡。由三级卵泡继续增大发育而成，它向卵巢髓质部扩张，并扩展到卵巢皮质的整个厚度，突出于卵巢表面（图 1-6）。

在卵泡生长发育过程中，卵泡颗粒层外围的间质细胞分化为卵泡膜，卵泡膜分为内外两层，内膜为上皮细胞，富有许多血管和腺体，是产生雌激素的主要组织。外膜为纤维细胞所构成。发育成熟的卵泡由外向内分为：外膜、内膜、颗粒细胞层、透明带、卵细胞。羊成熟卵泡直径 8 ～ 12 毫米，每次排出 10 ～ 25 个卵子。

1.4.2.2 卵泡闭锁和退化

卵泡闭锁总是伴随卵泡生长而发生的，贯穿于胚胎期，幼龄期和整个育龄期，在胚胎期和幼龄期，发动生长的卵泡注定全部闭锁，即使到育龄期，绝大多数生长卵泡也都将在不同生长阶段闭锁，最终排卵仅为极少数。卵泡闭锁的生理意义：（1）在胚胎期，闭锁卵泡的壁膜转变为卵巢的次级间质；（2）闭锁卵泡可产生某种能够发动原始卵泡生长的物质；（3）闭锁卵泡支持（发育）优势卵泡的生长和成熟。

1.4.2.3 排卵

山羊属于自发性排卵的动物，即卵泡发育成熟后便自发排卵，排卵后形成黄体，在发情周期中其功能可维持一定时间。

卵的排出涉及到卵母细胞的成熟、卵丘的游离、卵泡颗粒膜细胞的离散和卵泡膜胶原纤维的松解，卵巢白膜和生殖上皮的破裂等一系列生理过程，而且它们按一定程序进行的。卵丘细胞分泌糖蛋白，形成一种粘稠物质，将卵母细胞及其放射冠包围，易于输卵管伞的接纳。

【参考文献】

[1] 刘荫武，曹斌云 . 1990. 应用奶山羊生产学 . 北京：轻工业出版社

[2] 马全瑞 . 2003. 奶山羊生产技术问答 . 北京：中国农业大学出版社

[3] 王建民 . 2000. 波尔山羊饲养与繁育新技术 . 北京：首都经济贸易大学出版社

[4] 江涛 . 2004. 新技术在奶山羊生产中的应用 . 北京农业（4）：28-29

[5] 毕台飞，孙旺斌，高飞娟 . 2011. 陕北白绒山羊繁殖性能的研究 . 黑龙江畜牧兽医，10：46-48

[6] 姜怀志，宋先忱，张世伟 . 2010. 辽宁绒山羊繁殖生物学特性 . 中国畜牧兽医学会养羊学分会全国养羊生产与学术研讨会议论文集，7:25

[7] 韩迪，姜怀志，李向军，董建 . 2009. 辽宁绒山羊繁殖性状遗传参数的研究，现代畜牧兽医 06:31-33

[8] 杨崴，齐吉香 . 2008. 浅谈绒山羊的繁殖特性，养殖技术顾问 6:28

[9] 武和平，周占琴，陈小强，付明哲，郝应昌 . 2007. 布尔山羊的繁殖特性观察，西北农业学报，16（7）:47-50

[10] 李玉刚，殷延秀 . 2004. 提高母山羊繁殖效率的技术要点 . 山东畜牧兽医，8:43

[11] 杨利国 . 动物繁殖学 . 2003. 北京：中国农业出版社

[12] 董常生 . 2007, 家畜解剖学（第三版）（面向 21 世纪课程教材）. 北京：中国农业出版社

[13] 张忠诚 . 2000, 家畜繁殖学（第三版）. 北京：中国农业大学出版社

第2章　山羊性行为及激素调节

哺乳动物在长期的进化过程中，逐渐发展了一整套生理学和神经学的机制，这些机制保证在个体生命达到相对成熟时，出现一种独特的、具有繁衍和延续种族的重要生物学意义的行为，这就是性行为。广义上说，异性之间导致精子和卵子结合的一切行为都属于性行为，狭义的性行为则是指初情期后，在激素、神经刺激（视觉、嗅觉、听觉和触觉等）与异性发生联系的基础上所表现出来的特殊行为。两性在性行为上协调配合是完成交配过程的重要保证。

性行为是在神经、激素、感官和外激素等多种因素的作用下发动的，多种因素之间密切联系，相互促进、相互协调。如激素直接刺激动物的中枢神经系统，将体液信号转变为性冲动，共同作用的结果导致交配的成功完成，从而实现受胎和产仔。

2.1 山羊性成熟与性行为

2.1.1 山羊的性成熟的表现

2.1.1.1 公羊的性成熟的表现

公羔睾丸内出现成熟的、具有授精能力的精子时，即是公羊的性成熟期。一般公羊于 5 月～7 月龄达到性成熟。公羊的性行为主要表现为性兴奋、求偶、交配，常有口唇上翘、发出连串鸣叫声、前蹄刨地、歪头亲闻母羊等动作，性兴奋发展到高潮时即进行爬跨交配。公羊性行为出现的较早，1～2月龄公羔即发现有性行为。

2.1.1.2 母羊发情表现

随着母羔的生长、发育，当其达到一定年龄和体重时，即出现第一次发情和排卵，此次发情被称为初情期。山羊的初情期一般为5～7月龄，当年龄达到8～9月龄时，生殖器官已发育完全，具备了繁殖后代的能力，此时期称为性成熟。母山羊发情持续期为24～48小时。但也有超越此范围的，如2周岁母羊有一部分发情持续期为6～24小时，个别成年母羊发情持续达48～72小时。母羊排卵多发生在发情后期，卵子保持受精能力的时间约20小时。在一个发情期内，未经配种或虽经配种而未受孕的母羊，会再次发情，而两次发情的时间间隔为发情周期。山羊的发情周期平均为20天，该发情周期也称为不孕生殖周期。如果母羊妊娠，经过卵泡发育、排卵、受精、着床、妊娠、分娩、哺乳的全过程，称为完全生殖周期，其中从受精到分娩称为妊娠期。山羊母羊的妊娠期为147～152天，平均为150天，产双羔母羊比单羔的母羊妊娠期短1～3天。如果营养良好，妊娠期有缩短的可能。

2.1.2 山羊的季节性发情

2.1.2.1 发情季节的形成

有一些品种的山羊，特别是北方地区饲养的山羊发情是有季节性的。例如我国北方地区向养莎能羊母羊的发情季节通常开始于秋季，如果没有妊娠，约经6～8个发情周期到冬季停止发情。公羊虽然没有明显的繁殖季节，但季节对精子的产生、精液的性状亦会产生影响。

季节之所以对一些母畜发生影响，或者说母畜之所以有季节性发传，可以说是大自然选择的结果，与一定畜种在共形成的漫长历史过程中，为适应环境而形成的遗传性。例如，马的发情季节为春季，妊娠期为 11 个月，分娩季节是在春季；而羊的发情季节是秋季，妊娠期为 5 个月，分娩季节也是在春季。繁殖季节保证其后代产于饲草丰盛、温暖的季节里，有利于仔畜的成活发育。大多数野生动物都是季节性发情的，越是接近于原始类型的品种，或者是在较粗放条件下饲养的品种，发情季节比较明显。例如饲养在气候条件恶劣、放牧条件很差的牧区家畜，共发情季节既短又严格。随着驯化程度的加深和饲养管理条件的改善，季节性繁殖的限制会逐渐变得不明显。因此，家畜的发情季节也不是绝对的。例如，饲料、环境良好地区饲养的山羊，其发情季节相对地变得不甚明显。

2.1.2.2 影响季节性发情的因素

（1）日照：季节性繁殖的母畜对日照强度和持续时间非常敏感。例如，马、驴对由短日照向长日照过渡的刺激非常敏感，家禽对增长日照时间也有反应；而母羊对由长日照向短日照过渡的刺激很敏感。将北半球秋季发情配种妊娠的母羊，跨过赤道运到南半球，在当地 2～3 月份产羔后，正值秋季，母羊又会接着出现发情。因此，可以采用人工缩短光照时间，来改变羊发情的季节性。

（2）纬度：山羊的季节发情和饲养地区的纬度出有关系。在纬度高的温带地区，具有明显的繁殖季节，发情季节出现的时期很短，而在赤道附近则可全年繁殖。据测定，饲养在北纬 35 〇南纬 35 〇地区的母羊，全年均可繁殖，或者一年内有两个繁殖季节。

（3）海拔：海拔高度对繁殖季节也有影响。高山地区饲养的母羊一般要比海拔低的地区繁殖季节短。

（4）气温：实验表明与 27～33℃下饲养不同，在 7℃温度下饲养的母羊，可以使繁殖季节提早 30～40 天。

（5）营养状况：在饲养管理条件良好的环境中，母羊和母马的发情季节开始得较早，结束得较晚。如果因日粮中能量水平过低，缺乏维生素 A、磷等，营养物质不足，或者因疾病而引起的健康状况很差的母羊，即使在繁殖季节里，开始发情的时间延迟，发情表现微弱。

2.1.2.3 季节发情的生理调节

山羊属于短日照繁殖动物。现在认为，光照对内分泌的影响可能与松果腺的作用有关。光照通过神经通路——交感神经系统的头颈神经节作用于松果体，因此，认为松果体成为羊季节性繁殖的媒介物。长的日照时间、大的日照强度和某些气候方面的因素，会抑制松果褪黑激素的分泌，从而影响到丘脑下部促性腺激素释放激素的正常分泌，进而位促卵泡素、促排卵素分泌减少。由于垂体促性腺激素的减少，不能对卵泡造成有效的刺激，分泌适量的雌激素，从而使山羊不表现发情。当秋季到来，日照时间由长变短，松果腺开始分泌大量的褪黑激素，引起促性腺激素含量的增加，刺激卵巢分泌雌激素，而使山羊表观一系列发情征状。光照长度的规律变化，年复一年周而复始，山羊的季节性发情活动也随之变化。

现在认为，松果腺分泌的褪黑激素能提高丘脑下部——垂体轴对雌激素负反馈作用的敏感性，激发了促性腺激素的释放。因为山羊繁殖季节的出现，在很大程度上依赖于雌二醇的这种负反馈作用。已证实母羔血浆中褪黑激素浓度在不同季节的变化，是与母羊发情表现相一致的。如表 2-1 所示，从每年 8 月份开始，褪黑激素的浓度明显升高，到 10 月份达到峰值（600 皮克／毫升），但是在配种旺季的 12 月份，血浆褪黑激素的浓变低于配种期的 10 月份，可能是光照对生殖机能表现有一定的后效作用。有人将母羊卵巢切除后，血浆中的褪黑激素浓度也在升高，这种现象可能认为是切除卵巢即消除了某种卵巢类固醇抑制因子的结果。光照周期的缩短，使褪黑激素增加促进卵巢分泌雌激素机能，雌激素的大量分泌又反过来导致血浆褪黑激素的降低。

表 2-1 不同季节母羊血浆褪黑激素的含量（皮克／毫升）

日 期	周龄	夜间平均浓度	最高浓度
4 月 15 日	6	78.6±13.5	165±44
5 月 17 日	10	89.8±14.1	194±86
7 月 29 日	20	92.2±26.0	161±43
8 月 18 日	24	123.0±24.3	266±43
9 月 18 日	28	111.0±24.2	220±44
10 月 26 日	34	257.0±29.5	676±60
12 月 1 日	40	79.6±13.7	197±32
12 月 18 日	41	88.6±29.4	242±34

据测定，血浆中褪黑激素的含量在夜间明显地高于白天。如果要人为地提高褪黑激素的血浆含量，应采用每日夜间口服或注射小剂量（2 毫克／日）的褪黑激素制剂，或者使用阴道栓的方法，可以便当年的配种季节提早。因此，褪黑激素在发动生殖活动中具有重要作用。

公羊繁殖的季节性变化虽然没有母羊那样明显，但在不同季节对其繁殖机能是有影响的。日照长度的变化能明显地控制公羊精子的生成过程，精液品质的季节性变化很明显，精子总数和精子活力以秋季最高，冬季次之，夏季最低，据测定血浆中的睾酮水平在 8 ～ 12 月份较高，而 1 ～ 7 月份较低。表明公羊体内睾酮水平的季节性变化同公羊的性欲和精液品质的变化是一致的，证明了睾酮是调节公山羊性欲和精液品质的重要激素。

当母羊达到性成熟年龄以后，其卵巢上出现了周期性的排卵现象，随着每次排卵，生殖器官周期性地发个一系列变化，这种变化按一定顺序循环而复始，一直到性机能衰退以前，表现为周期性活动。因此，把前后两次排卵期间，整个机体和它的生殖器官所发生的复杂生理过程称为发情周期。山羊的发情周期为 17 ～ 25 天。

2.2 发情鉴定

对具有发情表现的母羊，通过发情鉴定可以判断母羊的发情阶段，以及是否属于正常发情，而且根据发情的种种表现尚须进一步作出排卵预测，以便确定配种时期，从而及时进行配种或人工授精。因此，对母羊进行发情鉴定的实质是作排卵鉴定。

母羊的发情鉴定方法一般是采用外部观察法和试情法两种。

2.2.1 外部观察法

处于发情期的母山羊，其发情表现较绵羊明显，精神兴奋不安，不时地高声阵叫、爬墙、抵门，并不时有摇尾表现，当用手按压其臀部，摇尾更甚。发情母羊食欲减退，反刍停止，泌乳量下降，放牧时常有离群现象。

发情母羊的外阴部及阴道充血、肿胀、松弛，并有粘液排出，这些变化均有利于进行交配。此外. 阴道粘液的粘稠度、酸碱度也有变化。间情期阴道粘液浓稠且为酸性，发情期粘液则变稀薄、量多。排卵前粘液减少、混浊，有的如糊状，呈碱性，有利于精子的运动。

2.2.2 试情法

将某些种用价值不高的但性欲旺盛的公羊，施行手术或非手术法处理后，依然可以爬跨发情母羊，但无精液射出。这类公羊专用于试情。

2.2.2.1 试情公羊的准备

试情公羊可以通过手术法或者非手术法两种方法准备。可以根据具体情况选择试情公羊的准备方法。

手术法又分为输精管截除法和阴茎移位法。输精管截除法是切开公羊阴囊，截除输精管 4～5 厘米。术后 6～8 周，待输精管内的精子完全消失后再用于试情。阴茎移位法是通过将阴茎缝合在偏离原位置约 45 度的腹壁上，待切口完全愈合后方可用于试情。

非手术法又分为栓系试情布法和佩戴着色标记法。栓系试情布法是给试情公羊腹下栓系试情布，试情布可以阻止阴茎伸出，避免误配。配带着色标记法是在试情公羊腹下配带一种专用的着色装置，当母羊接受爬跨时，便在母羊背部留下着色标记。

2.2.2.2 试情公羊的管理

试情公羊应单圈喂养，除试情外，不得和母羊在一起。试情羊和种公羊一样应注意营养状况，保持健康。为了提高试情效果，试情公羊每隔 5～7 天应排精或作本交一次，隔 10～15 天休息一天，或经 2～3 天更换试情公羊。

2.2.2.3 试情程序

试情公羊和母羊的比例以 1：40～50 为宜。如果母羊为同期发情母羊时，公母羊比例应为 1：10～20 为宜。每天早晚各施行一次试情，为了准确得知母羊发情开始时间，应每隔 4 小时试情一次。试情时要保持安静，不要大声喧叫，勿惊动羊群，以免影响试情公羊的性欲。在试情过程中，要随时赶动母羊，不让母羊拥挤，试情公羊便可有机会追逐发情母羊。

2.3 母羊的发情周期

母羊在出生以后，身体的各部分不断地生长发育，当达到一定年龄后，脑垂体开始具有分泌促性腺激素的机能，机体随之发生一系列复杂的生理变化，例如卵巢上有卵泡发育成熟，并具有内分泌机能，母羊有发情表现，接受公羊交配等行为。在这时期，母羊的生殖器官已基本发育完全，具有了繁衍后代的能力。

如把母羊生后第一次出现发情的时期称为初情期，则将已具备完整繁殖周期（妊娠、分娩、哺乳）的时期称为性成熟。母羊达到性成熟时，最显著的表现是能够出现正常的发情，并能够排出具有受精能力的卵子。

性成熟的年龄因母羊的品种、个体、饲养管理条件、气候等因素而存在一定的差异，在一般情况下，性成熟的出现是在生后 5 ～ 6 月龄。春季 2 ～ 3 月份出生的羔羊，到秋季 8 ～ 10 月份即表现出正常的发情。

母羊到达性成熟年龄，并不等于已经达到适宜于配种繁殖年龄。母羊开始达到性成熟的时候，其身体的生长发育还在继续进行，生殖器官的发育亦未完善，过早地妊娠就会妨碍自身的生长发育，产生的后代也多是体质虚弱、发育不良，甚至多出现死胎，泌乳性能差。

在生产中，确定母羊的适配年龄并不单纯考虑年龄，还应注意体重的要求。因患病成营养不良造成个体发育不良、体重小的母羊，开始配种的时间需延后，而有的因羊个体发育较快时，可将配种年龄适当报早。所以，对于跟羊从发育上来要求，开始配种的体重要求应该达到成年母羊体重的 65 ～ 70％为宜。一般情况下母羊的适宜配种年龄为 12 ～ 14 月龄，纯种莎能奶山羊的体重要求在 35 ～ 38 公斤以上，杂交改良羊的体重为 22 ～ 35 公斤以上才允许开始配种。奶山羊的配种年龄和泌乳的经济效益是密切相关的，因此，母羊的初配年龄也不应过分地推迟。因为山羊大多有繁殖季节，当年出生的小母羊在秋季发情，如果体重达到发育标准，可以适当提前早配，不必等到第二年秋季再给予配种，以提高经济效益。或者在第二年春季对已达配种年龄的母羊，给予人工药物催情处理，达到按时配种的目的。

母羊在发情周期中，根据其机体发小一系列生理变化，如卵巢、生殖道及全身所发生的变化，可将一个完整的发情周期划分若干期。各期互相衔接，没有明显的界限。

2.3.1 发情前期

这一期的特征是上一次发情周期形成的黄体进一步呈退行性变化，逐渐萎缩；卵巢上有新的卵泡发育生长，呈进行性变化；子宫腺体略有增殖，生殖道轻微充血肿胀，子宫颈稍开放。母羊有轻微发情表现。

2.3.2 发情期

为接受交配的时期，这一时期卵泡发育迅速，外阴部充血，肿胀加剧，子宫颈开张，由于卵泡分泌大量雌激素，有较多粘液排出，在发情末期排卵。母羊发情表现最明显。

2.3.3 发情后期

在这个时期，母羊由发情盛期转入静止状态。生殖道充血逐渐消退，粘液量少而稠。发情表现微弱，破裂的卵泡开始形成黄体。

2.3.4 休情期

母羊的交配欲已完全停止，其精神状态恢复正常，卵巢上的黄体形成，并分泌孕激素。

2.4 性行为的调节机制

哺乳动物的性行为受激素，尤其是生殖激素的严格调节。下丘脑 - 垂体 - 肾上腺轴（hypothalamus pituitary adrenal axis, HPAA）

和下丘脑 - 垂体 - 性腺轴（hypothalamus pituitary gonadal axis, HPGA）是两个十分重要的调节环路。下丘脑 - 垂体 - 性腺轴包括雄性动物的下丘脑 - 垂体 - 睾丸轴（hypothalamus pituitary testis axis, HPTA）和雌性动物的下丘脑 - 垂体 - 卵巢轴（hypothalamus pituitary ovary axis, HPOA）。

2.4.1 下丘脑 – 垂体 – 性腺轴

哺乳动物发育到一定年龄，下丘脑的发育也日臻成熟，在受到外界环境的刺激和体内其它激素的调节下，由神经内分泌细胞核团（主要是 GnRH 神经元核团）开始合成和分泌促性腺激素释放激素 GnRH。在所有的哺乳动物中，GnRH 都是一个重要的调控生殖功能的神经肽物质，其功能十分强大，它通过正中隆起（median eminence）到达垂体前叶，刺激该处的内分泌细胞合成和分泌促性腺激素，如促卵泡激素（FSH）和促黄体激素（LH）。这两种激素进入血液，通过血液循环到达靶器官—性腺（睾丸或卵巢），发挥其生理作用。促性腺激素一方面促进配子（精子或卵母细胞）的生长发育，另一方面又刺激性腺类固醇激素（雄激素、雌激素和孕激素）的合成和释放，而这些类固醇激素可以直接影响家畜的性活动和性行为，如雌二醇可促进生殖道上皮的变化和分泌，促进发情，而持续高水平的孕酮则抑制雌性动物的发情行为，睾酮则对雄性动物的生精机能和性行为产生强有力的调控作用。促性腺激素和类固醇激素又可以通过反馈调节作用来影响下丘脑 GnRH 的合成和分泌。

2.4.2 下丘脑 – 垂体 – 肾上腺轴

下丘脑合成的促肾上腺皮质激素释放激素（corticotrophin releasing hormone, CRH），能够促进垂体前叶合成和释放促肾上腺皮质激素（adronocorticotropic hormone, ACTH），后者又刺激肾上腺合成和释放肾上腺皮质激素（包括糖皮质激素和盐皮质激素）、肾上腺素（Epinephrine, E）和去甲肾上腺素（norepinephrine, NE），此外也有少量的性激素。这些激素一方面直接参与调节动物的性行为，另一方面可以提高动物对逆境的反应性。

下丘脑 - 垂体 - 性腺轴和下丘脑 - 垂体 - 肾上腺轴不仅精密调节性行为，而且还调节其它生殖行为。从卵母细胞的生长、发育、成熟和排卵，直到受精、胚胎的着床、妊娠和分娩，无不受激素的调节和控制。

母羊在发情之前，首先由垂体前叶分泌的 FSH 量不断增加，经血液循环到卵巢，刺激卵泡发育，同时促使卵泡分泌的雌二醇含量不断增多，这些雌二醇进入血液循环，作用于神经中枢和生殖器官而引起母羊发情。

2.4.3 雌激素的反馈作用

大量分泌的雌二醇等性激素对垂体和丘脑下部具有正反馈和负反馈的作用，以调节垂体促性腺激素的释放。

2.4.3.1 雌激素对 FSH 和 LH 的调节

负反馈作用：较放大量的雌激素，尤其是发情期高浓度雌激素的持久作用，可抑制垂体前叶 FSH 的释放。雌激素的作用也同时抑制了丘脑下部对 GnRH 的分泌，从而也抑制了垂体促性腺激素的分泌。其作用方式与神经递质相关。

正反馈作用：排卵前在 LH 大量释放前，先有雌激素的升高。这现象表明雌激素有兴奋促性腺激素分泌的作用。未成熟的雌鼠一次注射雌二醇，可以引起排卵及黄体形成。雌二醇能够兴奋丘脑下部促黄体释放激素（LRH）和垂体促黄体素（LH）的释放，主要取决于血浆中雌二醇含量的迅速升高，而不决定于血浆雌激素的绝对浓度。

2.4.3.2 雌激素对 LTH 的调节

雌激素分泌量的增高引起的反馈作用，降低了丘脑下部的促乳素抑制激素（PIF）的释放，从而引起垂体促乳素（LTH）分泌量的增加。

在发情后期 LH 的增高最为突出，有时可达平时分泌量的 200～300 倍，而 FSH 的增高此时很少超过一倍，但仍为发情周期的高峰，LH 在排卵前分泌量达到最高峰，故称作"排卵前 LH 高峰"。排卵前 LH 高峰的出现是由于：①血浆中低剂量的孕酮可以引起 LH 的释放，所以排卵前 LH 高峰期正是孕酮处于低峰时期。⑦血浆中雌激素含量的迅速升高，通过正反馈作用，引起垂体 LH 的大量程放。

目前认为主要由于高浓度的 LH 可以激活某些蛋白质分解酶，包括胶原酶，它能消解卵泡壁的结缔组织，引起卵泡破裂而排卵。排卵后 LH 急剧下降，因此，在排卵后血液中 LH 的浓度是很低的，即使低剂量的 LH 也可以促使卵泡内的颗粒层细胞转变为能够分泌孕酮的黄体细胞。这样低剂量的 LH 和一定量的促乳素的协同作用，促使和维持黄体分泌孕酮的机能。

孕酮在发情用期中的调节作用也表现在它的反馈作用。负反馈作用：孕酮的分泌量达到一定高峰时，通过负反馈作用于丘脑下部和垂体，抑制了 FSH 和 LH 的分泌，阻碍卵泡的发育成熟和排卵，这时期雌二醇的分泌量还维持在一个低水平上，因此，母羊不表现发情。

正反馈作用：根据实验，一次注射孕酮可以使 LH 增加而引起排卵。孕酮的作用可能使 LH 在体内聚积，继而迅速强烈地释放出来。当母羊发情配种未果、或未给予配种时，也就是说排出的卵子未受精，未能和母体发生联系时，则经过一定时期，出于子宫内膜产生的前列腺素 F2α，通过逆流传递（反流机理）从子宫静脉透入卵巢动脉而至黄体，使黄体退化萎缩，孕酮在血液中的浓度也降至 1 纳克 / 毫升。黄体退化通常是在第一次明显释放前列腺素 F2α 后 48 小时之内完成的。当黄体退化后 24～48 小时内出现发情。

这样，垂体摆脱了孕酮的抑制作用，从而又开始分泌 FSH，刺激卵泡发育，产生雌激素，于是母羊就又开始表现发情。

正常的发情用期就是这样周而复始地进行着。丘脑下部释放的促性腺激素释放激素、垂体分泌的促性腺激素、以及卵巢所分泌的性腺激素，这三大类型的生殖激素是分级直接控制的，可以认为是上、下级关系。但是下级内分泌器官通过反馈机理作用于上级内分泌器官，作出调节性的反应，于是保证了发情周期的正常进行。

2.4.4 控制性行为的神经机制

性行为主要受中枢神经系统的控制，性腺激素则通过直接地或间接地影响于中枢神经系统而发挥调节性行为的效应。直接的作用通过体液循环抵达脑部实现，间接的影响是通过性激素对生殖器官以及非生殖器官的形态学变化起作用，而这些形态学上的变化则导致中枢神经系统对各种感觉的反馈发生改变。

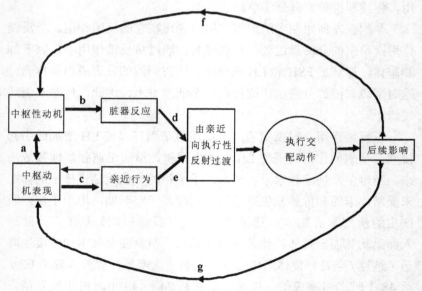

图 2-1　性动机模式图 （引自 Agmo, 1999）

　　Agmo（1999）总结了中枢对性行为的调控作用，如图 2-1 所示。中枢性动机提高了感觉器官的敏感性，而这种刺激被感知后，感觉器官又刺激中枢的性动机，性动机受激动后又反过来进一步提高感觉器官的敏感性（图 2-1a）。当性刺激达到一定的阈值，中枢启动一系列的脏器活动，为性行为做准备（图 2-1b）。另外，适宜的环境刺激促进性行为。在两性亲近过程中，可能还有其它因素激发性的动机，这些刺激会传递到中枢，并通过 a 途径加强中枢的性动机（图 2-1c）；如果亲近行为很好地实现，并且适宜的各脏器反应也完成，则交配对象的主要行为模式由条件或非条件实质性反应向执行性反射转变。这些性反射受触觉刺激促进，如对会阴和下腹区触觉刺激；如果交配的对象尚没有交配经历，则这些引发交配行为的刺激会在探索中偶然获得。如果交配对象已经有性经历，则条件实质性反应可能会促进触觉刺激的获得，而这些触觉刺激对于性反射是必需的。如果性反射确实受到激发，则性行为会有序地进行下去，直到射精（图 2-1d 和 e）。射精产生的影响会反馈性地作用于中枢，由此激活一个短暂的性抑制机制（图 2-1f）。同时，射精产生的一系列影响会加强动物掌握其自身与环境状态之间的联系。交配过程中所处的环境状态也被赋予性刺激的特性，作为条件反射的刺激诱导性行为（图 2-1g）。

【参考文献】

　　[1] Agmo A. 1999. Sexual motivation--an inquiry into events determining the occurrence of sexual behavior. Behav Brain Res. 1;105（1）:129-150.

　　[2] 刘荫武，曹斌云 .1990. 应用奶山羊生产学 . 北京：轻工业出版社

　　[3] 马全瑞 .2003. 奶山羊生产技术问答 . 北京：中国农业大学出版社

　　[4] 王建民 .2000. 波尔山羊饲养与繁育新技术 . 北京：首都经

济贸易大学出版社

[5] 江涛.2004.新技术在奶山羊生产中的应用.北京农业 （4）：28-29

[6] 毕台飞，孙旺斌，高飞娟.2011.陕北白绒山羊繁殖性能的研究.黑龙江畜牧兽医，10：46-48

[7] 姜怀志，宋先忱，张世伟.2010.辽宁绒山羊繁殖生物学特性.中国畜牧兽医学会养羊学分会全国养羊生产与学术研讨会议论文集7:25

[8] 韩迪，姜怀志，李向军，董建.2009.辽宁绒山羊繁殖性状遗传参数的研究.现代畜牧兽医，06:31-33

[9] 杨崴，齐吉香.2008.浅谈绒山羊的繁殖特性.养殖技术顾问，6:28

[10] 武和平，周占琴，陈小强，付明哲，郝应昌.2007.布尔山羊的繁殖特性观察.西北农业学报，16（7）:47-50

[11] 李玉刚，殷延秀.2004.提高母山羊繁殖效率的技术要点.山东畜牧兽医，8:43

[12] 杨利国.2003.动物繁殖学 中国农业出版社，

[13] 董常生.2007.家畜解剖学（第三版）（面向21世纪课程教材）北京：中国农业出版社

[14] 张忠诚.2000.家畜繁殖学（第三版） 北京：中国农业大学出版社

第 3 章　山羊生殖周期调控技术

3.1 同期发情

同期发情也称作同步发情，是使一群母畜能够在一个短时间内集中统一发情，并且还要求确实排出正常的卵子，以便达到受精、怀孕的目的。众所周知，自然界的母羊在繁殖季节里出现的发情时随机的、零星的，为了使羊群达到同期发情的目的，采用一些激素类的药物，打乱它们的自然发情周期规律，继而将其过程调整到统一的步调内，使得这群母羊在特定的时间内集中发情和排卵。因此说，同期发情的关键问题是同期排卵。

3.1.1 同期发情在畜牧业生产中的意义

（1）能使大多数母羊在一定时间内发情、排卵，集中在短期内使用新鲜精液或冷冻精液进行人工授精。

同期发情是以群体母羊的发情控制技术，除了便于组织配种进行人工授精外，还进一步研究控制母羊的发情、排卵时间，使其集中在 2 天左右的时间内，这样使可省去发情鉴定、试情等繁重工作，从而可以作到定时人工授精。定时人工授精是同期发情技术应用于生产、推广普及的必然结果。为了使人工授精做到成批、集中、定时输精，并且有较高的受胎率，需要在当前同期发情研究的基础上，进一步使排卵时间达到较高的同期化水平。

控制母羊的排卵时间使之在预定的期限内集中，以确定适当的授精时间和次数，就成了当前同期发情技术研究的一个中心问题。因此，同期发情技术的发展以及在生产中的普及推广，最终必然要和定时人工授精结合起来，使得人工授精可以遵照一套完整的、按日程规范化的操作程序来进行。

（2）由于集中配种，则母羊以后的一系列繁殖过程，如妊娠期大致相同，便于科学地饲养管理，节省劳力，同时由于母羊分娩集中，便于安排接产工作。

（3）产下的羔羊年龄相同，于是羔羊培育、断奶等也相继可以做到同期化。这样就便于合理地组织大规模畜牧业生产，科学地进行饲养管理，节约劳力、时间，降低许多管理费用。

（4）在胚胎移植中，通过同期发情技术可以使供体母羊和受体母羊的生殖生理阶段达到一致，保证胚胎移植的成功。但是，当前对母羊施用同期发情技术来的受胎率还较低，需用比自然发情多 4～10 倍的公羊数，才能保证其受胎率。采用人工授精时，还需用试情公羊作发情鉴定。

3.1.2 同期发情的原理

同期发情技术主要是借助外源促激素作用于卵巢，使卵巢按照预定的要求发生变化，于是群体母羊卵巢的生理机能处于相同的阶段，为同期发情创造一个共同的基础。母羊将出现发情时，卵巢上的卵泡迅速发育、成熟，直到排卵。这时的卵巢处于一个不太长的卵泡期，卵泡内分泌的雌激素是引起母羊发情的直接原因。排卵之后，卵巢上逐渐形成的黄体则分泌另一种激素——孕激素，抑制了卵泡发育，使母羊不出现发情。于是卵巢便进入了一个时间较长的黄体期，即休情期。如果黄体分泌的孕激素一直存在下去，并维持一定水平，则不会出现发情，如果黄体退化，孕激素急剧减少母羊就在短时间内出现发情。因此，卵巢上黄体的退化提早或延迟，直接关系到母羊发情、排卵的提早或延迟。

根据以上原理母羊同期发情技术通常采用两种手段。一种是向一群待处理母羊同时施用孕激素类药物，抑制卵巢中卵泡生长发育和发情表现，经过一定时期后同时停药，由于卵巢摆脱了外源性孕激素的控制，同时出现卵泡发育，引起同期发情。在这种情况下用激素抑制发情，实际上是人为地延长其黄体期，起到延长发情周期，推迟发情期的作用。为引起下一个发情周期创造了一个共同的起点，表现出同期发情。另一种方法是利用性质完全不同的激素，如前列腺素可以加速其黄体消退，卵巢提前摆脱了孕激素的控制，卵泡同时开始发育，又可以达到母羊群的同期发情在这种情况下，实际上是缩短了发情周期，促进了母羊在短时间内出现发情。以上两种方法用的激素性质不同，其作用大不一样，但都是通过将黄体的寿命延长或缩短，使多数母羊摆脱内、外孕激素控制的时间一致，因此，在同一个时期引起卵泡发育而达到同期发情的目的。

3.1.3 同期发情的方法

目前常用的同期发情药物，根据其性质大体可分为两类，它们是：抑制卵泡发育和发情的制剂（如孕激素）、溶解黄体促进发情的制剂（如前列腺素）和促进卵泡发育成熟、排卵的制剂（如促性腺激素）。

3.1.3.1 抑制卵泡、延续黄体期的制剂

（1）用药方式

主要采用孕酮或其他孕激素的化合物对山羊进行同期发情，用药期通常短于或相当于一个正常发情周期，其用药方式有：

①阴道栓塞法：将海绵、棉团经灭菌后，浸吸一定的液体，塞于靠近子宫颈的阴道深处，药液缓慢而持续不断地被周围组织吸收，对机体发生作用一个时期后取出。

②口服法：每日将一定量的药物均匀地拌在饲料中，应单个喂

给，经一定时期同时停药。此法费工费时，群喂则剂量不够准确。

③注射法：每日按一定量的药物作肌肉或皮下注射，经一定时期后再停止，此法剂量准确，但操作较繁琐。

④埋植法：将成形的药物或药管，埋植于皮下，经一定时间取出即可。此法较为实用。

（2）孕激素进行同期发情处理的具体方案

①孕酮：每日皮下或肌肉注射 5 ～ 10 毫克，连续 13 ～ 20 天。用药期间，母羊发情和排卵被抑制。也有人使用 10 ～ 20 毫克间隔 2 日注射，或者以 75 ～ 280 毫克大剂量孕酮作一次注射的。无论是采用注射、口服、阴道栓、埋植等方法，均可得到良好的同期发情效果。

②甲孕酮（MAP）：用药方式以口服或阴道栓为主，剂量为 40 ～ 60 毫克用药期以 13 ～ 16 天为宜。发情排卵效果好，但受胎率低，特别是在人工授精情况下尤为严重。近年有人改用短期（7-9 天）给药，可以提高受胎效果。据 Minotakls 等人报道，在繁殖季里对山羊进行同期发情处理，每只羊用含有 350 毫克的 MAP 阴道栓处理 17 天，去栓后皮下注射 PMSG330 国际单位或 550 国际单位，从处理后 24 小时至发情结束每日二次人工授精，分别得到了 97.5％和 92％的分娩率，产羔数分别为 2.4 只和 2.1 只。

③氟孕酮（FGA）：是羊同期发情常用的一种合成孕激素，剂量为 20 ～ 30 毫克，用药期为 16 ～ 17 天。经测定，放置 4 天的阴道栓有 50％的药物被吸收，放置 8 天的有 75％被吸收，放置 16 天的有 94％的药物被吸收。用药期间，阴道栓的丢失率一般为 2 ～ 4％，处女羊的丢失率较高。除去阴道栓后 1 ～ 2.5 天即有 98％的母羊发情，排卵一般发生在去栓后的 60 ～ 80 小时。

④氯地孕酮（CAP）：据报道，连续 14 天口服毫克 CAP，发情率可达 88％。一般给予 CAP 的剂量，口服为 1~3 毫克／日，肌肉注射为 5 ～ 10 毫克，阴道栓 25 毫克。

⑤ 16 次甲基甲地孕酮（MGA）：一般通过口服或肌注 5 毫克/日、阴道栓或皮下埋植的剂量为 30 ～ 50 毫克，经 14~20 天处理。

3.1.3.2 溶解黄体促进发情的制剂

由于前列腺素对于发情周期黄体、持久黄体以及妊娠黄体均具有明显的溶解作用，缩短了黄体在机体内的作用时间，这样就能够控制母羊的发情和排卵。但是，对尚未确定的妊娠母羊应慎重。母羊用 PGF 2α 的剂量为 10 ～ 16 毫克作肌肉注时效果较好，但应注意在发情周期的 6 ～ 16 天进行。有人认为将一次剂量分作两次注射，间隔 3 ～ 4 小时，可以提高同期发情效果。日本有人在会阴部注射 PGF2α 来控制发情，也得到了较好的受胎效果。

应用 PGF 2α 进行同期发情处理，比单独应用孕激素的受胎率要高。还有人应用 MAP 阴道栓放置 8 天，注射 PGF 2α 10 毫克，得到较好的效果。我们曾用 15 甲基 PGF2α 4 毫克作肌肉注射，也取得了良好的同期发情效果。

3.2 诱发发情

母羊在生理性乏情期或病理性乏情期内，借助外源性激素或其他方法，恢复其正常发情和排卵，这种缩短繁殖周期、增加胎次、提高繁殖率的技术称为诱发发情。生理性乏情，即奶山羊在非繁殖季节内不表现发情。这时期，卵巢上既无卵泡发育，也无功能黄体存在，垂体促性腺激素活动低下，FSH 和 LH 分泌量不足以维持卵泡的生长和促使排卵。因此，对生理性乏情的母羊进行诱发发情使用的主要方法是利用外源性激素（如促性腺激素）、某些生理活性物质（如初乳），以及环境条件的刺激（公羊、光照），通过内分泌和神经作用，激发卵巢活动，促进卵泡生长发育。而对卵巢上持久黄体造成的病理性乏情，是因为过量的孕酮抑制了促性腺激素的分泌，因此，诱发发情需用前列腺素等药物来消除黄体，解除孕酮对卵巢的抑制作用，为卵泡的生长发育创造条件。在繁殖季节里，母羊因卵巢静止而长期不发情也属于病理性乏情，因其临床表现和生理性乏情相同，故可以采用生理性乏情的诱发发情的方法，促使静止状态的卵巢恢复卵泡发育。

诱发发情和同期发情在生理本质上有共同之点，都是促使不发情的母羊恢复发情。不过诱发发情通常是对长期乏情的个体母羊而言，利用激素或其他手段，提高卵巢的活性，以达到诱发发情、排卵的目的，在时间上并无严格的要求和准确性。而同期发情则是对群体母羊的诱发发情，是诱发发情的发展和提高，对发情有时间及准确性的要求。奶山羊的非繁殖季节诱发发情如果能得到很好地解决，将会在提高母羊的繁殖力及均衡产奶方面具有重要的实用价值。

3.2.1 非繁殖季节的诱发发情

3.2.1.1 在奶羊业生产中的意义

（1）可作到一年内均衡产奶

由于奶山羊的季节性繁殖，春季母羊集中产羔，接着就是泌乳高峰期的到来，大量的鲜奶上市，往往会山现滞销及对乳品厂收购鲜奶增加压力。而在夏季以后，产奶同步下降，冬季母羊进入干奶期，又无奶可供，给人民生活和乳品厂造成很大的不便和损失。如果能在一个地区，组织一批 12～14 月龄和空怀的经产母羊在春季诱发发情配种，8～9 月份产羔，另一批母羊正常在春季产羔，这样，在一年内便可作到全年均衡产奶。当然，在冬、春季更要注意满足泌乳的营养需要。

（2）低产母羊两年产三胎，增长泌乳期

当前农户饲养的山羊大多数为低产羊，产奶 2 个月左右以后，泌乳高峰期即急骤下降，从 5～6 月份以后，每日产奶只有 0.5～

1.0 公斤，泌乳期也仅有 5 ～ 6 个月；为了提高这类羊在一年内的产奶量，除了加强饲养外，可以通过诱发发情，改变奶山羊原来的繁殖程序，使之在两年内产三胎，出现三个泌乳峰期。张一玲、渊锡藩提出使奶山羊两年产三胎的繁殖程序（图 3-1），可将原来两年共有 8 ～ 12 个月的泌乳期，增加到 14 ～ 16 个月，使每只泌乳母羊的产奶量增加 1/3，和多产一胎羔羊。

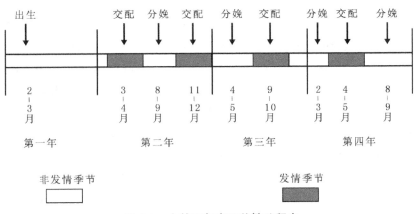

图 3-1 山羊两年产三羔繁殖程序

（3）适配年龄配种

当前农户饲养的青年小母羊多是当年春季出生，秋季就参加配种，配种年龄仅有 7-8 月龄，致使母子两代的生长发育都受到影响，表现为体尺、体重下降，产奶量也不能提高。而种羊场为了不影响小母羊的生长发育，要等到第二年秋季才开始配种，这时小母羊已经达到 20 月龄。据我们测定，小母羊在 12 ～ 14 月龄时，体重为成年母羊的 65 ～ 75%，此时已达到适宜的初配年龄，但因正值春季进入非繁殖季节，只得等到秋季 20 月龄配种。据张一玲等测定，小母羊在 12 ～ 14 月龄配种和 20 月龄配种，其体重、体高、体长、胸围、臀围之间的差异不显著，而腰角宽前者大于后者。证明小母羊提前半年即在 12～14 月龄通过诱发发情配种，对小母羊的生长发育、繁殖机能未产生不良影响，这样，在一生中可多产一胎，提早半年泌乳投产。

3.2.1.2 非繁殖季节的诱发发情方法

当前用于山羊非繁殖季节诱发发情的方法多采用激素处理法和人工光照法两种。激素处理法由于处理期短，适用于个体母羊和群体母羊，不需用特殊的房舍设备，故在生产中比较适用。

（1）激素处理法：为了诱发成批母羊发情、排卵，一般采用孕激素配合 PMSG 的方法。加每日口服或注射 5～10 毫克孕激素，经 13～16 天处期后，再注射 500～1000 国际单位的 PMSG 或 20～30 毫克的 FSH，其受胎率仍是较低，但也有获得较高受胎率的报道。Cooper 等应用 FGA 阴道栓放置 12 天后，皮下注射 PMSG750 国际单位，采用自然交配的受胎率为 71%，人工授精的受胎率为 60%。据张一玲和渊锡愿（1987）报道，用 18 甲基炔诺酮经皮下埋植 6～9 天，按每公斤体重注射 PMSG15 国际单位，发情母羊再注射 HCG1000 国际单位或促黄体释放激素 A（LRH-A）100 微克，母羊同期发情率为 97.6%，情期受胎率达 78.3%。采用本交配种要比人工授精的受胎率高。

（2）人工光照法：用人工光照控制"昼长"，可使山羊在非繁殖季节诱发发情，在冬季产奶。美国成斯康星洲 Idelmar 奶山羊场利用光照方法调整繁殖季节，每年月产奶量的变动只有 15～20%。在羊舍屋顶离地面 3 米左右的高处装一支 40 瓦的日光灯，每 3 米2 用一支灯管。每年从 1 月 1 日开始，每天有 20 小时的人工白昼时间，这时期正常的白昼时间在 12 小时以上，因此，只需要增加 8 小时光照，每天凌晨 1～5 点关灯一直延续 60 天，到 3 月 1 日～15 日不再增加光照。此后，恢复正常的自然光照时间，大约 14～15 小时。由于山羊是典型的短日照发情动物，所以在光照处理结束后 7～10 周开始发情。拉曼查和奴宾奶山羊比法国的阿尔卑、萨能和吐根堡奶山羊一般提前在 4 月末开始发情，发情旺季在 5 月份。采用人工光照处理，可以使 82％以上的山羊表现发情。

3.2.2 病理性乏情的诱发发情

3.2.2.1 持久黄体

排卵后在卵巢上形成的黄体应在下一次情期到来之前消退，新的卵泡发育。如果黄体不按时消退而持续下去，母羊的发情周期中断，长期不发情。可用 15 甲基 PGF2α 毫克作肌肉或会阴部注射，也可用促黄体素释放激素（LRH-A）600～800 微克作肌肉注射。

3.2.2.2 卵巢静止

在繁殖季节里，母羊卵巢上一直无卵泡发育，因而也无发情周期。除了因卵巢硬化、老龄性、幼稚型卵巢萎缩造成的乏情可能预后不良外，一般性的卵巢静止不发情可用 PMSG400～500 国际单位或 FSH150～200 国际单位作肌肉注射，可促使卵泡发育，母羊出现发情。

3.3 山羊的超数排卵

母山羊的超数排卵是进行胚胎移植时对供体母山羊首先必不可少的措施。也是增加母山羊产羔数、提高繁殖力的重要措施。

母山羊的超数排卵，就是在母山羊发情周期的适当时间，注射以促性腺激素，促使供体母羊卵巢中多个卵泡发育，并排出多个有受精能力的卵子。母山羊的超数排卵处理有两种情况：一种是为了提高产仔数。在处理后，经过配种，使母山羊正常妊娠，使母山羊由不孕变有孕，由产单羔变产双羔或三羔等。在这种情况下，母山羊排卵数以 3～4 个为宜。另一种情况是结合胚胎移植进行。在这种情况下，母山羊排卵数以 10～20 个为宜。

3.3.1 超数排卵机理

母羊的超数排卵，通常都是发情周期的前几天或者是以人为的方法用药物使机能性黄体消退，这时卵巢上的卵泡正处于开始发育时期，用适当剂量的促性腺激素处理，由于这些外源性的激素进入体内，提高了供体羊体内的促性腺激素水平，就会使卵巢上产生要较自然状况下数量多十几倍的卵子，在同一时期内发育成熟，以至集中排卵。

3.3.2 山羊超排常用药物

目前超数排卵的促性腺激素药物主要有下述两种：

（1）孕马血清促性腺激素（PMSG）

供体母羊在发情周期的第 16 天，即周期性黄体期向卵泡期过渡，发情周期黄体正在消退时期，给予一次皮下注射则 PMSG25～30 国际单位 / 公斤体重（见图 3-2）。但是母羊的发情周期长度并非恒定不变，不但个体之间有差异，而且各次发情周期也时长时短，所以，在发情周期第 16 天给药，并不一定和卵巢机能的转变阶段相吻合，故超排效果不甚稳定。因此，在注射药物的同时，还要控制黄体使之退化，定时结束黄体期。于是，进一步研究在黄体期的任何时期即排卵后的 5 ～ 15 天（最好在 9~14 天）期间注射 PMSG 后 48 ～ 72 小时，再以 PGF2α 15 ～ 20 毫克作肌肉注射。

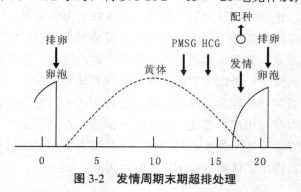

图 3-2 发情周期末期超排处理

在前列腺素的作用下，黄体很快消失，PMSG 的作用也能及时地发挥出来。为了集中排卵，在母羊发情后注射 HCG 或 LH-RH 实践证明，前列腺素必须安排在 PMSG 之后注射，才能达到超数排卵的预期效果。在黄体期 PMSG 和 PGF2α 。结合应用，要比在发情周期第 16 天单纯应用 PMSG 处理同期发情效果好，排卵率高。

（2）促卵泡素（FSH）

在供体母羊发情后第 9～10 天每日以 FSH 两次肌肉注射，每次剂量 40～50 国际单位、或不等量连续注射 5 天，如果发现发情即停止注射，在开始注射 FSH 后 48 小时，还要再肌肉注射 PGF2α 15～20 毫克，发情时再静脉注射 HCG1000 单位。有人还以 FSH 和 LH 按 5：1 的比例混合注射也收到良好的效果。

3.3.3 山羊超数排卵方案

山羊在自然情况下以单胎为多，双胎及多胎率随品种的不同而有很大的差别。供体羊超数排卵开始处理的时间，要在最佳繁殖季节进行。应选择健康无病，生长发育好，生殖器官发育正常，年龄在三岁以上，最好不要超过七岁的，有专门生产性能的母山羊作供体山羊。并为供体山羊提供好的饲养管理条件，以发挥供体母山羊增排的作用。山羊的超数排卵方法有许多，这里仅介绍几种：

3.3.3.1 生殖激素注射法

由于超数排卵的处理，通常是使周期性发情的母山羊的卵巢机能进一步增强，更大程度地提高其活性，不断要引起发情排卵，而且是多排卵。因此，在处理方法上，既要注射促卵泡成熟的激素；又要注射促进排卵的激素。被选母山羊在预定发情期到来之前 4 天，即发情周期的第 12～13 天，肌肉注射（或皮下注射）孕马血清促性腺激素 750～1000 国际单位，出现发情后或配种当日，肌肉注射或静脉注射绒毛膜促性腺激素 500～750 国际单位。当实际应用这一方法时，应先对小部分母山羊进行鉴定性试验，根据结果再对大群母山羊进行处理。

3.3.3.2 促卵泡素减量处理法

60 毫克孕酮海绵栓埋植 12 天，于埋栓的同时肌肉注射复合孕酮制剂 1 毫升，在埋栓的第 10 天开始肌肉注射促卵泡素总剂量 300 毫克。促卵泡素处理采用递减法连注 3 天（第 10～12 天），以每天早晚各注射 75 毫克、50 毫克、25 毫克递减，在第 13 天撤栓后放入试情公羊，发情者配种。配种时静脉注射人绒毛膜促性腺激素 1000 国际单位或促黄体素 150 国际单位。

3.3.3.3 促卵泡素＋孕马血清促性腺激素法

60 毫克孕酮海绵栓埋植 12 天，于埋栓的同时肌肉注射复合孕酮制剂 1 毫升，在埋栓的第 10 天开始肌肉注射促卵泡素总剂量 200 毫克。促卵泡素处理采用递减法连注 3 天（第 10～12 天），以每天早晚各注射 50 毫克、30 毫克、20 毫克递减，并在第 10 天晚同时肌肉注射孕马血清促性腺激素 500 国际单位。在第 13 天撤栓后放入试情公羊，发情配种。配种时静脉注射人绒毛膜促性腺激素 1000 国际单位。③孕马血清促性腺激素一次注射法 60 毫克孕酮海绵栓埋植 12 天，于埋栓的同时肌肉注射复合孕酮制剂 1 毫升，在埋栓的第 11 天肌肉注射孕马血清促性腺激素 500 国际单位，18 小时后肌肉注射抗孕马血清促性腺激素 1500 国际单位。在第 12 天撤栓后放入试情公羊，发情配种。配种时静脉注射人绒毛膜促性腺激素 1000 国际单位。为确保供体羊发情、配种、受精，一般每天早上。

3.4 诱发分娩

诱发分娩即所谓引产。诱发分娩技术是在母羊妊娠末期临产前几天，以某种激素制剂诱发孕羊在比较确定的时间内促其分娩，产出正常的羔羊。它是控制分娩过程和分娩时间的一项繁殖管理措施。诱发分娩可节省护理分娩母羊的人力和时间，有计划地利用产房和其他设施。为了便于安排人力，已能够将分娩时间控制在工作日和上班时间，以减轻饲养员的劳动强度。对于集约化、工厂化生产，这项技术便于母羊与羔羊的饲养、配种和管理。

母羊在临产前，母体和胎儿的内分泌功能出现一系列明显变化，它们之间的联系和相互作用是导致分娩的内在因素。诱发分娩就是利用外源性激素模拟分娩发动，调整分娩进程，促使其提前到来。

3.4.1 单独使用糖皮质激素或前列腺素

山羊诱发分娩的时间可按排妊娠 139 ～ 144 天这六天内进行。肌肉注射前列腺素类的药物可达到诱发母羊分娩发生，如分别给予 PGF2α 5 ～ 20 毫克、ICI79939 16 ～ 32 微克、ICI80996 100-150 微克。给妊娠 139 天的母羊注射 PGF2α 经 40±2.5 小时即可发分娩发生。据张一玲试验，给 6 只妊娠后期山羊肌肉注射 15 甲基 PGF2α 2 ～ 4 毫克，在 36 ～ 48 小时内均发生流产。据报道，绵羊在妊娠 144 天时注射 12 ～ 16 毫克地塞米松，多数母羊在 40 ～ 60 小时内产羔。

3.4.2 合用雌激素与催产素

妊娠 140 天以后，利用激素处置，诱发母羊提前分娩，使得产羔时间一致。地塞米松或苯甲酸雌二醇能诱发母羊提前分娩。具体方法：一是在同期发情和配种的基础上，使用地塞米松薄暮给母羊注射 16 毫克，注射后 12 小时左右即有 70％的母羊产羔。二是在预产期前 3 天肌肉注射苯甲酸雌二醇，可使 90％～95％的母山羊在诱产后 48 小时内产羔。使用诱发分娩技巧再联合配种时间节制，可实施母山羊集中产羔，羔羊同期断奶，同期育肥。

【参考文献】

[1] 张一玲，渊锡藩. 1992. 奶山羊非繁殖季节诱发发情研究，甘肃畜牧兽医 22（2）:1

[2] Agmo A. 1999, Sexual motivation--an inquiry into events determining the occurrence of sexual behavior. Behav Brain Res. 105（1）:129-150.

[3] 刘荫武，曹斌云. 1990. 应用奶山羊生产学. 北京：轻工业出版社

[4] 马全瑞. 2003. 奶山羊生产技术问答. 北京：中国农业大学出版社

[5] 王建民. 2000. 波尔山羊饲养与繁育新技术. 北京：首都经济贸易大学出版社

[6] 江涛. 2004. 新技术在奶山羊生产中的应用 北京农业（4）:28-29

[7] 毕台飞，孙旺斌，高飞娟. 2011. 陕北白绒山羊繁殖性能的研究. 黑龙江畜牧兽医，10：46-48

[8] 姜怀志，宋先忱，张世伟. 2010, 辽宁绒山羊繁殖生物学特

性 . 中国畜牧兽医学会养羊学分会全国养羊生产与学术研讨会议论文集 7:25-26

[9] 韩迪，姜怀志，李向军，董建 . 2009, 辽宁绒山羊繁殖性状遗传参数的研究 . 现代畜牧兽医　06:31-33

[10] 杨崴，齐吉香 . 2008, 浅谈绒山羊的繁殖特性，养殖技术顾问 6:28

[11] 武和平，周占琴，陈小强，付明哲，郝应昌 . 2007, 布尔山羊的繁殖特性观察，西北农业学报　16（7）:47-50

[12] 李玉刚，殷延秀 . 2004, 提高母山羊繁殖效率的技术要点 . 山东畜牧兽医 , 8:43

[13] 杨利国 . 动物繁殖学 . 北京：中国农业出版社 , 2003

[14] 董常生 . 2007, 家畜解剖学（第三版）（面向 21 世纪课程教材）. 北京：中国农业出版社

[15] 张忠诚 . 2000, 家畜繁殖学（第三版）. 北京：中国农业大学出版社

[16] 渊锡藩，张一玲 . 1993, 动物繁殖学 . 西安：天则出版社

第4章 受精、胚胎发育、妊娠及分娩

4.1 受精

受精是单倍体的精子和卵子相互结合和融合而形成双倍体合子的过程，是有性生殖生物个体发育的起点。它一方面保证了双亲的遗传作用，另一方面恢复了染色体双倍体数目。同时受精可以把个体发生过程中产生的变异通过生殖细胞遗传下去，保证了物种的多样性，在生物进化上具有重要意义。

受精涉及到精卵之间多步骤、多成分的相互作用。就哺乳动物而言，受精发生前精子穿过卵丘细胞后首先与卵子周围的透明带（zona pellucida, ZP）识别和结合。这种精子与卵子 ZP 之间的初级作用诱发精子头部顶体内容物发生胞吐，这一过程称为顶体反应（acrosome reaction, AR）。顶体反应后的精子与 ZP 发生次级识别和结合，顶体反应释放的水解酶与精子本身运动协同作用，使精子穿过透明带。精子穿过透明带而到达卵周隙后，精子头部赤道段的质膜又与卵质膜发生结合和融合，精子进入卵子。受精中精卵相互作用的步骤和过程见图 4-1。山羊卵子受精前一般停滞在第二次减数分裂的中期（MII 期）。精子入卵后，激发卵子使其恢复减数分裂，并释放第二极体。第二次减数分裂器所处的部位的质膜表面一般没有微绒毛，精子不能从此处穿入卵子。精子入卵引起卵子激活的另一个重要事件是诱发卵子皮质颗粒胞吐，即皮质反应，从而阻止多精受精的发生。精子进入卵子后，尾部很快退化，浓缩的精子头部染色质去浓缩，而后形成雄原核；而卵子的染色体转变成为雌原核。雌雄原核相互靠近，核膜破裂，父母双方的遗传物质混合，启动有丝分裂。

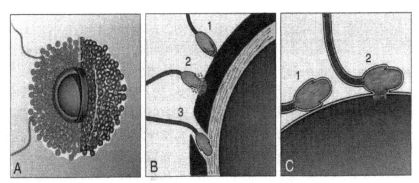

图 4-1　哺乳动物精卵相互作用过程模式图（引自 Prinmakoff P 和 Myles DG, 2002）

A, 精子正穿过卵丘细胞；B1, 精子与卵子透明带结合；B2, 精子发生顶体反应，释放顶体酶；B3, 精子正在穿过透明带；C1, 精子头部赤道段的质膜与卵子质膜结合；C2, 精卵质膜融合。

4.1.1 精子在母羊生殖道内的运行

山羊在自然交配时的射精部位是在阴道穹窿处，人工授精一般是在子宫颈管外口处。因此，精子到达输卵管上段的受精部位所需时间、条件及其机理，是提高受胎率的重要问题之一。精子在静止的生理盐水中运动速度为 45 ～ 55 微米 / 秒，子宫颈外口到输卵管上段的长度为 20 ～ 30 厘米，那么精子到达受精部位的时间应需 8 ～ 20 分钟，实际观察需要的时间还要少一些，所以说精子到达输卵管的主要动力是子宫的收纳、特别是子宫所形成的负压。大多数精子到达输卵管的时间被认为是受精开始的时间，这个时间对羊大约为 12 ～ 24 小时。子宫颈是精子进入母羊生殖道内第一个障碍物。据观察，配种后 2 小时内通过子宫颈管的精子数和 22 ～ 24 小时在输卵管内参与受精的精子数有密切的联系。因此，在交配或人工授精后 2 ～ 3 小时内精子能否通过子宫颈是影响受胎率提高的因素之一。

影响精子朝向输卵管上段运行有两方面因素，即子宫肌肉的收缩和子宫颈粘液的性状。发情期子宫颈粘液稀薄呈透明状，牵缕性强，对精子的受容性显著提高，精子容易通过。

自然交配射出的精子数为 16 ～ 36 亿，人工授精时输入的精子数为 1 ～ 3 亿，但是 24 小时后进入输卵管的精子数只不过 240 ～ 600 个。输入的精子数增加时，进入输卵管内的精子数也随之增加，进入输卵管的精子数大大少于输入的精子数，其原因可能有三点：（1）输入的精液因倒流排出阴道而耗损；（2）精子通过输卵管伞进入腹腔；（3）精子被白细胞吞食而崩解。进入子宫内运行的精子另一道障碍物是宫管结合部，这个部位能限制进入输卵管的精子数。输卵管肌肉层的蠕动、逆蠕动、输卵管内膜的收缩及内膜上皮细胞的纤毛运动，促使了输卵管内液体的流动。如果给子宫内注入 8 亿死精子，从输卵管内仅可回收到 6000 个精子。因此，宫管结合部对精子在输卵管中的运行起着主要作用。

精子在母体生殖道的运行可以分为三个阶段：（1）交配或人工授精过程中，由于精子本身的运动及子宫收缩及形成负压的吸引作用，促进精子的快速运行。（2）子宫颈管和宫管结合部，阻碍了精子的运行。（3）子宫颈管和宫管结合部对贮留精子的逐渐分批释放。

4.1.2 山羊精卵识别

4.1.2.1 基本概念

山羊卵子排卵时并没有完成减数分裂，处于第二次减数分裂的中期（MII 期）。卵子周围有两层成分包围，其一是透明带

（zona pellucida，ZP），它是由生长期的卵母细胞分泌的非细胞成分，由 ZP1、ZP2 和 ZP3 三种糖蛋白组成；其二是卵丘细胞层，它是由卵丘细胞（cumulus cell）和细胞间富含透明质酸的非细胞成分组成的。卵子周围的卵丘细胞属于体细胞。精卵之间的识别和结合发生在卵子 ZP 上。与精子结合的卵子 ZP 表面成分称为精子受体（sperm receptor）；与卵子结合的精子表面成分，称为卵子结合蛋白（egg-binding protein）。因此，精子与卵子间的识别和结合是通过精子表面的卵子结合蛋白与卵子 ZP 表面的精子受体相互作用而实现的。精子与卵 ZP 之间的识别又分为初级识别和次级识别。未发生顶体反应的精子与 ZP 之间首先发生初级识别，它诱发精子顶体反应的发生，顶体反应后的精子与 ZP 之间发生次级识别，精子穿过 ZP。精卵之间的相互作用具有种特异性。

4.1.2.2 卵子透明带表面的精子受体

顶体完整的精子达到 ZP 表面，首先发生初级识别，这是由 ZP 表面的初级精子受体与精子质膜表面的初级卵子结合蛋白相互作用而完成的。小鼠卵子初级精子受体是一种分子量为 83kD 的糖蛋白，称为 mZP3。mZP3 与其它两种糖蛋白 mZP1（20kD）和 mZP2（120kD）一同构成透明带。mZP2 和 mZP3 以异二聚体的形式存在，排列成细丝状，细丝间由 mZP1 连接，见图 4-2。透明带中 mZP1、mZP2 和 mZP3 之间均以非共价键相互作用。山羊卵子透明带糖蛋白的组成与小鼠卵子非常相似，是由 ZP1，ZP2 和 ZP3 三种糖蛋白组成。不同动物卵子 ZP 的蛋白含量及厚度差别很大。人们对透明带蛋白的功能进行研究，得出如下结论：（1）精子与卵子 ZP 之间的初级识别是由 ZP3 和精子质膜上的 ZP3 受体介导的；（2）精子与 ZP3 结合诱发顶体反应的发生；（3）发生顶体反应的精子与 ZP2 相互作用，发生次级识别和结合；（4）ZP1 不与精子直接作用。

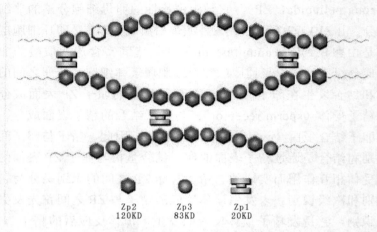

Zp2 Zp3 Zp1
120KD 83KD 20KD

图 4-2 卵子透明带组成模型（引自 Green DPL, 1997）

4.1.2.3 精子表面的卵子结合蛋白

　　卵子 ZP 蛋白作为精子受体，与精子上相应的配体（即卵子结合蛋白）相互作用，有关研究已有很大进展。与卵子 ZP 上初级精子受体和次级精子受体相对应，精子表面的卵子结合蛋白也分为初级卵子结合蛋白和次级卵子结合蛋白。初级卵子结合蛋白位于精子顶体区质膜上，它与卵子 ZP 上的初级精子受体 ZP3 相互作用，诱发顶体反应的发生。次级卵子结合蛋白位于顶体反应后的精子表面，即顶体内膜上，它与次级精子受体 ZP2 相互作用，在精子穿过 ZP 过程中，次级卵子结合蛋白始终使精子与 ZP 结合。参与 ZP 诱发顶体反应的分子可能通过调节其它信号级联分子，如 G 蛋白、酪氨酸激酶或离子通道而发挥作用，因为它们在顶体反应过程中都发生活化。总之，很多精子蛋白都被证实可与 ZP 作用，但对于山羊而言，到底哪一种蛋白是受精所必需的，还没有定论。最近，基因敲除和生化分析表明，精子与透明带间的作用是很复杂的，初级识别和次级识别可能都涉及到一种以上的精子蛋白参与。

4.1.3 精子顶体反应

精子头部前端与卵子透明带接触以后，通过受体 - 配体的相互作用，顶体外膜与质膜发生融合，释放顶体内的水解酶类，这一胞吐过程称为顶体反应（acrosome reaction）。顶体反应释放的水解酶类消化透明带，使精子穿过透明带而到达卵子表面，并使卵子受精。只有获能精子才能与卵子透明带相互作用而发生顶体反应。精子获能过程中，发生了一系列的变化，包括膜流动性增加、蛋白酪氨酸磷酸化、胞内 cAMP 浓度升高、表面电荷降低、质膜胆固醇与磷酯的比例下降、游动方式变化等。

除了透明带以外，孕酮也是精子顶体反应的天然诱导物。孕酮可以诱导精子细胞内产生顶体反应所需的信使分子如二酰基甘油（DAG）等。γ - 氨基丁酸（γ-aminobutyric acid，GABA）与孕酮有相似的作用。孕酮很可能通过作用于精子的 GABA 受体而引发精子的顶体反应。有人提出，在正常生理条件下，孕酮可能与透明带协同作用，引起精子顶体反应的发生。此外在羊精子中发现了精胺的存在，它定位于精子的顶体区。电子显微镜下观察，发现精胺主要分布于顶体内膜上，在顶体区的质膜上也有分布。$10\mu M$ 的精胺诱导精子发生顶体反应，但 mM 水平的精胺反而抑制顶体反应的发生。低浓度的精胺可使精子对 $Ca2+$ 的吸收增加。精胺可能在顶体反应的膜融合中发挥重要作用。在体外，μM 水平的精胺可引起分离的顶体外膜与质膜之间的融合。

精子的顶体反应伴随着胞内许多变化，包括 Ca^{2+} 浓度升高和 pH 升高。在体外，可用溶解的透明带或钙离子载体 A23187 处理诱发获能精子发生顶体反应。精子的顶体反应涉及到细胞内复杂的信号转导过程，见图 4-3。

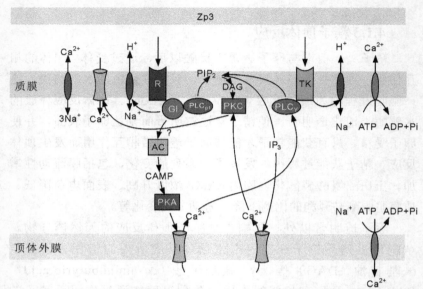

图 4-3　精子顶体反应发生的可能机制（引自 Breitbart H 等，1997）

4.1.4 精子与卵质膜结合和融合

　　精子发生顶体反应穿过 ZP 以后，很快到达卵质膜表面，并与卵质膜结合并融合，整个精子（包括精子尾）进入卵子。在大多数情况下，首先精子头的尖部与卵子质膜接触，随后精子头侧面附着在卵子质膜上。精子与卵质膜的作用至少涉及到两个主要步骤，即结合和融合。精卵的融合很少发生在卵子第二次减数分裂器存在的区域，因为该区域没有微绒毛，无皮质颗粒，而卵子其它区域表面都有大量的微绒毛存在，且质膜下有皮质颗粒分布。精卵之间的结合可发生在精子膜的任何区域，包括顶体内膜。因此，精卵结合属于非特异性的细胞间相互作用。与精卵结合相比，精卵融合要求比较严格，需一定的温度、pH 和离子条件。精卵结合和融合是两个截然不同的过程，可能涉及到不同的分子。生理性结合，即粘附

（adhesion）是精卵融合的前提。

　　由于卵子的周围有大量的卵丘细胞，因而使精子的接触目标几率变大。当精子进入卵丘细胞时，一方面靠本身的活力，另一方面在精子的头部顶体释放出透明质酸酶和蛋白质分解酶，即称为顶体反应，它可以分解卵丘细胞之间的粘合基质，使精子经一通道而接近卵子透明带。这一过程有两个特点：一是有很多精子参加；二是精子顶体释放的酶类，不具有种间特异性。穿过卵丘细胞到达透明带的精子通常达几十个。如在绵羊的受精卵可行 60~90 个精子进入透明带，而再进入卵周隙的还有 23～36 个。精子可以从透明带表而的任何一点钻入。精子通过透明带是极迅速的，有严格的选择性，只有本种和相近的精子才能穿入，异种精子不能进入。

　　从目前的研究结果看，卵子表面参与精卵结合和融合的最佳候选分子是 CD9 和 GPI 锚定蛋白。没有确凿的证据表明卵子表面的整合素参与了精卵结合和融合。精子表面的 ADAM 家族成员，尤其是受精素 β（ADAM2）和 cyristestin（ADAM3）可能参与融合前精子和卵子之间的粘附，但不含这两种蛋白的精子仍然能与卵子融合。

4.1.5 原核形成及原核配合

　　当精子的头部与卵质膜相接触，便激活了卵子，启动一系列生化事件的发生、代谢的变化和减数分裂的完成，最终导致细胞分裂、分化和新的生命个体的诞生。卵细胞从休眠开始发育，卵质膜表面出现突起，精子的头部便由此入卵，精子入卵后，引起卵黄紧缩，并排出液体至卵周隙。此时，精子的头部胀大，失去原有的特异形状，尾部脱落，核内形成许多核仁，继而融合，周围形成核膜，最后形状酷似体细胞核。此时即形成雄原核。

　　山羊的卵子在精子进入后不久就排出第二极体，然后开始形成雌原核。在出现核仁和形成核膜方面与雄原核相同。两个原核同时发育，在数小时内，两者体积均增大，体积的 20 倍，但雄原核略大于雌原核。两性原核形成后，彼此接触，体积缩小，同时融合。核及核仁的膜消失。在接近第一次卵裂时，来自两性细胞的染色体出现。经混合成一组，此时，受精过程即告完成。母羊从精子入卵到完成受精的时间为 16 ～ 21 小时。

4.2 早期胚胎发育

受精卵中的雌原核和雄原核融合后，细胞质中发生重排，然后开始进行分裂和分化，从而开始多细胞有机体的形成过程，由一个全能性的细胞逐渐形成能够执行不同功能的各种各样的细胞。此外，由于卵子的体积一般都比体细胞大很多倍，通过多次的有丝分裂可将大量的卵细胞质分配到较小的细胞中，使所形成的细胞的大小达到体细胞的水平。

4.2.1 卵裂与囊胚

卵裂（cleavage）为动物发育的第一个阶段，受精卵分裂产生很多小的细胞，称为卵裂球（blastomere）。虽然不同动物中，卵裂的方式变化很大，但大多数动物在经过卵裂后，都形成一个细胞球，称为囊胚（blastula），中间为囊胚腔（blastocoel）。

体细胞在分裂时经历正常的细胞周期，即 G1、S、G2 及 M 期，而且在 M 期伴随一个迅速的细胞增长期，使子细胞增长到母细胞的水平，然后再分裂。然而，在卵裂的胚胎中，并不通过这一生长期，从而使卵裂球越分越小，达到体细胞的水平。此外，由于卵裂过程使卵裂球之间产生差异，从而分化为不同的细胞。

当达到 16 ～ 32 细胞时，形似桑椹，称为桑椹胚，此时体积仍与卵细胞相似。这一时期：主要是在输卵管中，部分是在子宫中度过的。桑椹胚期以后，在细胞团学形成一个充满液体的小腔，称为胚泡或囊胚，此时称为囊胚期。其中较大且分裂不甚活跃的细胞聚积在聚囊胚的一端形成内细胞团，进一步发育为胚胎本身；而小体积的、分裂十分活跃的细胞在囊胚周围形成滋养层，将来发育为胎膜及胎盘，此时的胚泡已在子宫内发育。

山羊卵裂的速度在排卵后 30 小时为 2 细胞期；排卵后 72 小时为 5 ～ 8 细胞期；排卵后 96 小时进入子宫多为桑椹胚，158 小时便形成胚泡。

4.2.2 附植

胚泡进入到子宫后，起初和子宫并不发生组织学联系，而是处于游离状态，在子宫内均衡分布。随着囊胚的发育和扩展，胚胎在子宫内的移动受到了限制，位置也逐渐地固定下来，胚泡的滋养层逐渐与子宫内膜发生组织与生理学上的联系，称之为附植。

4.2.2.1 附植时间

母羊交配后 15 天左右胚胎形成胎膜（羊膜、尿膜、绒毛膜），约 20 ～ 25 天绒毛膜上形成胎盘，与子宫内膜上皮相触，随后胚泡的滋养层细胞侵入子宫阜上皮内，胎膜上的绒毛与相对应的子宫肉阜组织发生紧密地结合约在 30 ～ 35 天内完成，形成的胎盘类型为了叶型胎盘。

4.2.2.2 附植部位

胚胎多附植在子宫系膜的对侧，因该处血液供成充裕，营养丰富；胚胎在于宫内的附植呈均衡分布，避免拥挤，各得其所。

当只有一个胚胎附植时，往往是和排卵同侧子宫角的基部，若有两个胚胎附植时，则平均分布在两个子宫角内。

4.2.2.3 附植机理

胚胎对子宫粘膜的刺激，可使子宫腺的分泌增强，形成子宫乳

（含有丰富的氨基酸和蛋白质），为胚胎发育、分化的需要提供营养来源。随着胚胎的发展、由滋养层细胞和子宫腺分泌的子宫液中，存在的蛋白质分解酶（胰蛋白酶样物质）使得游离于子宫腔胚胎周围的透明带完全脱落（约在交配后第 8 天发生）。与此同时，对子宫粘膜也产生"腐蚀"作用，这样便于使滋养层产生的绒毛浸入到子宫粘膜中去。

4.2.3 细胞分化与胚层形成

内细胞团细胞和滋养层细胞最早可在桑椹胚的早期和晚期加以区分。在胚泡中，则形成明显不同的内细胞团和滋养层。游离于子宫腔中的山羊胚泡外形呈球状，胚泡壁由单层立方上皮和单层扁平上皮组成滋养层。透明带消失，滋养层的表面附有营养颗粒，该颗粒系子宫腺的分泌物，称子宫乳。胚泡的直径从 266 微米（交配后 5 天 17 小时 10 分钟）长大到 972 微米（交配后 11 天 16 小时 5 分钟），和囊胚的直径（约 108 微米）比较，增大了 9 倍。从整体标本可见，球形胚泡的表面，有一丘状隆起，在这个隆起内有胚结存在。胚泡自透明带中孵出后，便开始与子宫内膜相接触，即开始胚胎着床过程。滋养层对于胚泡与子宫的粘附及着床是必需的，以后发育形成胎盘的胚胎部分。内细胞团主要形成胚胎的各种结构以及一些胚外膜结构。各种哺乳动物的原肠形成很相似。

交配后 8 ～ 9 天的胚结呈扁圆形，直径约 70 ～ 72 微米，由细胞团组成，位于胚泡的一极，略凸向胚泡的表面。胚结表面由滋养层细胞覆盖，腹面分化为内胚层，系单层扁平上皮，为原肠顶的基础。内胚层背面的细胞团分化为外胚层；位于原肠顶部的内胚层，细胞排列较紧密，并向胚外区延伸，形成胚外内胚层，此细胞排列较疏松，伸向胚结边缘的滋养层内。

交配后 10d 的胚结，直径约 72-90 微米，厚约 60 微米；胚结背面出现一个小腔隙称原羊膜腔，腔的直径约 40 微米。胚结腹面，由内胚层形成原肠顶盖，原羊膜腔由胚结背面数个细胞间隙汇合而成。原羊膜腔的表面，被扁平的胚结细胞及滋养层细胞覆盖，稍后，原羊膜腔表面的细胞消失，使原羊膜腔顶部呈凸状开口并通向子宫腔。原羊膜腔的底壁分化为外胚层，由复层柱状上皮组成。外胚层的腹面分化出内胚层，由单层扁平上皮组成。胚外内胚层向滋养层的内面延伸到胚泡内 1/2 赤道处。在交配后 10 天的胚结切片标本上，可见封闭的原羊膜腔。

交配后 11 天的胚结，呈圆盘状，直径约 252 ～ 396 微米；胚结背面的原羊膜腔已消失，这时因胚泡及胚盘发育较快，胚胎直径比上述具有原羊膜腔的胚胎增大 3 倍。在整体标本上，胚盘暴露于胚泡表面；从切片标本上看，胚盘中央厚约 120 微米，边缘逐渐变薄。胚盘分两层，外胚层由复层柱状上皮组成，上皮细胞中有分裂相；外胚层下分化出内胚层，由单层扁平上皮组成，细胞排列较紧密，构成原肠腔顶盖，顶盖的中央与外胚层相贴较紧，而两侧的胚内内胚层则与外胚层分离。内胚层向外延伸，并与胚盘周围的滋养层相贴，胚外内胚层开始沿滋养层内壁作不规则的分散生长，后来分散的扁平上皮互相连接，形成球形的原肠。原肠的底壁与滋养层紧贴，而原肠的周围与滋养层分离，形成早期的胚外体腔。

4.2.4 三胚层分化

4.2.4.1 外胚层的分化

脊索出现后，诱导其背侧的外胚层增厚呈板状，称神经板（neural plate）。神经板随着脊索的生长而增长，且头侧宽于尾侧。以后神经板沿其长轴凹陷形成神经沟（neural groove），沟两侧的隆起称神经褶。两侧的神经褶在神经沟中段开始靠拢并愈合，并向头尾延伸，使神经沟封闭为神经管（neural tube）。神经管位于胚体中轴的外胚层下方，分化为中枢神经系统以及松果体、神经垂体和视网膜。在神经褶愈合的过程中，一些细胞在神经管的背外侧，形成两条纵行的细胞索，称神经嵴，可分化为周围神经系统及肾上腺髓质等。位于胚体外表的外胚层，分化为表皮及附属器官、角膜、腺垂体、口鼻腔和肛门的上皮等。

4.2.4.2 中胚层的分化

中胚层形成后，在脊索的两侧由内向外依次分为轴旁中胚层、间介中胚层和侧中胚层三个部分。分散存在的中胚层细胞则成为间充质。

（1）轴旁中胚层：紧邻脊索的中胚层细胞增殖较快，形成纵行的细胞索为轴旁中胚层，后者以后横裂为块状的细胞团，称为体节（somite）。体节左右成对。

（2）间介中胚层：位于轴旁中胚层与侧中胚层之间，分化为泌尿和生殖系统的主要器官。

（3）侧中胚层：为最外侧的中胚层部分，左右侧中胚层在口咽膜的头侧融合为生心区。侧中胚层分为背腹两层，背侧与外胚层相贴，称体壁中胚层，腹侧与内胚层相贴，称为脏壁中胚层。两层之间为原始体腔。体壁中胚层分化为体壁的骨骼、肌肉和结缔组织等，脏壁中胚层包于原始消化管的外面，分化为消化管与呼吸道管壁的肌肉和结缔组织等，原始体腔依次分隔为心包腔、胸膜腔和腹膜腔。

4.2.4.3 内胚层的分化

在胚体形成的同时，内胚层卷折形成原始消化管。此管头端起自口咽膜，中部借卵黄管与卵黄囊相连，尾端止于泄殖腔膜。原始消化管分化为消化管、消化腺和下呼吸道与肺的上皮，以及中耳、甲状腺、甲状旁腺、胸腺、膀胱、阴道等上皮组织。分散的间充质则分化为身体各处的骨骼、肌肉、结缔组织和血管等。

总之，由胚泡开始分化为各种结构后，通过原肠形成过程发育为外胚层、中胚层和内胚层，并由这三个胚层发育形成身体中的各种组织和器官。图 4-4 为胚泡分化的三胚层结构所形成的各种组织和器官。

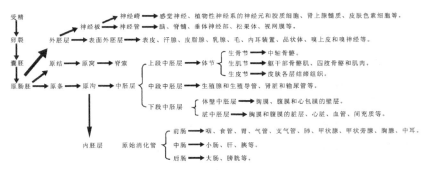

图 4-4　三胚层结构所形成的各种组织和器官

4.2.5 胚胎的体外发育阻滞

　　哺乳动物的胚胎在体外培养时被阻滞在不同的发育阶段，这种现象称为发育阻滞（developmental block）。发育阻滞是哺乳动物早期胚胎体外培养时遇到的一个普遍问题。不同动物中发生阻滞的时间不同，仓鼠发生在 2-8 细胞期，大鼠在 2～4 细胞期，山羊、绵羊、牛和恒河猴发生在 8～16 细胞期，猪在 4 细胞期，人在 4～8 细胞期。

　　由于培养液的成份不同，来自不同品系小鼠的胚胎在体外的发育也不同，特别在存在或缺乏葡萄糖及无机磷酸盐时更是如此。在一些培养条件下，葡萄糖的作用既有刺激性作用，又有抑制性作用。葡萄糖是大多数动物生殖道中存在的一种能源的底物。磷酸盐对于 ATP 的产生是必需的，是细胞活动的基本的能量来源。然而，在培养液中加入葡萄糖和磷酸盐后，对很多动物的胚胎发育是抑制性的，包括啮齿类、家畜及人。如果在培养基中加入微摩尔浓度（μM）的乙二胺四乙酸（EDTA），或用不含磷酸根的培养基进行培养时，1- 细胞期的胚胎也可发育通过 2 细胞期。然而，这些培养条件远非生理性的，因为输卵管液中并不具有 EDTA，但却具有磷酸根。

　　将由朝鲜黑山羊（Capra hircus aegagrus）超数排卵获得的胚胎在体外培养 6 天，所用培养液为合成的输卵管液培养液，其中补加 BSA 或血清。如果不加谷胱甘肽（GSH），所有的培养胚胎均不能发育超过 8-16 细胞期阻滞。加入谷胱甘肽后，对这些胚胎发育到胚泡的能力有明显的促进，但谷胱甘肽的作用很大程度上依赖于培养液中加入的蛋白。当培养液中加入胎牛血清时，谷胱甘肽的作用明显强于加 BSA 或山羊血清的效果，有 91% 的胚胎可发育到胚泡期。已证实谷胱甘肽特异性地作用于 8-16 细胞期的胚胎，从而促进胚胎的发育。

　　通过杂交实验证实，母体遗传来的发育信息可能在控制小鼠胚胎的早期卵裂方面起重要作用。另外，将非阻滞胚胎的细胞质转移到受阻滞的胚胎中后，也能使这些受阻滞的胚胎恢复在体外的发育能力。有人提出，在很多哺乳动物中，受精卵可在体外早期发育的各个时期发生阻滞。还有人提出，胚胎体外发育的阻滞是与合子基因激活的时间相对应，认为发育阻滞和胚胎的转录活性间存在一定的相互关系。尽管利用一些办法能够克服胚胎培养时的发育阻滞，但仅有很少的研究试图解释阻滞的遗传机理。尽管有一些关于着床前胚胎中基因表达的报道，但对基因表达和发育阻滞间的相互关系仍不清楚。

4.3 妊娠

　　妊娠是母体和孕体（包括胎儿、胎膜和胎水）之间相互作用的一个极为复杂的生理过程。在整个妊娠期间，孕体与母体始终保持着紧密的联系。妊娠的起始（妊娠建立）、妊娠的进行（妊娠维持）和妊娠结束（分娩）是母体与孕体共同参与的生理活动。而孕体在很大程度上起着主导作用。特别是妊娠的建立和分娩的发动，孕体的作用已得到肯定。胎儿在母体发育的同时，也促进了乳腺的发育和生乳机能。所以，妊娠时母体和胎儿的关系不仅是孕育和被孕育的关系，分娩的发生也不仅是胎儿被母体排出体外的一个简单的机械过程。研究证实，羊胎儿在妊娠期间参与了这些生理活动。孕体在母体妊娠和分娩个的作用以及它和母体的联系是以内分泌活动为基础的。孕体所以能控制着妊娠的进程是以它所产生的激素对母体的刺激或抑制作用得以实现的。因此，可以认为孕体无疑是一个非常活跃的激素生产单位。

　　从精子和卵子在母羊生殖道内形成受精卵开始，到胎儿产出时所持续的日期为妊娠期。但是实际确切的受精时间很难测知，因此一般是以最后一次配种（输精）算起。母羊的妊娠期一般为 5 个月，即 150 天左右。妊娠期的长短因受遗传、品种、品系、年龄、季节、营养，以及胎儿数目、性别的影响而略有变化。

4.3.1 妊娠母羊生殖器官的变化

4.3.1.1 卵巢的变比

　　妊娠期的卵巢变化主要表现在有妊娠黄体存在。当有胚胎存在时，则发情周期黄体就延续下来成为妊娠黄体。卵巢上一般不再有卵泡发育，发情周期中断，即使有个别卵泡发育包多变为闭锁卵泡。山羊的妊娠黄体存在于整个妊娠期，一般情况下黄体数目和胎儿数目一致的，也有胎儿少于黄体数的，这可能是胚胎吸收死亡的结果，偶尔也有胎儿数多于黄体数的，这可能与同卵双胎有关。

4.3.1.2 子宫的变化

　　随着妊娠的进展，子宫逐渐扩大，适应于胎羔的生长，子宫增生、生长、扩展。在孕酮的作用下，子宫的血管分布增加，子宫腺体卷曲增长。如果怀单羔，一侧孕角增长扩张较快，如果怀双羔，两侧子宫同时增长扩张，在怀孕后期，使子宫壁变薄。3 个月后子宫阜形成的胎盘有如算盘珠大，有时隔着腹壁可以摸到。子宫位置由于体积增大，重达增加而下降，子宫阔韧带紧张。子宫颈收缩，管腔中充塞粘稠的粘液，称子宫颈塞。随着妊娠的进展，子宫颈的位置也降到耻骨前缘的腹腔内。

4.3.1.3 阴道及阴唇的变化

妊娠后阴唇收缩，阴门紧闭，阴道粘膜的颜色也变为苍白，粘膜上覆盖有从子宫颈分泌出来的浓稠粘液，因而粘膜滞涩。

4.3.2 妊娠母羊体况的变化

4.3.2.1 体重增加

母羊妊娠后不久。因为代谢水平提高，食欲增加，消化能力也得到提高，于是母羊的营养状况得到改善，毛色光亮，体态丰满，体重增加。妊娠后期，母羊的总体重可能还会增加，但由于胎儿的急剧发育生长，母体积蓄的营养物质大量消耗，母羊本身的体重实际是减少了，因而变得消瘦，如果饲养不当，则消瘦更甚。

4.3.2.2 母羊行为的变化

母羊性情变得温驯、安静、喜卧、行动小心谨慎。

4.3.2.3 腹围增加

妊娠后期母羊腹围增大，尤以右侧突出，因而两侧腹部不对称。

4.3.2.4 生理指标变化

妊娠活期母羊由于腹内压力增加，使得母羊由原来腹式呼吸变为胸式呼吸，呼吸次数也随之增加，排粪尿次数增多。出于胎儿营养需要和代谢产物增加，引起了左心室妊娠性肥大，血流量增加，血液凝固性升高，血沉加快。由于血流受阻，静脉压增加，在妊娠后期，可以看到母羊下腹部及后肢有时出现水肿现象。

4.3.2.5 乳房变化

妊娠后期母羊的乳房发育显著，临产前可以挤出少许乳汁。

4.3.3 妊娠母羊体内生殖激素的变化

4.3.3.1 孕酮水平

母羊在配种数天后，血液中的孕酮含量不断上升，一直到 18 ~ 20 天并不下降。据李权武等测定，西农莎能羊血液孕酮水平 90 天达 33 纳克 / 毫升，产前 3 ~ 4 天逐渐降低至 7 纳克 / 毫升；测定乳汁中孕酮水平表明，在配种后 11 天含量上升到 20 纳克 / 毫升左右，以后则高达 400 纳克 / 毫升，至分娩前下降到 1 纳克 / 毫升。而发情母羊的孕酮水平是最低的，一般低于 1 纳克 / 毫升。

4.3.3.2 雌二酮水平

据对 15 只西农莎能羊测定，配种后的前 30 天仅为 5 皮克 / 毫升，39 ~ 48 天为 47 皮克 / 毫升，79 ~ 88 天为 622 皮克 / 毫升，119 ~ 128 天为 451 皮克 / 毫升，139 ~ 148 天为 622 皮克 / 毫外。

4.3.4 妊娠诊断

准确、简便的妊娠诊断，特别是早期妊娠诊断是提高受胎率、减少空怀、保证泌乳的重要技术方法。目前妊娠诊断的方法主要有以下几种：

4.3.4.1 外部观察法

母羊妊娠后，食欲旺盛，被毛光顺，行动谨慎，腹围增大。如果在配种后的第 18 ~ 23 天不再出现发情，一般就可以认为是怀孕。此法简单易行，但准确比较差。

4.3.4.2 公羊试情法

母羊妊娠后，在下一个发情期以后，不再出现发情，对公羊再无性欲表现，不接受公羊爬跨。此法简单易行，准确率较高。

4.3.4.3 腹部触诊法

母羊妊娠 2 个月以后，就可以从腹部触摸到胎儿，以确定妊娠。术者倒骑羊身，两腿夹住母羊的颈部或前驱，用两手兜住羊的腹部，连续向上轻抬，左手在右侧下腹部感觉是否有游动的硬块状物，有时甚至可以触摸到胎盘。

4.3.4.4 超声波诊断法

超声波诊断是利用超声波的物理特性与动物体组织结构的声学特点相结合的一种物理学检验方法。当振动源和接收仪器在连续介质中作相对运动时，仪器所接受振动波的频率不同于振动源所发射的声频率，即发生频移，其差别与相对运动的速度有关，运动速度越大，频移也越大，此种现象称多普勒效应。根据这一效应制成多普勒仪器，可以测定子宫血管、胎儿脐带、血流情况和胎儿心脏的活动。

测定时，可将母羊轻轻放倒，多取右侧卧，妊娠中后期亦可自然站立保定，然后在下腹壁涂上偶合剂（液体石蜡）. 将探头紧贴腹壁，向周围徐徐滑动，并不断改变探头方向，以达到捕捉最佳信号。妊娠 26 天左右可以在乳房基部稍后方（即耻骨前沿）听到有节律的"刷刷"声，这时，母体子宫的血流音与母体心音同步，每分钟 98 ～ 128 次。妊娠 50 天在乳房基部 4 厘米处可听到胎儿的血流音，即脐带音，此种声音为一种快速的"唧唧"单音，每分钟 210 次左右。妊娠中期以后，可在此处听到胎儿的心音。此种诊断方法，准确率达 90% 左右，值得在生产中推广应用。

4.4 分娩生理

分娩是指妊娠期满的母羊将子宫内的胎儿及其附属物排出体外的过程，助产是指借助于外力帮助母体分娩的一种辅助方法。

4.4.1 分娩的发动

引起和调节正常分娩的机理，至今仍是一个没有完全解决的生理问题。一般认为它是受彼此不同、但又互有关系的因素（激素、神经、物理等）制约的，这些因素的同时集中出现而引起分娩的最后发生。

4.4.1.1 激素因素的作用

母羊在妊娠期间，胎盘产生的雌激素逐渐增至峰值。雌激素具有增强子宫肌肉自发性收缩的功能。与此同比孕激素的分泌逐渐减少。妊娠期间体内的孕酮能抑制子官肌的收缩，这种抑制一旦被消除，就可能成为分娩发动的主要原因。雌激素能抑制催产素酶，从而间接地增强了催产素的作用，并提高了子宫肌肉对催产素的敏感性。催产素对分娩的发动具有重要作用，如果切除动物的垂体，则会丧失控制分娩的能力。山羊催产素的释放是经雌激素对阴道致敏之后，激发垂体后叶来释放出催产素。近年来发现，前列腺素是山羊分娩的主要因素之一，前列腺素可以直接刺激子宫肌肉收缩；具有溶解妊娠黄体的作用；促使垂体后叶释放催产素。母羊分娩时，测得了宫静脉的前列腺素浓度是在升高。

4.4.1.2 神经因素的作用

母羊妊娠末期，由于孕畜大脑皮层的兴奋性降低，对皮层下中枢的抑制减弱，而脊椎中枢神经的兴奋性增强，故来自子宫的冲动反射性地引起子宫收缩而导致分娩。

4.4.1.3 胎儿因素的作用

胎儿丘脑下脑——垂体——肾上腺轴对羊、牛分娩的发动起决定性的作用。当胎儿发育成熟后，垂体分泌促肾上腺皮质激素，促使胎儿肾上腺分泌肾上腺皮质激素。大量的胎儿肾上腺皮质激素进入母体，引起胎盘分泌大量的雌激素，雌激素的增加又引起母体子宫分泌大量前列腺素，并使孕酮下降。雌激素不但使子宫肌对各种刺激更加敏感，而且也促进母体释放催产素，在母体、胎儿催产素和前列腺素协同作用下，激发子宫肌肉收缩，引起分娩。胎儿在升高了的皮质醇作用下，体内的一些酶系统被激活，皮质醇在母体内对乳腺的发育以及发动泌乳功能又作好了物质的储备。所以说，胎儿皮质醇激素不但为胎儿提供了出生后的生活条件，而且也成为发动分娩的内在动力。

4.4.2 分娩预兆

母羊在分娩前，机体的一些器官在组织和形态方面发生显著的变化；母羊的全身行为比与平时不同，这些系列性变化以适应胎儿产出和新生羔羊哺乳的需要。同时，根据这些征候来预测母羊的确切分娩时间，以作好控产等方面的工作。

（1）乳房的变化

初产羊在妊娠中期乳房即开始增大，分娩前夕，母羊乳房迅速增大，稍现红色而发亮，乳房静脉血管怒胀，手摸有肿胀之感。此时可挤出初乳，但个别妊娠羊在分娩后才能挤下初乳。

（2）外阴部的变化

临近分娩时，母羊阴唇逐渐柔软、肿胀、皮肤上的皱纹消失，越接近产期越表现潮红；阴门容易升张，卧下时更加明显；生殖道粘液变稀，牵缕性增加，子宫颈塞也软化，潴留在阴道内，并经常排出于阴门外。

（3）骨盆韧带松弛

由于雌激素、松弛亲等因素的作用，骨盆的耻骨联合、荐髂关节以及骨盆两侧的韧带活动性增强，在尾根及其两侧松软、凹陷。用手握住尾根作上下活动，感到荐骨向上活动的幅度增大。臀部两侧松软、塌陷，行走时出现颤动。

（4）行为的变化

临近分娩时，母羊精神状态显得不安，回顾腹部，时起时卧。躺卧时两后肢不向腹侧曲缩，而是呈伸直状态。排粪、尿次数增多。

4.4.3 产道

胎儿娩出时所经过的通道称产道，它有软产道及硬产道两部分组成。

（1）软产道

包括子宫颈、阴道、尿生殖前庭和阴门。分娩前，这些部分在催产素、前列腺素、雌激素、松弛素共同作用下，变得松弛、柔软、滑润，所以有利其充分地扩张。分娩时，由于胎囊和胎羔的挤压，子宫颈阴道部仅留一环状薄片，阴道也扩张的如同骨盆一样大小，尿生殖前庭和阴门充分撑开，从而有利于胎羔的顺利娩出。

（2）硬产道

指骨盆．主要由荐骨、前三个尾椎、髂骨及荐坐韧带构成。这些骨骼和韧带构成了骨盆的入口、骨盆腔及骨盆的出口。胎羔通过骨盆腔时所经过的路线叫作骨盆轴，它是通过骨盆腔中心的一条假想线。山羊的骨盆轴呈弧形，骨盆入口为椭圆形，骨盆出口大，倾斜度很大，所以胎羔通过产道的时间较短，容易娩出。

4.4.4 分娩时的胎向、胎位和胎势

（1）胎向

胎向是指胎羔的纵轴和母体纵轴的关系。胎羔的纵轴与母体的纵轴相互平行称为纵向，胎羔的头部朝向产道者为正生，而后肢朝向产道者为倒生，胎羔的纵轴与母体的纵轴呈上下垂直，其背部成腹部朗向产道称之为竖向；胎羔的纵轴与母体的纵轴呈水平交叉者称为横向。纵向中的正生及倒生均属于正常的胎向，竖向和横向即会达成难产。

（2）胎位

胎位是指胎羔的背部和母体背部的关系。胎羔的背部朝向降体的背部，呈伏卧姿势称为上位；胎羔的背部朝向母体的下腹部，呈

仰卧姿势称为下位；胎羔的背部朝向母体的侧壁，称为侧位，因此，又分为右侧或左侧位。

分娩时正常的胎位是上位或轻度侧位，其他胎位均属异常胎位，造成难产。

（3）胎势

胎势是指胎羔身体各部分之间的关系。在子宫内，胎羔的头颈、四肢呈现伸展、屈曲、弯转等状态，多是形容不正常的胎羔姿势。

分娩时正常的胎势是当正生时，两前肢伸直，头颈俯于两前肢，呈上位姿势进入产道，或倒生时，两后肢伸直而进入产道。如果胎羔的头颈弯曲，四肢屈曲，增大了胎儿产出的横径，均会达成难产。

（4）前置

前置是指胎羔身体某一部分与骨盆腔入口的关系，胎羔的哪一部分朝向或近入骨盆腔入口，就称那一部分前置。多式形容不正常胎羔前置部分。

4.4.5 分娩前后胎羔姿势的变化

（1）临产前胎羔在子宫内的姿势

妊娠期间随着胎羔不断地发育，母体子宫也在不断地扩大，胎羔与母体子宫的形状是相适应的。妊娠子宫的形状呈一个长圆的囊状物，胎羔在子宫内也相应地呈蜷曲姿势，头颈部向腹部弯曲，四肢收拢屈曲于腹下，呈椭阁形。

（2）分娩时胎羔与母体相互关系变化

妊娠期胎羔的姿势是不利于分娩的，屈曲的侧卧或仰卧，头颈四肢屈曲收拢状态均不能通过产道。当分娩时，胎羔应改变成为头颈四肢伸展的正心上位或后肢伸展的倒生上位。整个胎羔呈细长姿势，有利于通过产道。

（3）胎羔身体各部宽度与分娩的关系

胎羔在分娩时呈伸展姿势时，整个身躯有三个最宽的部位，即头部、肩部、臀部通过产道比较困难。胎羔的头部虽然比母体骨盆的高径小（骨盆入口处从耻骨前沿向上引一条垂线，到骨盆顶的距离），但胎头不能收缩，当头部置于两前肢之上时，又加大了胎儿的高径（头径＋前肢径），因此，两前肢必须充分伸直，缩小高径才能通过骨盆。胎羔的胸部高径虽然较大，但有收缩性。当两前肢充分伸直时，两侧肩胛骨和肋骨也因之向前倾斜，于是降低了胎羔胸部的高径，而较容易通过骨盆腔。胎羔的臀部宽度较小，但却不能收缩，因此这一部分通过骨盆时也比较困难，这时若能将胎羔的臀部左、右交错拉出，就比较容易通过骨盆。

（4）分娩时胎羔姿势改变的原因

胎位、胎势的变化主要发生在分娩时，子宫颈开张期、子宫收缩的时候。胎羔姿势的改变是出以下原因造成的。

①分娩时了宫收缩。胎盘血液循环受阻，胎羔体内二氧化碳蓄积，刺激胎羔发生反射性的活动。

② 由于子宫肌肉的强烈收缩，压迫胎羔机械性的刺激，引起胎羔反射性活动。

③ 子宫斜行肌肉的收缩，促进胎位的改变。

④ 骨盆腔的髂骨体呈斜面状，促使通过的胎羔由下位、侧位转变成上位。

4.4.6 分娩动力

母羊分娩时需要一定的分娩动力，使于宫颈扩张和膨胀以及胎儿的娩出。这力量来自宫缩和努责。

4.4.6.1 宫缩

在分娩时，由于催产素的作用，促使子宫肌呈现有间断性、有规律的不随意收缩，伴随有疼痛感。宫缩表现的特点有：

（1）节律性：宫缩是一种有节律的收缩，肌肉的收缩与弛缓交替进行。宫缩是由子宫角尖端开始向子宫颈方而发展。起初收缩的时间短、力量弱、收缩间隔时间长，以后逐渐发展为收缩持续时间变长，力量也增强，而间隔时间缩短。

（2）不可逆性：每次宫缩后，子宫的肌纤维收缩一次，当宫缩停止，肌纤维并不能恢复到原有的状态，随着宫缩次数的增加，位子宫肌纤维持续逐渐变短。于是子宫壁变厚，子宫角变短，官腔缩小。宫缩时，子官肌纤维间的血管被挤压，血流循环受阻，胎羔体内血液中二氧化碳的浓度升高，发生积聚，于是刺激胎羔活动加强，朝向子宫颈移动和伸展。在宫缩停止时，血液循环又得到恢复，供应胎羔氧气，保扩胎羔不至于因宫缩缺氧窒息。同时，子宫肌纤维也可得到休息，子宫出现的这种时紧时松的阵缩具有重要的生理意义。如果宫缩过强或过弱，或者子宫强制性收缩不弛缓，都会引起难产并危及胎儿生命。

4.4.6.2 努责

当子宫颈完全开张，胎羔通过子官颈进入阴道时，压迫刺激骨盆腔神经，引起腹肌和隔肌反射性收缩，母羊表现为暂停呼吸"鳖气"，腹肌收缩压迫胎羔向后排出。努责伴随着宫缩同时出现，以加强宫缩的力量。胎羔娩出时，努责和阵缩力量达到最高潮。

4.4.7 分娩阶段

分娩是由子宫肌、腹肌的收缩，将胎羔及其胎膜排出于体外的过程。根据临床表现，可将分娩过程分为三个阶段（产程）。

4.4.7.1 子宫颈开张期

从子宫角开始收缩，至子宫颈完全开张，与阴道之间的界限消失，简称开门期，大约为期 1 ～ 1.5 小时。母羊表现不安，时起时卧，食欲减退，进食和反当不规则，有腹痛感。

4.4.7.2 产出期

从子宫颈完全开张，胎膜被挤破，胎水流出开始，到胎羔产出为止。母羊表现高度不安，心跳加速，母羊呈侧卧姿势，四肢伸展。此时胎囊和胎羔的前置部分进入软产道，压迫刺激盆腔神经感受器，除了官缩以外，又引起了腹肌的强烈收缩，努责出现，于是在这两种动力作用下胎羔徘出，本期约为 0.5 ～ 1 小时。

4.4.7.3 胎膜排出期

从胎羔产出到胎膜完全排出，约需 1.5 ～ 2 小时。当胎羔开始娩出时，由于子宫收缩，脐带受到压迫，供应胎膜的血液循环停止，胎盘上的绒毛随即萎缩。当脐带断裂后，绒毛萎缩更加严重，体积缩小，子宫腺窝紧张性降低，所以绒毛很容易从子宫腺窝中脱离。胎羔产出后，子宫又出现了阵缩，胎膜的剥落和排出主要指宫缩，并且配合有轻微的怒责。宫缩是由子宫角开始的，胎盘也是从子宫角尖端开始剥落，同时由于羊膜及脐带的牵引，故胎膜常呈内翻排出。

4.4.8 助产

一般而言，山羊的分娩较其他家畜容易，因此，在正常情况下，人们不必过多地干涉。但在分词或集中饲养的条件下，环境的干扰较多，于是难产出现的情况也较多。因此，为了保证母羊和羔羊的安全，分娩前应作好助产的准备工作，助产人员应随时注意临视母羊的分娩情况，和护理好羊羔。

4.4.8.1 助产的准备

（1）分娩栏的准备

在集中舍饲的情况下，应在羊舍单独开辟专用的分娩栏，要进行严格的消毒，铺上干燥清洁的褥草。将有分娩预兆的母羊放入.一只母羊应占有 2 米 2 的面积。产前的母羊可饮给盐水和喂给麸皮等轻泻性的饲料。

（2）助产用具的准备

产羔期间，应备好助产箱，箱内应备有碘酒、药棉、线绳、剪刀、毛巾、纱布条等。

（3）助产人员的准备

要设专人值班，助产人员应当受过培训。

（4）待产羊处理

将待产母羊的外阴部清洗和消毒。

4.4.8.2 助产方法

（1）子宫颈开张期

当母羊出现分娩征兆后，注意作好产前的准备工作，助产人员指甲剪短，手臂洗净、消毒，有条件的可上长臂乳胶手套。观察母羊分娩进程，注意宫缩和努责情况，避免人声嘈杂和干扰。

图 4-5　山羊分娩助产过程

（2）产出期

① 当胎膜露出将要破裂之前，母羊卧下分娩时，最好使其左侧卧，以免胎羔受瘤胃压迫而难以产出。仔细观察母羊宫缩、努责

和胎膜露出情况。如宫缩、努责力量不足，胎头已进入软产道，应立即撕破胎膜，拉出胎羔，当努责、宫缩过强时，应使母羊站立，牵其走动，或捏阴蒂，以减弱收缩强度。

②羊膜囊和胎羔前置部露出阴门后，如发现胎位和胎势异常，立即进行校正。因为此时胎羔尚未楔入产道，羊水尚未流失，校正起来比较容易。

③当胎羔的前肢和鼻端露出阴门时，须配合母羊努责，交替缓慢牵引胎羔的两前肢和胎头（或两后肢），并注意按压阴门上联合，保护会阴部以防撕裂。胎头产出后，用毛巾将口、鼻中的粘液（羊水）擦净，当胎羔肩胛部娩出后，托住躯干将胎羔拉出并放在铺好的干净褥草或塑料布上。倒生胎羔，要尽快地拉出，否则胎羔在骨盆腔令压迫脐带，容易造成窒息死亡。拉出胎羔时要注意与母羊努员配合，并需按骨盆轴的路线将胎羔一边上、下、左、右活动，一边拉出。当胎羔即将全部产出时，不要急于拉出，以免于宫内形成负压而内翻脱出，过快地拉出胎羔，容易使母羊腹压突然下降，导致脑贫血。在助产的过程中，要对母羊的全身状态进行监护，尤其对分娩时间较长的更应注意，见图4-5。

④断脐方法：

Ⅰ　扯断法：将脐带内的血液尽量挤向胎羔，待脐带血管停止博动后，用5％碘酒消毒手指，在近脐孔5～6厘米处将脐带用力处断，脐带断端也需经碘酒消毒。

Ⅱ　剪断法：在离脐孔4～5厘米处，将脐带以碘酒消毒，用消毒丝线结扎两道（间隔3～5厘米），然后用消毒剪刀从中剪断，断端也需经碘酒消毒。也可不经结扎，在窝脐孔4～5厘米处直接剪断。

Ⅲ　烙断法：脐带剪断后，断端可用烧红的烙铁烙焦，或用烙铁直接烙断。

Ⅳ　胎羔断脐后，令母羊舔干胎羔身上的羊水，清除肺部胶质层。为了促进胎羔皮肤血液循环，可用清洁干革或布片帮助擦干身上的羊水，尤其是在寒冷的地方，更应尽快地擦干躯体，以防羔羊受寒发病。如果发现新生羔羊呼吸有啰音，可能是吸入了羊水，应立即将两后肢倒提起来，在胸部两侧按压或轻好拍打，让吸入的羊水从鼻孔中排出。羔羊在生后 1 小时左右就应吃到初乳。

【参考文献】

[1] Primakoff P, Myles DG. 2002. Penetration, adhesion, and fusion in mammalian sperm-egg interaction. Science. 296（5576）:2183-2185.

[2] Breitbart H, Rubinstein S, Lax Y. 1997. Regulatory mechanisms in acrosomal exocytosis. Rev Reprod., 2（3）:165-174.

[3] 谭景和 . 1996. 脊椎动物比较胚胎学 . 哈尔滨：黑龙江教育出版社

[4] 杨增明 孙青原 夏国良 . 2005. 生殖生物学 . 北京：科学出版社

[5] 秦鹏春 2001. 哺乳动物胚胎学 . 北京：科学出版社

[6] 刘荫武，曹斌云 . 1990. 应用奶山羊生产学 . 北京：轻工业出版社

[7] 马全瑞 . 2003. 奶山羊生产技术问答 . 北京：中国农业大学出版社

[8] 王建民 . 2000. 波尔山羊饲养与繁育新技术 . 首都经济贸易大学出版社

[9] 江涛 . 2004. 新技术在奶山羊生产中的应用 北京农业 （4）:28-29

[10] 毕台飞，孙旺斌，高飞娟 . 2011. 陕北白绒山羊繁殖性能的研究，黑龙江畜牧兽医，10：46-48

[11] 姜怀志，宋先忱，张世伟 . 2010. 辽宁绒山羊繁殖生物学特性 . 中国畜牧兽医学会养羊学分会全国养羊生产与学术研讨会议论

文集 7:25-26

[12] 韩迪，姜怀志，李向军，董建 . 2009. 辽宁绒山羊繁殖性状遗传参数的研究 . 现代畜牧兽医　06:31-33

[13] 杨崴，齐吉香 . 2008. 浅谈绒山羊的繁殖特性 . 养殖技术顾问，6:28

[14] 武和平，周占琴，陈小强，付明哲，郝应昌 . 2007, 布尔山羊的繁殖特性观察 . 西北农业学报，16（7）:47-50

[15] 李玉刚，殷延秀 . 2004, 提高母山羊繁殖效率的技术要点 山东畜牧兽医，8:43

[16] 动物繁殖学 杨利国 . 2003, 北京：中国农业出版社 .

[17] 董常生 . 2007, 家畜解剖学（第三版）（面向 21 世纪课程教材）. 北京： 中国农业出版社

[18] 张忠诚 . 2000, 家畜繁殖学（第三版）. 北京：中国农业大学出版社

[19] 渊锡藩，张一玲 . 1993, 动物繁殖学 . 西安：天则出版社

第5章 山羊的性别控制及人工授精

5.1 山羊精液性控技术

经过动物 X、Y 精子的别离来达到性别控制的目的，不仅是生物科学范畴的一项重要课题，而且对畜牧业消费有着重要意义。Iwasaki 等以为，美国在养牛中若能采取性别控制技术，其奶牛业每年可提高 1.8 亿美元的收入，牛肉业则可进步 4.25 亿美元的收入。在育种方面，经过性别控制能够增加选择牲畜遗传和表现性别的强度，加快遗传停顿。当前，在牲畜育种中施行的 MOET 方案（multiple ovulation and embryo transfer）缩短了遗传进程，如能分离性别控制技术，将进一步增加选择强度。近年来，随着胚胎移植技术的逐渐应用，特别是胚胎冷冻技术的不时完善，国际间的种畜交流逐步被出卖的胚胎所替代，已知性别的胚胎则备受欢迎和关注。为此，世界各国在性别决议和性别控制的研讨上投入大量人力物力，并获得了很大成就。自从羊体外授精技术成功以来，各国研讨人员对羊体外授精技术过程的各个环节进行了深入的研讨，获得了大量的研究成果。并已应用于消费实践，获得了显著的经济效益。

精子分离的办法是具有可重复性、科学性和有效性的方法。授精前经过体外分离精子而预先决定后代的性别有许多优点，它是动物性别控制最有效的途径。精子分离的办法是依据 X 和 Y 精子

DNA 含量存在差别的原理，经过改进的流式细胞分离仪进行 X 和 Y 精子的分离。自从 1989 年 Johnson 等首先报道用流式细胞别离仪成功地分离了兔子的活的 X 和 Y 精子，并用分离的精子授精后产下了活的后代以来，该技术曾经成功地应用于牲畜和人的体外授精（IVF）、卵胞质内受精（ICSI）及人工授精（AI）。目前该技术也在不断改良，并已应用于畜牧消费的需求之中。

5.1.1 动物性别决定的基因调控

　　性别控制技术的发展源于性别决定理论。20 世纪以来，随着孟德尔理论的重新确立，人们提出性别由染色体决定的理论。研究发现性别是由 1 对性染色体决定的，雌性配子所具有的性染色体为 X 染色体，雄性配子含有的性染色体为 Y 染色体，X 与 X 结合，后代为雌性，X 与 Y 结合，后代为雄性。随着人们研究的深入，进一步发现决定性别的关键在于 Y 染色体，Y 染色体的有无分别决定雄性或雌性。其核心是 Y 染色体指导未分化的性腺（生殖脊）向睾丸分化（雄性），缺少 Y 染色体则性腺向卵巢发育（雌性），两者之间的其它差异都是第二位的。因此可以说性别决定问题就是雄性决定问题。

　　1990 年，Oubbay、sinelair 和 Koopman 等发现并确认决定雄性的是 Y 染色体短臂上的 1 个微小片段，称为 Y 染色体上的性别决定区（sex determining region of the chromosome，SRY），是启动睾丸形成的主基因。随后人们继续探讨性别控制的分子机理，近年来已经取得较大的进展。先后发现 DMRT1、SOX-9、SF-1、WT-1、LIMI9、和 DAX-1 等基因存在于性别发展的不同时期和不同组织细胞中，它们对动物性别的决定和性器官的分化起着重要的作用。

　　性别控制分为性别决定和性别分化两个方面（过程），研究大多以人和小鼠为材料。动物性别决定是指动物早期胚胎的未分化性腺分化为睾丸或卵巢的过程。这一过程中，在雄性胚胎中主要涉及到 SRY 的表达，SRY 的表达启动睾丸的形成，进而间接引发雄性动物第二性征的形成。在雌性胚胎生殖嵴中则缺乏 SRY 的表达。目前对动物性别控制的研究主要是围绕 SRY 的出现，同时还对某些相关激素进行了探讨。至于控制 SRY 表达的因子及 SRY 控制的因子目前还不十分清楚。当今涉及到性别决定的因子（表现出剂量依赖性）主要包括 DAX-1、SOX-9、WT-1 及 SF-1 等基因。

性别分化主要是指定型的性腺调节生殖结构的形成。这个过程主要受性腺激素调控。对于雄性动物，性腺激素主要包括 MIS 及睾酮。

哺乳动物的 SRY 是含有 DNA 结合基序（HMG 盒）的睾丸决定基因，有大约 78 个氨基酸的 HMG 盒从有袋类动物到胎生动物都是保守的。SRY 蛋白的结合活性位于 HMG 盒中，这个结构域的突变与 XY 雌性个体的性逆转有关。尽管 SRY 是 1 个性别发育的调节蛋白，但在 HMG 盒外序列很不保守。猪 SRY 基因在 21 ～ 26 天雄性猪胚胎的生殖脊细胞中表达，这时的原始性腺还是具两性潜能的，但在 31 天的胚胎中则不表达，这时雄性睾丸已较明显。小鼠 SRY 转录本在交配后 10.5 天测得，11.5 天达到峰值，然后急速下降，24 小时后便无法测得。AMH 在 SRY 启动表达后 20 小时也表达，这时 SRY 转录本正值表达高峰仪。就分子水平上现在还不清楚 SRY 是充当第二位的睾丸决定基因的活化因子还是卵巢决定基因的抑制剂。

DAX-1（DSS-AHC critical region on the X chromosome，gene 1）是 DAX-1 编码核激素受体超家族的 1 个蛋白，起源于 X 染色体短臂上的两个遗传位点 AHC（adrenal hypoplasia）和 DSS（dosage-sensitive sex reversal）。DAX-1 蛋白是受视黄酸受体调节的转录的负调节因子。当 DSS 位点在 XY 个体中 X 染色体短臂上出现两个拷贝的畸变时，就会引发雄性转变为雌性的性逆转，DSS 在卵巢的发育中起作用或者在卵巢和睾丸的形成中起联系作用。DAX-1 和

SRY 在鼠体内起拮抗作用，前者增量表达将导致向雌性方向发育，而后者的增量活化则导致向雄性方向发育。

SOX-9（SRY HMG-box related gene-9）在性别决定中起着必不可少的作用，在哺乳动物中的作用可能直接位于 SRY 下游，而且可能是所有脊椎动物 Sertoli 细胞分化的一个关键性因子。SOX-9 只在雄性个体的生殖嵴中高表达，而在雌性个体中不表达，而且表达只局限于发育性腺的性索中。纯化的胚胎干细胞缺乏 SOX-9 表达，表明 SOX-9 在 Sertoli 细胞系中是独异性地表达。SOX 表达的时序和细胞特异性表明 SOX-9 直接受 SRY 的调节。在苗勒氏管及附睾周边细胞中也存在 SOX-9 雄性特异性表达。以上这些说明，SOX-9 在生殖沁尿系统的发育中有着广泛的作用。

WT1 为威尔氏瘤抑制基因 1（Wilms' tumor suppressor gene 1）的缩写。人 WT1 基因位于第 17 号染色体，与威尔氏瘤的发生有关。威尔氏瘤是一种由于中肾芽基异常扩增而导致的胚胎肾肿瘤。WT1 可与许多基因的特定的上游序列发生作用，可抑制它们的转录。这些基因包括许多编码生长因子及其受体的基因。WT1 基因突变后，无法调节某些基因的转录，使病人患 Deny's Drash 综合症，产生威尔氏瘤，并发生性逆转及性腺发育异常等。在 WT1 发生突变的杂合体人中，除肾脏异常和产生威尔氏瘤外，在遗传性别为男性的人中发生尿道下裂（hypospadias）及隐睾（cryptorchidism），而在遗传性别为女性的人中，其性腺由未分化的间充质细胞条组成。在 WT1 基因敲除的小鼠中，尽管原始生殖细胞可进入即将形成性腺的组织中，但生殖嵴正常的增厚过程却不能进行。在小鼠和人的正常胚胎中，WT1 基因在性腺未分化期的生殖嵴中表达的时间早于 SRY 基因的表达。因此，WT1 基因的产物—锌指转录因子（zinc-finger transcription factor）可能直接或间接地诱导 SRY 基因的表达。

SF-1 为类固醇生成因子（steroidogenic factor-1）的缩写。SF-1 为一 DNA 结合蛋白，是孤儿核受体（orphan nuclear receptor），属于

转录因子的核激素受体家族。SF-1 最主要的功能是可结合到启动子区，来调节类固醇羟基化酶（steroid hydroxylase enzymes）的表达。这些酶可催化胆固醇转化为睾酮的过程。SF-1 也参与未分化性腺的发育过程。在雌性或雄性性腺分化以前，SF-1 在小鼠的生殖嵴中表达。将此基因敲除后，所得到的雌性或雄性小鼠没有性腺。

SF-1 可能在睾丸的早期发育中也起作用。当未分化期的性腺开始分化时，可检测到 SF-1 在睾丸中的表达，但在卵巢中不表达。而且，SF-1 可特异性地结合到 AMH 基因的启动子区。由于睾丸中 SF-1 的表达稍晚于 SRY 基因，很可能 SRY 基因激活 SF-1 基因的表达。作为一种转录因子，SF-1 可调节细胞色素 P450 羟化酶（一种可催化大多数类固醇激素合成的酶）的组织特异性表达，还可调节肾上腺和性腺中许多基因的表达，如 3 - 羟基类固醇脱氢酶、促肾上腺皮质激素受体等基因。SF-1 突变后，会阻碍睾丸和卵巢的形成。对 SF-1 转基因小鼠的研究表明，SF-1 还可调节 AMH 基因的表达。因此，SF-1 可调控雄性表型发育所需的睾酮和 AMH 的合成过程。

总之，性别决定是一个以 SRY 基因为主导的，由多基因参与的、有序协调的过程。除了以上介绍的几种基因外，还有一些基因也参与性别决定过程。

5.1.2 山羊精子分离技术

动物性别控制的途径有两种，一是通过受精后胚胎性别的鉴定而获得所需性别的后代。第二条途径就是受精前通过体外分离精子而预先决定后代的性别，而后者是动物性别控制最有效的途径。在过去 70 多年的，人们做了很多尝试，进行了大量的研究工作。从方法学来分，可归纳为物理分离法、免疫分离法和流式细胞分离法。

5.1.2.1 物理分离法

物理分离法是以 X 和 Y 精子之间存在一定的物理性差异为依

据，如密度、大小、重量、形态、活力和表面电荷等，进行分离的方式。

（1）沉淀分离法

此方法是根据 X 精子比 Y 精子稍重，故在一定的溶液中，X 精子的沉降速率比 Y 精子稍快的原理。Kaneko 等（1984）报道，把人的精液放在不同浓度的 12 个 Percoll 梯度中，经过 30 分钟缓慢的离心处理，最终可收集到 90% 以上的 X 精子。为什么 X 精子的沉降速率比 Y 精子稍快？Kancko 等认为这是 X 和 Y 精子之间重心的差异而促使 X 精子更容易通过个密度之间的界面。Suzuki（1989）也利用 Percoll 不连续梯度离心方法对人和牛的精液进行了分离，但这种方法缺乏重复性。

（2）自由流动电泳法

此方法是根据 X 和 Y 精子具有不同表面电荷的原理。尽管一般的电泳技术已经证明了分离精子是失败的，然而，自由流动电泳法却表明有一线的希望。由于 X 精子表面带有较多的净负电荷，因此，X 精子向正极移动的速度比 Y 精子快。Kaneko 等（1984）利用此法将人的精液分离为两个明显的尖峰，从而分别收集到 X 和 Y 精子。然而，当其他人重复他们的试验时却没有得到满意的效果。

（3）层流分离法

此方法是根据 X 和 Y 精子具有不同的游动方式和行为来分离精子的。Sharkar 等人（1984）观察的，人的 X 精子在一种柱流动中的游动方式不同于 Y 精子。当沿着柱液收集精子时，发现大部分 X 精子集中在柱液的始端，而 Y 精子则集中在较远的一端。这种方法经 Y 特异性探针检查是成功的，但仍需重复以及在其它动物进行试验加以证实。

（4）白蛋白液柱分离

这种方法曾被认为比以上所述的其它物理方法较为有效，故曾广泛用于精子的流式细胞法分离波尔山羊 X、Y 精子的分离。但目前对此法仍有争议，以为这种方法仅适用于分离 Y 精子，而且只是收集到少量 Y 精子，其效率较低。其原理是，在粘滞的白蛋白液柱中，Y 精子的游动速率比 X 精子快。这是 Y 精子对穿透过粘滞的非连续性白蛋白液梯度交界面的能力大于 X 精子的缘故。当在白蛋白液柱上层收集 Y 精子时，X 精子仍停留在液柱的底层（Eriesson et al., 1973）。根据临床试验，78% 的为男婴（Glass，1982），Corson 等人（1984）的试验也证实了这一结果。然而，应用此方法于其它动物却没有得到成功（Beal et al.1984 和 Glass，1982; Zavos，1985）。

5.1.2.2 免疫学分离法

Goldberg 等（1971）在一个细胞毒性实验中最先发现精子表面存在雄性特异组织相容性抗原（即 H-Y 抗原）。随着高效价 H-Y 抗体技术的建立，人们致力于用 H-Y 抗体选择性结合 Y 精子来改变动物性比例的研究越来越多。例如，Zavor（1983）用抗 H-Y 抗血清处理兔阴道精子，抑制 Y 精子从而选择 X 精子，结果 74% 为雌性。然而当用流式细胞测定用免疫分离法分离的 X 和 Y 精子时，发现 X 和 Y 精子于 H-Y 抗原的结合无差异性（Hendriksen et al.，1993）。这表明 X 和 Y 精子可能共同存在相同的表面抗原，以为它们同源于相同的睾丸内环境。目前，许多人对精子是否存在 H-Y 抗原的性别特异性表达持怀疑态度。

5.1.2.3. 流式细胞分离法

（1）分离精子的理论基础

目前，最为科学，可靠和有效的区分 X 和 Y 精子差异的是精子的 DNA 含量。X 精子头部的 DNA 含量比 Y 精子要高出 3% ~ 4%（羊为 4.2%、猪为 3.5%、牛为 .3.9%）（Johnson，1994）。根据两类精子头部 DNA 含量的差异，利用流式细胞分离仪（Flow cymeteror Flow cytometer/sorter）分离牛（Morrelletal.，1988;Granetal.，1993）、绵羊（Morrelletal.，1989）、猪和兔

（Johnsonetal.，1989，1991，1992）的精子，经输卵管输精或体外受精后，已获得预期性别的牛、绵羊、兔的活后代。其中兔 X 精子子宫内输精后，预测雄性兔比例为 81%，实际亦为 81%；Y 精子输精后预测雄性兔比例为 14%，实际产雄性为 6%（Johnson et al.，1989）。

　　用流式细胞分离仪分离 X 和 Y 精子的具体做法是：将精子稀释制成单精子悬液并与荧光染料 Hoechst33342 共同培养，这种染料定量与 DNA 结合。一定压力将待测样品压入流动室，不含精子的磷酸缓冲液在高压下从鞘液管喷出，鞘液管入口方向与待测样品流成一定角度，这样，鞘液就能够包绕着样品高速流动，组成一个圆形的流束，待测精子在鞘液的包被下单行排列，依此通过检测区域。

　　当精子通过仪器时被定位从而被激光束激发，由于 X 精子比 Y 精子含有较多的 DNA，所以 X 精子放射出较强的荧光信号。精子含较多的表面抗原的强度或其核内物质的浓度，这些荧光信号的强度代表了所测精子膜表面抗原的强度或其核内物质的浓度，经光电倍增管接收后可转换为电信号，再通过模 / 数转换器，将连续的电信号转换为可被计算机识别的数字信号。

　　精子的分选是通过分离含有单精子的液滴而实现的。在流动室的喷口上配有一个超高频电晶体，充电后振动，使喷出的液流断裂为均匀的液滴，待测定精子就分散在这些液滴之中。将这些液滴充以正负不同的电荷，当液滴流经带有几千伏特的偏转板时，在高压电场的作用下偏转，落入各自的收集容器中，不予充电的液滴落入中间的废液容器，从而实现精子的分离。

　　（2）精子的分离效率

　　二十多年来，分离技术不断改进，精子的分离效率有了惊人的提高。分离速度提高了近 30 倍。1992 年到 1997 年由于采用了特制喷嘴，将精子分离速度大大提高，但速度与分离精子的纯度呈反比，速度越高纯度越低，对于哺乳动物的精子，分离速度为 6,000,000、

11,000, 000、18,000,000, 纯度则分别为 90%、85% ～ 90% 和 75%，快速而又达到较高纯度的分离方法依然需要进一步改进。

（3）流式细胞仪分离精子存在的问题

目前，分离冷冻的精液应用于 AI 最主要缺陷是分离的速度仍然太慢，最终造成商业化成本和分离精子的价格偏高。在常规的 AI 技术中，每支冷冻精液通常含有 10×108 个有效精子，即使是利用有一定操作难度的低剂量人工授精技术，分离精子通常的分装也要有 $2 ～ 3 \times 105/$ 支。而口前最先进的精子分离技术在常规情况下每小时分离得到的精子也只是 11×105 左右，而且在分离过程各个步骤中大约损失 40% 的精子，若加上仪器设备的维护费用、处理药品开支以及人员工资，每一支冻精将增加成倍以上的成本。因而要大规模推广分离精液，还得在分离的效率上作进一步的开发。

分离精子的有效活力也是当前急需解决的问题，目前应用分离精子的受精率只有未分离冷冻精液的 70% ～ 80%，在管理不完善牧场或者高产奶量的牛群中还要低一些。分离精子用于 IVF，大多数时候囊胚率只有对照组的 70% 左右（LuKHet.al，1999）。导致分离精子受精能力降低的原因是多方面的：

其一，精子染色的过程以及激光照射的影响。虽然目前经过染色分离后的精子活力并没有显著下降，用于受精产下后代没有在表形上有什么异常，但是由于 35℃ 60min 的染色过程使得精子损失大量的能量，在冷冻解冻后的抗热试验中其活力下降十分迅速，表明在精子雌性生殖道或者体外受精中保持受精能力的时间也将缩短，续而可能影响受精率。利用流式细胞仪分离精子，使用的激光功率越高，越容易获得稳定的 X/Y 精子的双峰；而激光与 DNA 染料 Hoechest33342 对基因的作用到目前为止知之甚少。

其二，分离过程中的高倍稀释作用。由于流式细胞仪本身的原因，分离过程精子将会稀释到 5x105/ml 以下。J.L.Schenk 等（1999）

的研究研究表明，高倍稀释对精子活力的影响十分显著。Centurion 等（2003）的研究表明，高倍稀释作用导致的猪精子的 PSP-I/PSP-III 等粘附因子变化对精子的受精作用有很大影响。而在以往的研究中也证明，高倍稀释是未成熟的精子在雌性生殖道中运行到达受精地点之前死亡的主要原因之一。这可能是由于覆盖在精子表面起保护作用的粘附因子在雌性生殖道中山于稀释而被消除，从而导致生殖道与精子之间免疫应答的变化；而同样的保护因子消除作用也可能发生在精子分离高倍稀释的过程。

其三，高压作用。目前，高速精子分离一般要用 40～50psi 的鞘液压力，使包含精子的液滴以接近 90km/h 的速度从喷嘴高速射出，冲向精子收集管的液面，导致巨大的机械物理损伤。研究表明，精子顶体和细胞膜的长链不饱和脂肪酸在经过精子分离程序之后消失。精子质量的降低将会导致受精率的降低。目前减少这一损伤的方法主要是在分离精子的接收管中预先加入一定的卵黄稀释液，一方面可以缓冲精子速度，另一方面可以保护精子膜的稳定。

5.1.3 性别控制的其它方法

除了通过分离 X、Y 精子来控制性别外，Rorie 等还发现配子作用的时间、配子成熟和老化的程度也影响着性别比率。Dominko 等发现当卵母细胞在排出第一极体后处于 M II 期时进行人工授精，受精卵多为雌性胚，而推迟 8 小时授精，受精卵多为雄性胚胎。而据 Lecniak 等报道，精子在授精前孵育 6 小时和 24 小时，胚胎多为雌性胚胎。另外，培养液中的葡萄糖浓度也影响性别，Bredbacka 发现雄性胚胎在高浓度葡萄糖无限制培养液中生长较快，而高浓度葡萄糖会降低雌性胚胎的发育速度。在体外授精培养过程中，通过控制授精时间和培养液来控制性别并做筛选，也是一种较好的方法，但推迟配种时间和高浓度葡萄糖对胚胎的进一步发育是否有影响至目前尚不清楚。

5.2 山羊的人工授精技术

人工授精是借助于器械，以人为的方法采取公羊的精液，经过精液品质检查和一系列处理，再通过器械将精液注入到发情母羊生殖道内，以达到受胎目的的一种繁殖技术。山羊人工授精技术可以充分发挥优良种公羊的利用率，加速种群的改良速度，并可防止疾病传播，节约饲养大量种公羊的费用。如果采用冷冻精液，其配种效果更为显著。

奶山羊人工授精包括如下几个主要技术环节：采取公羊精液、精液品质检查、精液处理（精液稀释、保存、运输）和将精液注入到母羊生殖道内等。

5.2.1 精液的采集

采精前应选好台羊，台羊的体格应与采精公羊的体格大小相适应，且发情明显。用温水擦洗公羊的包皮，然后让其嗅闻母羊的外阴部或作爬跨，这样反复逗引数次，所采的精液不仅量多，而且精子活率高。健康的种公羊在一天内可以采精 3～4 次，每次可以连续两次射精。

采精所用的假阴道，注意不得有破损漏洞，使用前凡是接触精液的部分需经消毒，并以灭菌稀释液冲洗。采精前的假阴道应保持有一定的压力、限度和滑润度。其温度以 38～40℃ 为宜；滑润度的保持，一般采用涂抹凡士林的方法，由外向内涂抹均匀，入口处可稍多一些；最后通过气门活塞吹入气体，使假阴道保持有一定的松紧度，以粗玻璃棒插进时和感有阻力为宜。这样，才能对公羊的生殖器官造成有效的刺激，采集以符合人工授精要求的精液。采精操作足将台母羊保定后，引公羊到台羊处，采精人员者右手持假阴道，入口朝下，蹲于台羊的右后方，当公羊登上台羊背部时，应轻抉地将阴茎导入假阴道内，并使假阴道与阴茎呈一直线，注意不得将假阴道强行套在阴茎上。当看到公羊后躯急速向能用力一冲即为射精。公羊射精后顺公羊爬下的动作，就势取下假阴道。放出少量气体，让精液全部流入集精杯内后，取下集精杯。

5.2.2 精液品质检查

通过精液品质检查可以确定种公羊的种用价值和配种能力，可以了解种公羊饲养管理水平，生殖器官健康状态，采精频率及精液稀释、保存和运输效果。

精液品质检测要快速准确取样要有代表性，做精子活力检测要求在 35℃温度下进行。（段首空格）

5.2.2.1 精液量

精液量平均为 1.0 毫升（0.5～2.0 毫升），但因采精方法、品种、个体营养状况、采精频度及采精技术水平而有差异。

5.1.2.2 色泽和 pH

正常公羊的精液呈乳白色至蛋黄色 pH 值在 6.4～6.8，当 pH 值在 8.2 以上时，精子即失去受胎能力。

5.2.2.3 精子密度

每毫升羊精液中含精子数为 2.5～3.0×109，也有高达 3.5～6.0×109 的精于数。可采用血球稀释管和血球计算器来计算，也有用光电比色计的方法未推算。根据精子数越多、精液越浓、其透光性越低的特性，所测定的精子密度比较准确。其测定程序如下：

（1）将原精液稀释成不同比例，并用血球汁算盘计算精子密度，制成标准管。

（2）在光电比色计下测定其透光度，根据不同精于密度标准管的透光度，求出相差1%透光的级差精子数，制成精子查数表。

（3）测定精子样品时，将原精液按一定比例稀释，根据其透光度查对梢子查数表，从表中找出精液试样的精子密度。

例如，先用双蒸馏水位光电比色计调节定点列100，然后取原精液0.1毫升加入双蒸馏水4.9毫升，在蓝色滤光片下比色，比色后根据透光度查对精子查数表，即为1毫升原精液精子数。

利用灵敏度更高的分光光度计，将0.1毫升精液注入1毫升的二水柠檬酸等渗溶液中，再用深红色滤光片比色，查获得出精子的密度。用比色计测定精子密度，查数表应力求每一个个体作一份，避免精液内含有细胞碎屑、白细胞和胶状物的干扰。

5.2.2.4 精子活率

取1滴精液放在35℃温度下，用250～400倍显微镜观察，评定出视野下呈直线前进运动的精子占全部精于的百分率。

精子样品中死、活精子所占的比例也是鉴定精子活率的方法之一，出于死精子细胞膜，特别是核后帽膜通透性增强，用细胞着色的原理能与活精子区别开来。死精子着色而活精子不着色。

常用的染料配方利染色方法有：

（1）伊红—苯胺黑染色法：用磷酸盐缓冲液（pH 7.2）配制的1.67%伊红溶液和10%苯胺黑溶液的混合液1毫升，加热至37℃，再加入3～5滴原精液，在37℃温度下孵育3分钟，取1滴制成抹片，风干后在600倍显微镜下观察不同视野内的200个精子，计算活精子百分率。

（2）葡萄糖—刚果红染色法：

7%葡萄糖　　100毫升

刚果红　　　　1克

染液混合后经过滤，取1份染液加入3份精液，制成抹片检查。

用染色法测定购活精于百分率要比目测法略高，因为有非直线前进运动的精子仍系活精子，故也不能着色。

5.2.3 精液的稀释

稀释精浓的目的在于增加精液量，扩大输精母羊只数；促进精子活力，延长精子的存活时间，提高母羊的受胎率，稀释后精液才能进行保存和运输。

由于稀释液中含有能提供精子代谢所需的营养物质，缓冲精子代测产物对精子造成的危害，调节精液的酸碱度，维持精子生存的环境，防止对精子产生的"低温打击"，抑制细菌，所以，经稀释后的精液要比原精液精子的存活时间大为延长。常用的稀释液有以下几种。

5.2.3.1 奶稀释液

牛（羊）奶经 92～95℃、8～15 分钟加热以除去对精子产生的毒素，或者以 9 克奶粉加 100 毫升蒸馏水溶解后作为稀释液。

5.2.3.2 卵—柠—糖稀释液

具体成分：卵黄 20 毫升、柠檬酸钠 2.37 克、葡萄糖 0.8 克、蒸馏水 100 毫升。

每毫升稀释液中还应加入 500 国际单位青霉素和链霉素，调整溶液的 pH 为 7.0 后使用。

稀释应在 25～30℃温度下进行。一般浓度的精液可作 2～4 倍稀释。稀释精液容器可在同温度温水水中放入冰箱，使温度逐渐降低到 2～5℃。注意切不可让精液急剧降温。

5.2.4 精液的保存

精液保存的目的是保持精子活力，延长精子的存活时间，以扩大优良种公羊的精液利用时间与扩大其精液的利用范围。精子的生命受本身所含能量的限制，它对外源性的营养物质利用能力很低，因而在活动状态下，由于本身能量的迅速消耗，所以很快衰老死亡，故保存精液时，除了配制优良的稀释液，以便供应精子一定的营养物质和减弱副性腺分泌物等对精子的不良影响外，主要在于保持精子本身所含的有限能量。要保存精子本身的能量，必须减少或停止精子活动，降低其代谢过程，以减少能量消耗，这样就可延长精子生命。为此，必须创造抑制精子活动的环境条件，然后在必要时再结合适当条件，使其恢复活力。目前普遍采用的有效办法就是降低温度。具体方案参见第 10 部分。

5.2.5 输精

掌握好母羊发情、排卵时间，用正确的方法把精液输入到母羊生殖道的合适部位，是保证得到较好受胎效果的关键。在输精技术中，应严格遵循输精卫生，避免生殖道感染而造成繁殖力降。

5.2.5.1 适时输精

据山羊繁殖资料统计，母羊的发情持续期为 32 ～ 40 小时，排卵发生在发情开始后 30~36 小时，即在发情快要结束时。因此，在母羊发情开始后 12 ～ 16 小时进行人工授精的受胎率最高。如若继续发情，隔 12 小时再作第二次输精。使用冷冻精液做人工授精，宜安排在发情结束前 8 ～ 10 小时进行，即接近排卵时期。因为新鲜精液精子的寿命可达 22 ～ 48 小时，而冷冻精液精子的存活时间仅为 9 ～ 12 小时。但在排卵前，由于子宫颈粘液呈现凝固状，而影响精子的正常运行，也是造成受胎率低的原因之一。因此，需研究如何延长解冻后精子的存活时间或子宫内深部输精的方法。

5.2.5.2 输精精量和输入精子数

新鲜精液的输精量一般为 0.05 ～ 0.1 毫升，稀释精液（2 ～ 3倍）应为 0.1 ～ 0.3 毫升。有报告提出，用 10 ～ 12 倍甚至 30 倍的稀释精液 0.5 ～ 1.0 毫升也能得到较好的受胎率。但是在子宫颈外口输精量过大时，会造成大部分精液流失于阴道中。

新鲜精液头份输精量小应至少合有 0.5 ～ 0.75 亿个有效精子；冷冻精液输入的有效精子数应增加到 1.5 ～ 2.5 亿；而在非繁殖季

节里，母羊输入的有效精子数则应增加到 3 ～ 5 亿。

5.2.5.3 输精部位

一般母羊的输精部位足子宫颈管的外口内 1 ～ 2 厘米处。由于母羊的子宫颈细长（5~12 厘米），管腔内从有 5 ～ 6 个横向的皱褶，因此，要通过子宫颈管将精液直接输入到子宫内是比较困难的。使用金属输精器较以往使用玻璃输精器的输情部位更加深入一些，特别是用于冷冻精液，可明显地提高受胎率。

5.2.5.4 输精方法

输精时将母羊保定于输精架中，或者将母羊两后肢上举，作好保定。消毒母羊外阴部后，将经灭菌的开腔器轻缓地插入阴道，并打开开腔器，通过额灯寻找子宫颈外口，将输精器前即插入子留颈管外口的 1 ～ 2 厘米，少许拉出开开腔器的同时，将精液注入到子宫颈外口，由于阴道前段随即闭合，输入的精液很少倒流。母羊在保定过程中容易产生应激反应，因此，输精操作要轻缓、快速。输精后的母羊应保持 2 ～ 3 小时的安静状态，不要接近公羊或强行牵拉，因为输入的精子通过子宫到达输卵管受精部位需要有一段时间。

5.2.6 输精记录

种公羊采精记录内容为：记录采精日期和时间、射精量、精子活率颜色、密度、精浓稀择倍数、输精母羊号等数据。母羊输精记录内容为：输精母羊号、年龄、输精日期、精液类型、与配公羊号、精液稀释倍数等数据。

【参考文献】

[1] 杨恩昌 . 2004，流式细胞法分离波尔山羊 X、Y 精子的研究 . 南京：南京农业大学博士学位论文

[2] 谭景和 . 1996. 脊椎动物比较胚胎学 . 哈尔滨：黑龙江教育

出版社

[3] 杨增明，孙青原，夏国良 . 2005. 生殖生物学 . 北京：科学出版社

[4] 秦鹏春 . 2001. 哺乳动物胚胎学 . 北京：科学出版社

[5] 刘荫武，曹斌云 . 1990. 应用奶山羊生产学 . 北京：轻工业出版社

[6] 马全瑞 . 2003. 奶山羊生产技术问答 . 北京：中国农业大学出版社

[7] 王建民 . 2000. 波尔山羊饲养与繁育新技术 . 北京：首都经济贸易大学出版社

[8] 江涛 . 2004. 新技术在奶山羊生产中的应用 . 北京农业（4）：28-29

[9] 毕台飞，孙旺斌，高飞娟 . 2011. 陕北白绒山羊繁殖性能的研究 . 黑龙江畜牧兽医，10：46-48

[10] 姜怀志，宋先忱，张世伟 . 2010. 辽宁绒山羊繁殖生物学特性 . 中国畜牧兽医学会养羊学分会全国养羊生产与学术研讨会议论文集 7:25-26

[11] 韩迪，姜怀志，李向军，董建 . 2009. 辽宁绒山羊繁殖性状遗传参数的研究 . 现代畜牧兽医，06:31-33

[12] 杨崴，齐吉香 . 2008. 浅谈绒山羊的繁殖特性 . 养殖技术顾问，6:28

[13] 武和平，周占琴，陈小强，付明哲，郝应昌 . 2007. 布尔山羊的繁殖特性观察 . 西北农业学报，16（7）:47-50

[14] 李玉刚，殷延秀 . 2004. 提高母山羊繁殖效率的技术要点 . 山东畜牧兽医，8:43

[15] 动物繁殖学 杨利国 . 2003. 北京：中国农业出版社

[16] 董常生 . 2007. 家畜解剖学（第三版）（面向 21 世纪课程教材）北京：中国农业出版社

[17] 张忠诚 . 2000. 家畜繁殖学（第三版）　北京：中国农业大学出版社

[18] 渊锡藩，张一玲 . 1993. 动物繁殖学 , 西安：天则出版社

[19]Parrilla I, Vazquez JM, Roca J, Martinez EA. 2004. Flow cytometry identification of X- and Y-chromosome-bearing goat spermatozoa. Reprod Domest Anim. 39（1）:58-60.

第6章　山羊体外受精及显微受精技术

　　近些年来，随着市场经济的发展，中国山羊饲养业发展更加迅速，成就卓著。但若与养羊业发达国家相比，特别是在山羊品种良种化、产品品质、劳动生产率和经济效益等方面，差距仍然很大。在世纪之初，要持续发展中国山羊生产，任务还很艰巨。主要问题是目前在中国山羊饲养多数还是小规模分散饲养，加上中国山羊良种化程度不高，优质种公羊不多，不能像澳大利亚、新西兰等国家那样，直接将优质公山羊赶进母羊群自然交配。中国只有少数优质公山羊，必须借助体外受精和胚胎移植等先进的繁殖技术和胚胎工程技术，才能充分发挥它们在改良低产山羊中的作用。因此研究和解决山羊体外受精和山羊精液保存等相关问题就成为当前迫切的要求。

6.1　山羊体外受精的研究

　　继人工授精、胚胎移植之后，体外受精技术成为家畜繁殖领域的第三次革命。随着胚胎移植商业化的进一步发展，通过体外受精技术生产大量优质廉价胚胎势在必行。目前牛的体外受精技术日渐成熟，而山羊体外受精技术发展相对缓慢，直到 1992 年才获得体外成熟 / 体外受精山羊后代（钱菊汾等，1992）。目前山羊体外受精技术仍然不稳定，且很难重复。本文就影响体外受精技术的几个问题综述如下。

6.1.1 山羊体外受精方案

6.1.1.1 部分工作液配制

（1）低渗液：4.9 克柠檬酸三钠、9.0 克果糖，溶于 1000 毫升三蒸水中（100mOsm）。分装后在 4℃冰箱中保存备用。

（2）Hoechst33258 和金霉素（Chlortetracycline CTC）染液的配制：CTC 缓冲液：三羟基氨基甲烷 1.21 克、氯化钠 3.7986 克，溶于 500 毫升蒸馏水中用 HCl 调节 pH 值到 7.8。CTC 染液：CTC 0.0019 克、半胱氨酸 0.0033g，CTC 缓冲液 5ml。注：此染液现用现配使用，避光保存。Hoechst33258 溶液：Hoechst33258 1 毫克；mPBS 10 毫升。

（3）12.5% 的多聚甲醛液：三羟基氨基甲烷 6.05 克 /100 毫升（用盐酸调到 pH=7.4），多聚甲醛 12.5 克 /100 毫升。（4）3% 的聚乙烯醇（PVP）溶液：PVP（分子量：40,000）3 克；mPBS 100 毫升。

6.1.1.2 具体方案

（1）山羊精子获取及体外获能

使用假阴道法，从 3 只成年健康山羊采集新鲜精液。光学显微镜下检测精液质量。只有当异常精子少于 10% 时，精子的活力不低于 70% 时才能用于体外获能实验。将采自三只种公羊的精液混合。体外获能处理时，先在 6 个 5 毫升的离心管中装好 2 毫升的 mDM 获能液（mDM 液是由 Younis et al.（1991）改进的 DM 液），每管在底部加入 70 微升的混合精液进行上游处理（Parrish et al., 1986）；上游处理 1 小时后，自每个离心管吸取上部 0.7 毫升的高活力精液，混合后再经 200× 克离心 10 分钟。去除上清液，然后检测此时的精子密度。用获能液将精子密度稀释到 80×106 个 / 毫升。然后进行获能。获能后检测精子的活力、质膜完整率、低渗抗性、获能率、顶体状态。

（2）精子质量检测

① 密度检测

取精液 10 微升，加入 3％的 NaCl 溶液 1990 微升（稀释 200 倍）混合，然后按照以下步骤进行测定：将擦拭干净的血球计数板盖好盖玻片；滴一滴稀释后的精液在计数室盖玻片的边缘，使精液自动渗入到计算室；将计数板置于 40℃的温箱中使精子全部死亡；用 400 倍显微镜检查。每份精液进行两次评定，如前后误差大于 10％则做第三次测定。

② 活力的检测

在各实验组的精液中混匀后取出 10 微升，放入 1 毫升 mTyrode's 液（预热到 38.5℃）中孵育 20 分钟，混匀后，取 10μl 在血球计数板上在 100 倍相差显微镜下观察 5 个视野，分别计算视野中直线运动精子数和精子总数。每次检测时至少要用细胞计数器计数 200 个精子。精子活力＝（直线运动精子数 / 精子总数）×100％。

③ 精子低渗抗性检测

低渗抗性主要用弯尾率来评价。按照 Revell 等人报道的方法（Revell，1994），从各实验组的精液中取出 25 微升，用低渗液稀释到 200 微升。在 38.5℃孵育 45 分钟，然后加入 2％的戊二醛 300 微升。取 10 微升混合液涂片在 400 倍相差显微镜下观察 5 个视野计算弯尾精子数和精子总数计百分率。每次检测时至少要用细胞计数器计数 200 个精子。弯尾率＝（弯尾精子数 / 精子总数）×100％

④ 质膜完整性、获能和顶体状态检查

获能精子的快速检测对于提高获能效率是非常重要的。以往主要通过观察精子运动形式的变化来确定精子是否获能，但是不同动物获能精子尾部的运动形式存在一定差异。所以准确程度不高。

精子的荧光染色技术是新兴起的精子检测技术，CTC 是一种抗生素。它可以根据精子的不同的获能和顶体反应阶段或者精子表面差异进行染色，是一种客观且能定量地评价哺乳动物精子获能、顶体反应和精卵互作的一项新技术。该方法的原理目前还没有完全阐明。Fraser 等（1990）认为 CTC 可与 Ca2＋亲和物结合或者与精子质膜上的带阴离子的多肽结合。这种多肽是由附睾分泌并且具有获能因子的活性。CTC 染色后的精子为"F"型的为未获能精子，整个精子呈黄绿色荧光；"B"型为已经获能精子，其特点是顶体依然存在，但在顶体后区出现一条无或者暗淡的荧光区带。"AR"型精子，顶体缺如，整个精子头部显示淡绿色或无荧光，为已发生顶体反应的精子（shi & Roldan，1995）。Ward 首先用金霉素 CTC 荧光染色技术，检测小鼠精子的功能状态（Ward et al.,1984）。后来还被用在猴精子（Kholkute et al.,1990）、大鼠精子（Fraser & Mcdermott, 1992）、　马（Malmgren et al.,1992）、　人（DasGupta et al., 1993）、牛（Fraser et al., 1995）猪（Wang et al.,1995）和绵羊（Suttiyotin et al.,1995）的精子检测上。这种方法快速准确并且适用于多种动物的精子获能和顶体反应的判定。

　　Hoechst33258 和 CTC 染色方法：用活体荧光染料 Hoechst33258-CTC 联合染色。从各实验组的精液中，取出 10 微升用 1 毫升的 mTyrode's 液稀释后在 38.5℃下孵育 20 分钟。取 396 微升精子悬浮液，加入 4 微升 Hoechst33258 染色液；混匀，避光室温保存 3 分钟，制成精子孵育液。取 1.5 毫升离心管中放入 1 毫升 3% 的 PVP 溶液，然后将精子孵育液轻轻铺在 PVP 溶液上 500×克离心 6 分钟，沉淀去上清。将精子块用 50 微升 mDPBS 液悬浮吹打均匀。取 45 微升精子悬液加入 45 微升的 CTC 染液，混匀。然后在加入 8 微升 12.5% 的多聚甲醛溶液混匀。取干净的载片，加入 10 微升精子悬液，再加入等量的增光剂，混匀后盖上盖片。垫上吸水纸用力压片排除气体及多余液体。用无色指甲油封片，并避光保存。封片后要尽快观察。质膜完整性（死活）检查：

Hoechst33258 着色死精子（着色 DNA）并在波长 330-380nm 辐射波长 420 的紫外光激发下使死精子头部发兰绿荧光。活精子核区不着色不发光。在 Leica 荧光正置显微镜 400 倍下计算未着色精子数。顶体反应和获能检查：使用 CTC（金霉素）染色方法（根据 Fraser et al.,1995）。在激发波长 400-440nm，辐射波长 470nm 的紫外光下使精子的顶体发出黄绿光，在荧光显微镜 1000 倍油镜下观察精子顶体形态。CTC 染色分为 F、B、AR 型。F 型荧光在顶体后端，为未获能顶体完整精子，B 型为荧光在精子头部前方并且在顶体后方是一条暗带，为获能并顶体完整精子。AR 型为荧光带在头部后端，为顶体反应的精子。每次检测时要用细胞计数器数 200 个精子，计算精子质膜完整率、获能率、顶体完整率。精子质膜完整率＝（活精子数 / 精子总数）×100%；精子获能率＝（获能精子数 / 活精子数）×100%；顶体完整率＝（顶体完整精子数 / 活精子数）×100%，见图 6-1。

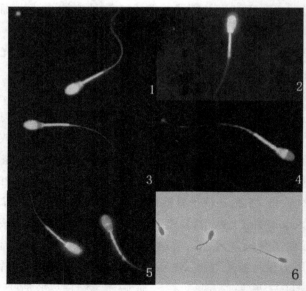

图 6-1 Hoechst33258 和 CTC 染色精子的获能和顶体状态以及低渗处理后精子

1、CTC-Hoechst33258 荧光染色未发生获能并且顶体完整的精子。（1000 倍荧光油镜）

2、CTC-Hoechst33258 荧光染色死精子（顶体完整）。（1000 倍荧光油镜）

3、CTC-Hoechst33258 荧光染色获能活精子。（1000 倍荧光油镜）

4、CTC-Hoechst33258 荧光染色未发生获能的顶体丢失的活精子。（1000 倍荧光油镜）

5、CTC-Hoechst33258 荧光染色获能发生后发生顶体反应的精子（右侧），顶体丢失的死精子（左侧）。（1000 倍荧光油镜）

6、低渗弯尾精子弯尾精子（中间）和未发生弯尾精子。（400 倍相差光镜）

（3）卵母细胞的获取

山羊卵巢购于屠宰点。置于盛有 30℃ 的生理盐水暖瓶中，在两小时内用运回实验室。用针头在盛有 mDPBS（GIBCO）的中平皿中划破卵巢表面直径 2～6 毫米的卵泡，在实体显微镜下检取卵丘 - 卵母细胞复合体（COCs）。在光镜下将 COCs 的分为三类。A 类：由致密的卵丘细胞多层完全包裹；B 类：卵丘细胞不完全包裹，显微镜下略呈淡灰色；C 类：完全裸露的卵子。选用 A、B 两类 COCs 进行培养。

（4）卵母细胞成熟培养

将 COCs 放入 TCM199（GIBCO）+10IU/ 毫升 PMSG（天津华孚高新生物技术公司）+10%FCS（胎牛血清）+100IU/ 毫升青霉素和 50mg/ml 的链霉素 100 微升成熟液中（15～25 枚 COCs），于 5%CO2、空气、饱和湿度、39℃ 条件下培养 27 小时。选择 3～4 级卵丘扩展的 COCs，于 0.1% 的透明质酸酶的 mDPBS（GIBCO）液中用适当口径的细管脱掉卵丘细胞。光镜下检测，以排出第一极体者为成熟卵母细胞。

（5）体外授精和受精检测

受精液为含有 1 微克/毫升牛磺酸的 TALP 受精液。成熟 27 小时卵母细胞使用受精液洗涤一次，每组 18～22 枚成熟卵母细胞，放入的 100 微升的受精滴中，上覆石蜡油。然后每个受精滴加入 5 微升获能的精子，最终的精子浓度为 3.5～4×106 个/毫升。精卵混合后，在 38.5℃，5%二氧化碳的培养箱中孵育。培养 10 小时后，一部分卵母细胞用于检测受精率。其余卵母细胞去除卵丘细胞和精子后继续培养。

检测受精率时，卵母细胞于添加 3%柠檬酸钠的 mDPBS 溶液中去除卵丘细胞和精子，压片后在酒精：醋酸＝3：1（V/V）固定液中固定 24 小时以上。然后，用 1%醋酸地衣红染液染色 1 分钟，在相差镜下检查受精情况。带有两个原核和一个精子尾巴的为正常受精。

（6）胚胎培养及胚胎发育检测

在受精 24 小时后，使用细管去掉卵子外面的精子和卵丘细胞。每 20 枚受精卵与单层山羊输卵管上皮细胞一起共培养。培养液为添加 0.55 毫克/毫升丙酮酸钠、0.146 毫克/毫升谷氨酰胺、3.5 毫克/毫升 BSA（GIBCO）、青霉素 100 单位/毫升、链霉素 50 微克/毫升和 20%发情山羊血清（EGS）的 M199（GIBCO）。培养条件是 38.5℃，5%二氧化碳、95%空气，饱和湿度。共同培养时间为 7 天（受精后 8 天）。每隔两天半量更换培养液。在受精后 48 小时检查受精卵的卵裂率。在培养 7 天后检测发育到桑椹胚和囊胚的情况，见图 6-2。

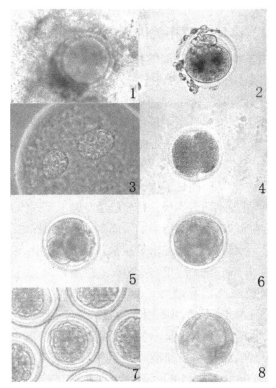

图 6-2　山羊卵母细胞体外受精和后续发育

1. 受精时的精子和卵母细胞。（200 倍相差显微镜）

2. 受精后 6 小时排出的第二极体。（200 倍相差显微镜）

3. 受精后 10 小时固定染色后的雌雄原核。（400 倍相差显微镜）

4. 2- 细胞。（200 倍相差显微镜）

5. 4- 细胞。（200 倍相差显微镜）

6. 8- 细胞。（200 倍相差显微镜）

7. 桑椹胚。（200 倍相差显微镜）

8. 早期囊胚。（200 倍相差显微镜）

6.1.2 山羊体外受精相关因素的研究

6.1.2.1 山羊精子体外获能的相关因素

体外获能是体外受精（IVF）技术的重要组成部分。1951 年，Austin 和 Chang 分别发现哺乳动物附睾内或射出的精子并不能使卵母细胞受精，而必须在雌性生殖道中停留一段时间，才具有受精能力，并将这种现象命名为"获能"（Capacitation）。1963 年，Yanagimachi 和 Chang 首次成功的进行了金黄地鼠精子体外获能实验，证明精子在简单培养液中作处理即可获能，从而简化了精子获能的繁琐步骤。精子体外获能技术大大加快了体外受精研究步伐。目前已经发展了多种体外获能方法。但是精子体外获能的机理及其影响因素尚有许多值得探讨的问题。

体外获能一般分为两步：一是精液洗涤，新鲜精液或冷冻精液在精子洗涤液中离心洗涤，除去杂质、精清、死精子、低活力的精子、冻精保护液及稀释液等。目前牛精子洗涤液一般采用改良的 Tyrode 液（TALP），猪则多用 TCM199 液，山羊多用不含 BSA 的 BO 液；二是精子获能处理，主要是将洗涤后的精液在获能液中孵育一段时间，从而使精子获能。常用的获能液有高强度离子液、mDM 液和 Tyrode 液（TALP）等。为了提高获能效果，有时还要在获能液中添加钙离子载体、肝素和 BSA 等促进获能的成分。获能液和这些成分诱发精子获能的原理如下：

（1）高强度离子液

高强度离子液可置换精子表面抗原物质或去能因子从而诱发获能反应。Brackett 和 Oliphant（1975）首次报道应用高强度离子液使兔精子获能并成功获得试管兔，他们将该培养液称为 BO 液或 DM 液，后来使用该液还成功的获得了试管牛。徐君等（1990）将 BO 液中碳酸氢钠浓度由 37 毫摩尔提高到 47 毫摩尔，称之为 XQ 液。应用该获能液使体内成熟的兔受精率达到 63.4%，并获得试管兔。钱菊汾等（1990）应用 XQ 液处理山羊精子，也成功获得了试管山羊。

（2）钙离子载体

钙离子载体（Calcium ionophore IA）可与钙离子形成复合物，携带钙离子进入精子内，激活顶体酶，诱发精子获。将 IA 应用于牛、猪、绵羊和山羊精子的体外获能，均能获得理想的效果（Hanada,1985）。但 IA 诱导获能存在着一个时间浓度依赖的域值。IA 的作用快速而强烈，处理时间稍长或浓度过高都会导致精子急剧死亡。

（3）氨基多糖

研究表明，氨基多糖（glycoaminoglycans，GAG）是存在于牛发情期输卵管液中的体内获能活性物质，能促进精子对 Ca2＋的吸收，继而诱发顶体反应。肝素作为高度硫酸化的 GAG 已被普遍地用于哺乳动物精子体外获能。

肝素是一种高度硫酸化的 GAG。以往主要用于血液的抗凝处理，后来被证明可以使精子获能（Parrish et al.,1988）。在体外受精处理时添加肝素可提高牛（Parrish et al.,1988）、绵羊（Cox et al.,1992）和山羊（Cox et al.,1994）精子的受精能力。Gliedt 等（1996）在牛卵巢卵母细胞体外受精研究中发现肝素能促进精子的体外获能，从而提高卵母细胞受精率。肝素对精子获能的作用机理目前尚不十分明确，可能是肝素与精子顶体帽结合，改变精子膜结构，使精子吸收钙离子，从而诱发精子获能，并激活顶体酶，最后导致顶体反应（Fukui et al.,1990）。

有报道证明，肝素也能诱导山羊精子体外获能。但是不同实验室所用的肝素浓度有很大差异。张锁链等（1994）在羔山羊的超数排卵和体外受精研究中使用的浓度为 50 毫克 / 毫升肝素。徐照学等（1998）在山羊卵泡卵母细胞体外受精中使用 10 微克 / 毫升肝素进行精子获能。刘海军等（2001）在山羊卵泡卵母细胞体外受精中使用 20 微克 / 毫升的肝素进行精子获能。虽然这些研究都证明肝素能促进精子获能，但是没有对获能后的山羊精子状态（如精子的活力、顶体完整率、获能率等）进行详细的研究。这可能是同实验室所用的肝素浓度差异很大的原因之一。所以有必要进行肝素浓度及其作用时间的优化研究。

在精子体外获能时，添加肝素可以有效的提高精子的获能效果。但是肝素的使用浓度在不同动物的精子体外获能时却很大差异。即使是同一种动物，如山羊，体外获能时肝素使用剂量的报道也很不一致。旭日干等（1989）用 10 微克 / 毫升肝素处理山羊鲜精和冻精，获得了 4 只试管羔羊。Palomo 等（1995）、Keskintepe 等（1996）、Mogas 等（1997）山羊卵母细胞体外受精中添加的肝素浓度是 100 微克 / 毫升。Izquierdo 等（1998）在山羊体外受精中使用 50 微克 / 毫升的肝素获能。产生这种差异的原因目前还不清楚。

我们采用了多种精子检测手段研究了山羊精子获能时最佳肝素浓度、温度和时间。研究表明，就获能的比率而言，添加肝素可以提高的获能效果，50 和 100 微克 / 毫升获能效果最高。但是当肝素浓度 100 微克 / 毫升时，顶体完整率显著下降。所以我们认为，山羊精子获能时 50 微克 / 毫升效果最好（见表 6-1）。

表 6-1 肝素浓度对山羊精子体外获能的影响

浓度（微克/毫升）	活力（%）	质膜完整率（%）	弯尾率（%）	获能比例（%）	顶体完整率（%）
0	86.1±5.0[a]	92.6±3.1[a]	93.5±2.2[a]	5.6±5.8[a]	96.1±1.2[a]
5	85.9±6.3[a]	92.3±4.5[a]	93.0±1.9[a]	14.1±3.3[b]	92.8±4.8[ab]
10	84.5±4.5[a]	92.9±1.9[a]	93.0±2.5[a]	32.5±2.8[c]	92.5±6.2[ab]
25	84.8±1.7[a]	92.3±5.5[a]	92.7±4.6[a]	45.2±4.5[c]	89.1±2.5[ab]
50	86.6±6.3[a]	92.7±4.1[a]	91.5±5.8[a]	54.9±5.2[d]	87.6±3.1[ab]
100	86.9±3.9[a]	92.0±2.5[a]	91.0±2.0[a]	56.0±5.0[d]	87.1±5.5[b]

a,b,c,d 不同上标为差异显著（显著水平 $P<0.05$）

除了肝素浓度，获能的时间也是影响精子获能效果的重要因素之一。Fukui 等（1990）在牛的体外受精实验中发现，在一定肝素浓度下，肝素处理时间超过 60 分钟，获能处理精子的受精能力显著下降（20-36％、38-49％），因此 Fukui 认为肝素剂量和精子获能的孵育时间对于牛 IVF 及胚胎发育有重要影响。Gliedt 等（1996）在牛精子肝素获能处理时发现，牛精子的获能时间增至 4 个小时，会造成体外受精卵卵裂率显著降低。我们的研究也证实，肝素浓度 50 微克 / 毫升时，孵育时间超过 60 分钟时，精子的活力、弯尾率和质膜完整性均显著降低（见表 6-2）。这可能是获能时间过长，精子受精能力下降的原因。

表 6-2　肝素作用时间对山羊精子体外获能的影响

作用时间（分钟）	活力（％）	质膜完整率（％）	弯尾率（％）	获能率（％）	顶体完整率（％）
对照组	91.0 ± 3.5^a	93.1 ± 6.3^a	94.5 ± 2.9^a	5.5 ± 6.4^a	95.7 ± 2.5^a
10	89.5 ± 4.2^a	93.1 ± 4.5^a	94.0 ± 5.2^a	16.5 ± 6.2^b	93.6 ± 4.1^a
20	88.2 ± 0.5^a	93.0 ± 1.6^a	93.8 ± 4.4^a	29.5 ± 5.0^c	91.0 ± 2.5^{ab}
30	87.6 ± 1.1^a	92.8 ± 0.4^a	92.5 ± 3.6^a	43.9 ± 3.2^d	89.5 ± 6.2^{ab}
45	85.8 ± 2.2^a	92.5 ± 3.5^a	92.0 ± 1.5^a	54.1 ± 2.1^e	87.0 ± 5.8^{ab}
60	83.5 ± 3.0^{ab}	90.2 ± 6.1^a	90.5 ± 4.8^a	56.5 ± 5.9^e	83.8 ± 1.5^b
120	75.2 ± 4.8^b	80.3 ± 2.5^b	79.5 ± 2.2^b	60.0 ± 2.8^e	82.5 ± 4.9^b

a,b,c,d,e 不同上标为差异显著（显著水平 $P<0.05$）

精子体外获能也与孵育温度有关（Mahi et al.,1973）。目前有关山羊精子的获能温度的研究报道的很少。大多数动物的获能温度是 37-38℃。但是在此温度下，很难使绵羊和猪的精子发生获能。后来的研究证明，只要把精子孵育温度提高为 39℃，就可以使之获能（Cheng et al.,1986; Cran and Cheng, 1986）。在实验中我们也发现，37℃时精子获能的比率较低，当温度提高到 38.5℃ 和 42℃都可以显著提高精子获能比率（见表 6-3）。温度对体外获能的影响，可能因为细微的温差会使精子膜脂的物理状态发生很大变化（Holt & North,1986; Ynaimachi,1994）。但是，我们同时发现，42℃获能处理会使精子活力下降。这些结果说明温度对山羊精子的获能有着明显的影响。

表 6-3 不同获能温度对精子活力、活率、获能比率和顶体完整率的影响

获能温度 Capacitation temperature （℃）	活力 （%） Motility	质膜完整率（%） Membrane intact	弯尾率 （%） Bent tail	获能率 （%） Capacitation	顶体完整率 （%） Acrosome intact
15.0℃	84.9±0.3[a]	92.4±1.5[a]	92.0±1.4[a]	9.5±3.0[a]	95.0±1.0[a]
37.0℃	84.6±3.5[a]	91.7±0.2[a]	90.3±4.5[a]	20.7±2.4[b]	92.3±5.8[a]
38.5℃	86.3±5.1[a]	90.7±4.1[a]	89.5±5.8[a]	55.2±3.5[c]	87.2±2.0[a]
42.0℃	63.5±2.5[b]	80.5±0.8[b]	79.4±3.4[b]	67.5±5.9[d]	73.4±0.9[b]

a,b,c,d, 不同符号显著性水平均为 P<0.05

（4）牛血清白蛋白（BSA）

牛血清白蛋白（BSA）可改变精子膜的胆固醇含量，调整精子膜的脂肪水平以改变精子膜的稳定性。一旦精子获能，BSA 可促进

其迅速穿透卵母细胞（Tajik et al.,1993）。因而 BSA 作为获能液中的辅助成份，广泛地用于牛、猪、绵羊和山羊等哺乳动物精子的体外获能。

（5）精子活力激动剂

Meizel 发现，在牛卵泡液，兔和猴输卵管液，仓鼠、豚鼠和人的精子中均含有较高浓度的牛磺酸和亚牛磺酸物质（Meizel,1997）。后来证明在牛精于获能液中添加亚牛磺酸和肾上腺素，受精率显著提高（Ball et al.,1983）。所以为了取得更好的受精效果，有时在受精液中常添加咖啡因、次黄嘌呤、肾上腺素等（Hiwa et al.1988,;Greve et al.,1993）。现在将青霉胺、亚牛磺酸、肾上腺素三种成分的混合物，其主要作用是增强精子活力和顶体反应能力，提高精子的卵子穿透率和穿透速度（Andrews et al.,1989）。另外 PHE 能通过抑制过氧化物的形成来阻止精子细胞中脂质过氧化导致的精子活力的丧失。目前在牛的体外受精中广泛应用。

（6）输卵管上皮细胞和卵丘细胞

哺乳动物输卵管是精子获能、卵母细胞受精和胚胎发育初期的一个微环境，同时也是精子等待卵子到达的地方（Yanagimachi et al.,1963）。在小鼠（Suarez, 1987）、豚鼠（Yanagimachi, 1976）、仓鼠（Smith, 1987）、兔（Overstreet,1978）、绵羊（Hunter, 1982; Hunter, 1983）、猪（Hunter, 1984a）和牛（Hunter,1984b）围排卵期的输卵管峡部是精子的保存库。在体内，输卵管峡部的仓鼠精子始终贴附于峡部粘膜上，只有获能后才离开峡部才运动到壶腹部使卵子受精（Smith et al., 1991）。另外还有报道证明，牛输卵管峡部有维持牛精子的受精能力和超激活运动（Hunter,1984b;Wilmut et al.,1984; Hunter et al.,1987b）的作用。研究表明，单层牛输卵管上皮细胞（OECM）在体外也具有保存精子，维持其存活并可诱导精子获能（Ellington et al., 1991）的作用。

除了输卵管上皮具有保存精子，维持其存活并可诱导精子获能的作用之外，一些报道证明，输卵管液也有助于牛（Ellington et al.，1991; Parrish et al.,1989; Ehrenwald et al.,1990; Guyader et al.,1991）、马（Ellington et al.,1993）、猪（Nagai et al.,1990）和绵羊（Gutierrez et al.,1993）的精子获能。一些假说认为：输卵管液中的某些蛋白能够维持精子存活或者促进获能。目前已经发现了与精子获能有关的特定输卵管蛋白（Lippes et al.,1989;McNutt et al.,1991;Ellington et al.,1993b）。但是输卵管上皮和输卵管也维持精子存活和诱导精子获能的机制还不完全清楚。

Gwatkin 等（1977）报道，卵丘细胞在体外可以使仓鼠精子获能，但其在获能和受精中的作用尚有争议。另外颗粒细胞也能显著提高人卵母细胞成熟率和受精率，对裸卵或卵丘细胞较少的卵母细胞尤为明显（Dandekar et al.,1991）。对牛、羊等动物，目前也较普通地采用制备颗粒细胞单层添加到卵母细胞成熟培养基中以获得较高的卵母细胞体外成熟率、受精率、发育率。

表 6-4　山羊输卵管上皮和卵丘细胞对精子体外获能的影响

细胞类型	活力（%）	质膜完整率（%）	弯尾率（%）	获能率（%）	顶体完整率（%）
对照组	86.6± 2.5[a]	90.4± 6.2[a]	90.0± 3.5[a]	55.8± 2.2[a]	88.0± 6.4[a]
输卵管上皮细胞	85.3± 5.2[a]	92.9± 4.5[a]	93.4± 6.5[a]	71.2± 5.0[b]	87.7± 3.1[a]
卵丘细胞	85.0± 1.5[a]	92.4± 0.5[a]	93.0± 3.8[a]	54.5± 3.6[a]	87.5± 2.8[a]

a,b 不同上标为差异显著（显著水平 $P<0.05$）

一些实验证明，单层输卵管上皮细胞的确可以诱导牛精子获能

（Guyader et al.,1989）。Guyader 等（1989）发现牛精子与输卵管上皮细胞可以诱导其发生获能。Ellington 等（1989）提出牛输卵管细胞与精子在体外接触时会改变精子质膜状态。Li 等发现，兔精子与输卵管上皮共同孵育时；在孵育的最初几分钟之内，一些精子就贴附在上皮表面（Li et al.,1990）。所以一些研究者认为，输卵管上皮是一种更接近生理条件的体外诱导获能的物质。目前还未见输卵管上皮细胞体外诱导山羊精子获能的报道。在实验中我们发现，在孵育 30 分钟之内大部分精子就与输卵管上皮细胞发生贴附，尾部运动加速。这个现象与 Gutierrez 等（1993）在绵羊的报道相似。Gutierrez 等（1993）发现绵羊精子在与绵羊输卵管或者仓鼠输卵管单层上皮细胞，不超过 1 小时就发生贴附，贴附的精子尾部表现出较强烈的运动，但是与单层猪肾细胞（IBRS-2）没有精子贴附。山羊精子与单层卵丘细胞孵育时没有精子贴附，单层输卵管上皮细胞能提高精子获能效果（见表 6-4），改善体外受精效果，但是添加卵丘细胞并没有提高获能比率（见表 6-5）。虽然研究证实，单层输卵管上皮细胞可以维持精子活力。但是单层输卵管上皮细胞和卵丘细胞对精子活力、活率、质膜完整性和顶体完整率影响不大（见表 6-4）。

表 6-5　获能时添加输卵管上皮细胞对受精率和卵裂率的影响

细胞类型	精子受精率（％）	卵裂率（％）
对照组	13/16（81.2％）[a]	39/60（65.0％）[a]
输卵管上皮细胞	21/23（91.3％）[b]	65/90（72.2％）[b]

a,b 不同上标为差异显著（显著水平 P<0.05）

（7）影响体外获能的其它因素

不同类型的动物对获能液和添加成分时的要求是不同的。某些动物（包括人类）的精子不需在获能液中添加特别的成分就可以进行体外获能。而其它动物的精子则需要添加特殊的物质才能使体外获能成功进行，如金黄仓鼠的精子获能就需要添加一种精子活动因子（sperm motility factor，SMF），后来这种因子被证明是牛磺酸或亚牛磺酸。

除了选择合适的获能液和添加一定的成分外，还要调整合适的孵育温度（Mahi et al.,1973）。细微的温差会使得精子膜脂的物理状态发生很大变化，从而影响体外获能效果（Holt et al.,1986; Ynaimachi,1994）。大多数动物的精子获能温度为 37～38℃，但有些动物例外，如绵羊和猪精子获能温度为 39℃，猪和绵羊精子在 38.7～39.7℃条件下获能比 37～38℃获能更为有效（石其贤等，1991；孟励等 1991）。

不同动物体外获能所需的最短时间也有所不同。小鼠、猪、人的精子获能时间在 1 小时以内，而另一些动物如兔则需几个小时。这种不同可能主要是由于不同动物精子质膜的理化特性的差异造成的。另外采精部位也能影响获能率。尽管附睾尾精子和射出精子被认为具有相同的成熟度和受精能力，但附睾精子要比射出精子体外受精效果好。

6.1.2.2 山羊体外受精的影响因素

（1）公羊个体差异对体外受精的影响

公畜个体差异对体外受精的受精率和卵裂率的影响很大。这种现象在牛上比较明显。Marquant Le Saeki 等（1995）的研究证实，从 3 只公牛采集的精液分别获能后，进行体外受精，受精率有明显差异（36%～95%）。刘东军等（2000）报道，利用五头公牛精液分别进行体外受精，卵裂率分别为 17.6%～74.7%，囊胚发育率为 1.0%～32.6%，不同个体间差异极显著（P<0.01）。我们也证明，山羊个体间的差异对体外受精的受精率和卵裂率有明显影响。Villamediana 等（2001）在体外受精实验中也发现，两只山羊的精

子的卵母细胞穿透率和卵裂率显著不同。

（2）山羊附睾精子与体外受精

附睾不同部位的精子体外受精受精能力存在差异：射出的鲜精和附睾尾精子受精能力没有明显差异，但是附睾头部的精子没有受精能力，附睾体部精子有一定的受精能力。这可能与附睾不同部位精子的成熟状态不同有关。Harayama 等（1993）的研究发现，附睾体和附睾尾精子能发生顶体反应，山羊附睾头精子的很难发生顶体反应，穿仓鼠卵实验时也证实了这一点，附睾体和附睾尾精子穿透率分别为 74％和 93％，附睾头部精子很少能穿过卵母细胞。这一结果也说明精子从附睾头到附睾尾运行过程中，提高了精子顶体反应和与卵质膜融合的能力。Williams（1991）的研究发现，虽然附睾尾精子很容易被钙离子载体 A23187 的作用下发生顶体反应。但是绵羊附睾头精子却不能发生顶体反应，不能穿透仓鼠卵；电镜和光镜检测发现，附睾头、体和尾部精子的顶体形态没有差异，但在检测顶体活力时发现，附睾尾精子比附睾头、体精子在孵育 8 小时后顶体酶的活性更高。

（3）卵母细胞成熟与体外受精

在体外受精时，卵母细胞的成熟程度是影响体外受精效果的一个重要因素。不成熟或老化卵母细胞不能完成正常的受精过程。目前，多以卵子放出第一极体或达到 MII 期的核成熟作为卵母细胞成熟的标志。但是这种判断标准并不能反应卵母细胞的成熟程度。因为出了核成熟之外，还包括卵母细胞细胞质和透明带及细胞膜的成熟。山羊卵母细胞的体外成熟时间一般认为是 24 ～ 27 小时（钱云等，2000）。Gliedt 等（1996）的研究发现，体外成熟的时间由 24 小时延长到 28 小时的卵母细胞体外受精后，受精卵的卵裂率下降，成熟 24 小时比 28 小时卵母细胞的桑椹胚率要高。张涌等（1999）报道，山羊卵母细胞体外成熟受成熟时间影响，并认为核成熟后再培养 3 ～ 4 小时有利于卵母细胞质成熟。研究表明山羊卵母细胞体外成熟时间（24～30小时）对受精率的影响差异不显著，但是成熟21小时卵母细胞的卵裂率与其它时间的卵裂率差异显著（表6-6）。在桑椹胚 / 囊胚率方面，成熟21小时和30小时的山羊卵母细胞显著低于其它各组。这说明未充分成熟和老化的卵母细胞都会对胚胎后续发育产生不利影响。

表 6-6　体外成熟不同时间山羊卵母细胞的体外受精率和发育率

体外成熟时间（小时）	受精率（%）	胚胎发育 / 培养胚胎数（%）	
		卵裂率	桑椹胚 / 囊胚率
21	4/12（33.3）[b]	10/38（26.3）[b]	2/38（5.3）[b]
24	8/11（72.7）[a]	14/22（63.6）[a]	4/22（18.2）[a]
27	16/21（76.2）[a]	33/49（67.3）[a]	10/49（20.4）[a]
30	11/15（73.3）[a]	24/31（60.0）[a]	3/31（9.7）[b]

a,b 不同字母之间差异显著性（$P<0.05$）

（4）卵丘细胞扩展的情况对体外受精的影响

作为判断卵母细胞体外成熟的一个标准，人们十分重视卵丘扩展程度。例如，Hunter 和 Moor 等（1987）根据卵丘细胞扩展的程度制定了牛卵母细胞体外成熟的判断标准。在人、猪、小鼠、大鼠和绵羊等动物，常常把卵丘扩展和粘液化作为卵母细胞体外成熟的形态指标之一。卵丘扩展发生在排卵前后，确切时间根据动物种类的不同而异（Motlik et al., 1986）。扩展的同时也破坏了卵丘细胞和卵母细胞间的通讯联系（Motlik et al., 1986）。所以，卵丘扩展一直被认为可能参与了卵母细胞减数分裂恢复的调节（Downs et al.,1993;Eppig et al.,1984）。扩展的卵丘细胞还可以释放一种含有透明质酸的糖蛋白，它能有效地避免卵母细胞的透明带变硬，从而使精子更容易的穿过透明带而受精（Downs et al.,1985）。卵丘扩展有助于输卵管收集卵母细胞，而且还能在受精时发挥作用（Meizel et al.,1986; Salustri et al.,1989）。此外据报道，扩展的卵丘能够调节物质的通透性，清除卵子排除的有害因子，能有效地抑制卵母细胞的退化（丁汉波,1987）。

卵丘扩展程度与受精率之间关系的研究很少，特别是山羊的卵丘扩展和受精的关系还不清楚。卵丘 0 级扩展的卵母细胞不能受精，1 级扩展的受精率也较低。扩展好的受精率显著高于扩展不好的卵母细胞。扩展良好的卵母细胞受精后的胚胎发育能力也高于卵丘扩展差的卵母细胞。这可能说明，卵丘扩展程度与卵母细胞质成熟有一定的相关性。体外成熟的山羊卵母细胞即使卵丘扩展程度不好（2 级扩展），而卵母细胞仍能排出第一极体，说明卵丘扩展与卵母细胞核成熟之间相关性可能很小（见表 6-7）。

表 6-7　山羊卵母细胞体外成熟扩展级别对体外受精和发育的影响

扩展级别	受精率（%）	胚胎发育 / 培养胚胎数（%）	
		卵裂率（%）	桑椹胚 / 囊胚（%）
0 级	0/61（0.0）[e]	0/85（0.0）[d]	0/85（0.0）[c]
1 级	1/30（3.3）[d]	0/60（0.0）[d]	0/60（0.0）[c]
2 级	6/40（15.0）[c]	13/106（12.3）[c]	0/106（0.0）[c]
3 级	25/40（62.5）[b]	43/90（47.7）[b]	11/90（12.2）[b]
4 级	49/60（81.6）[a]	83/125（66.4）[a]	27/125（21.6）[a]

a,b,c,d,e 不同字母之间差异显著性（P<0.05）

（5）卵母细胞体外成熟过程中卵丘存在与否对体外受精的影响

卵丘在卵母细胞体外成熟和发育过程中有重要作用。卵丘一般通过两种途径作用于卵母细胞：一是为卵母细胞提供生长和

发育必需的营养物质，如丙酮酸，氨基酸，核苷及磷脂前体等
（Cross et al.,1974; Brower et al.,1982;Colonna et al.,1983;Haghighat
et al.,1990）；二是在卵母细胞成熟过程中，卵丘发生扩展，从而中
断了卵丘细胞之间以及卵丘和卵母细胞之间的间隙联接（Larson et
al.,1987），促进卵母细胞成熟。所以，体外成熟培养时，多选择卵
丘完整，卵丘细胞层数较多的卵丘卵母细胞复合体进行培养，而
卵丘不完整或缺如的卵丘卵母细胞复合体被认为是闭锁卵泡中的
退化卵，而且体外成熟率低或根本不能成熟而被抛弃（De Loos et
al.,1991）。但是，关于卵丘在卵母细胞体外成熟培养中是否必需，
还存在较大的争论。Chang 研究认为有腔卵泡处于快速生长期，卵
母细胞已完成参与调节成熟分裂恢复物质的储备，具有了自发成熟
能力（Chang et al.,1955），所以一旦在体外去除卵丘，卵丘细胞的
对卵母细胞的抑制作用就被解除，卵母细胞自发恢复减数分裂（核
成熟）。因此，机械去除卵丘的裸卵也具有体外成熟（核成熟）的
能力。Eppig 等（1989）对小鼠卵丘卵母细胞复合体（COC）和裸
卵（DO）进行体外培养时发现，DO 的生发泡破裂（GVBD）率和
第一极体的排放率与 COC 没有明显差异。Hawk 等（1992）等发现，
无论在成熟期间或成熟后保留部分卵丘，牛卵母细胞受精率及扩展
囊胚比例都明显增高。还有些学者则认为，没有卵丘的卵母细胞不
能很好成熟（Crosby et al., 1981;Fukui et al., 1980）。对大鼠，小鼠，
牛和绵羊的研究表明，卵母细胞如果在体外成熟前是裸卵，受精后
的卵裂率和原核形成率都下降（Schoreder et al., 1984; Sirard et al.,
1988; Vanderhyden et al., 1989; Ball et al., 1983）。可能卵丘与卵母细
胞细胞质的成熟密切相关。

　　山羊无卵丘卵母细胞在体外可以成熟（排出第一极体）。无卵
丘卵母细胞体外成熟后能够受精但是受精率显著低于 1～3 层和多
层卵丘卵母细胞。成熟前机械去除卵丘严重影响山羊卵母细胞的体
外受精率和囊胚发育率。1～3 层与多层卵丘卵母细胞受精率和囊

胚发育率差异不显著。曾有报道，卵丘细胞对卵母细胞成熟和获得发育能力很重要（Mochizuki et al.,1991; Shioya et al.,1988; Younis et al.,1989; Younis et al.,1991; Zhang et al.,1995）。在大鼠（Vanderhyden et al.,1989）、绵羊（Staigmiller et al.,1984）和牛（Zhang et al.,1995; Leibfried-Rutledge et al., 1989），在成熟前去掉卵丘对成熟、受精和胚胎发育都有不利影响。但 Martino 等（1995）发现，完全包围和部分包围卵丘的卵母细胞受精率几乎没有不同，但发育能力存在差异。成熟前卵母细胞的卵丘状态对其以后的受精和发育影响都很大。这可能是因为缺少卵丘细胞的保护，山羊卵母细胞透明带发生硬化，从而影响精子穿入。

（6）受精时卵丘存在与否对体外受精的影响

大多数动物在受精时卵母细胞上还存在一定比例的卵丘细胞（Motta et al.,1995; Yanagimachi et al.,1994）。在小鼠（Fraser et al.,1985; Itagaki et al.,1991; Siddquey et al.,1982）、仓鼠（Bavister et al.,1982）、猪（Kikuchi et al.,1995）和水牛（Nandi et al.,1998），添加卵丘细胞会提高受精率。添加卵丘细胞对牛卵母细胞体外受精有促进作用，在受精前去掉卵丘细胞会导致受精率下降。Fatehi 等（2002）在牛证实，添加卵丘细胞会提高牛卵母细胞的穿透率。还有一些研究发现去掉卵丘细胞不会影响穿透率，但是雌雄原核的形成受到损害并伴有较高的多精受精发生（Behalova et al.,1993;Cox et al.,1991;Ball et al., 1983）。然而,Behalova 和 Greve(1993)、Cox(1991)和 Ball 等（1983）却报道，在牛 IVF 时去卵丘卵母细胞的穿透率与卵丘完整的卵母细胞的穿透率无显著差异。Hawk 等（1992）发现卵丘细胞对精子穿透有不利影响。本实验的结果表明，在受精前去掉山羊卵丘或者去掉部分卵丘对受精率没有显著影响，但是受精前完全去掉卵丘对于胚胎的后续发育有明显影响，桑椹胚/囊胚率显著低于带卵丘受精的卵母细胞。也就是说，保留卵丘对山羊体外受精是有利的。卵丘细胞有利于受精的机制还不完全清楚，可能因为卵丘细胞参与雌雄配子的相互作用，指导精子进入卵母细胞（Hunter et al.,1988; Schro et al.,1984），诱导获能（Cox et al.,1993; Crozet et al.,1984）和顶体反应（Chian et al.,1995; Fukui et al.,1990），维持精子活力和活率（Fukui et al.,1990; Ijaz et al.,1993），防止透明带在受精前变硬（Downs et al.,1986; Katska et al.,1988; Mattioli et al.,1988）以及提高精子的穿透率和体外受精率（Cox et al.,1993; Fukui et al.,1990，Magier et al.,1990; Legendre et al.,1993）。

6.2 山羊显微受精技术

显微受精亦称显微操作协助受精（micromanipulation-assisted fertilization）是指通过对动物配子进行显微操作，以帮助其受精的一系列技术。主要包括：胞质内精子注射（intracytoplasmic sperm injection, ICSI）、透明带下精子注射（subzonal injection, SUZI）及透明带钻洞（zona drilling, ZD）和透明带部分切口（partial zona dissection, PZD）。

显微受精技术是体外受精技术的补充，作为一种新兴的辅助受精方法在人类的不育症治疗中发挥了巨大推动作用，它扩大了体外受精对象的范围可以解决因精子本身原因及输卵管阻塞等原因所导致的一系列不育问题。此外，由于胞质内注射显微注射受精特有的技术特点，对畜牧生产、野生动物保护和受精机理等发育生物学基础理论的研究均有非常重大的意义。

6.2.1 显微受精技术国内外研究概况

SUZI：1987 年，Trounson 和 Testart 分别进行了人的 SUZI 并获得了原核期和卵裂的胚胎。Ng 等（1988）用该技术首次在人类获得妊娠。Mann（1988）用 SUZI 技术获得小鼠后代。Yang 等（1990）用该技术获得兔卵裂胚胎。Hosoi 等（1991）用 SUZI 技术获得猪的正常受精胚胎。

ZD：1986 年，Gordon 等采用 ZD 技术并以低浓度精子授精，获得了小鼠后代。而后，他们在 1988 年又尝试了人的 ZD 并发现多精受精率增高。Keefer（1990）报道，用 ZD 技术使马卵母细胞受精成功。

PZD：Odawara 等（1989）用低浓度精子对小鼠 PZD 卵母细胞进行授精，获得成功。Malter 等（1989）用 PZD 技术获得了人类的正常妊娠。

ICSI：最早应用 ICSI 技术的是 Uehara 和 Yanagimachi。他们（1976）把人和仓鼠的精子注射到仓鼠卵母细胞质内，形成了原核。Markert 等（1983）把小鼠精子注射到卵胞质内，受精后发育到囊胚。Lanzendorf 等（1988）把人精子注射到人卵母细胞质内，形成原核。Hosoi 等（1988）把兔精子注射到卵母细胞质内，获得了显微受精兔。Goto 等（1991）把经反复冷冻受到破坏的精子注入卵胞质，体外培养发育到囊胚后移植，产下犊牛。Paleremo 等（1992）用 ICSI 技术出生了显微受精婴儿。小鼠卵质膜受刺后恢复能力远不及人和仓鼠。Yanagimachi 等（1995）把薄壁不磨尖的注射管连接到压电吸管驱动器（piezo-electric pipette-driving unit）上，进行 ICSI，首次出生了小鼠。该仪器能够使注射管在很高的速度下前进很短的距离（如，0.5μm）。在 16-17℃下，用此仪器操作的卵子存活率和受精率都很高。在此基础上，Yanagimachi 的实验室以小鼠为实验对象、用精子和生精细胞开展了一系列的显微受精研究，取得了一批创造性的成果。山羊胞质内显微受精研究的报道很少。Kesintepe 等（1997）用冷冻 - 解冻的山羊精子进行体外成熟的卵母细胞 ICSI，结果证明受精卵使用成分明确培养液体外可以发育到囊胚。

我国在 ICSI 研究方面起步略晚。卢圣忠（1992）进行了牛和猪精子的 ICSI 研究。罗军等（1993）首次报道了兔的卵胞质内单精子注射，产下 4 只仔兔。我国大陆首例 ICSI 试管婴儿于 1996 年 10 月 3 日在中山医科大学第一附属医院生殖中心诞生（李蓉 等，1997）。

6.2.2 影响 ICSI 成功的因素

6.2.2.1 卵细胞质的成熟程度

卵子的成熟包括核的成熟和细胞质的成熟。Dubey（1998）认为卵细胞质的成熟度可能是造成 ICSI 受精失败的原因之一。如果卵胞质成熟不充分，那么卵胞质中缺少使鱼精蛋白二硫键分解和染色质解聚的因子，包括谷胱甘肽（GSH）、核质因子（nucleoplasmin）和细胞成熟促进因子（MPF）等，注入精子后，精核解聚受阻造成受精失败。

卵母细胞成熟还包括质膜成熟。常规 ICSI 技术要求注射针必须刺破卵质膜，一般是在注射过程中回吸少许胞质并确认卵质膜被刺破。李蓉等（1998）分析显微注射受精过程中，卵母细胞质膜穿破的不同情形对卵子存活、受精和卵裂结果的影响。根据显微注射过程，将卵母细胞胞浆膜穿破的不同情形分为 3 类：A 类：显微注射针穿刺卵母细胞膜过程中，注射针直接进入胞浆内，无需回吸胞浆；B 类：注射针穿刺到胞浆深部时，轻微回吸少许胞浆，卵膜即穿破；C 类：注射针穿刺到胞浆深部时，用力回吸一定量胞浆，卵膜才穿破。这三种情况下卵母细胞的受精率不存在明显差异。但卵裂率则有显著差异。他们认为卵膜穿破的不同情形反映了卵母细胞的细胞膜质量有一定的差异，这种差异虽然不影响 ICSI 的受精率，但是对卵母细胞受精后卵裂却有显著的影响。

6.2.2.2 精子的质量

研究证明，ICSI 后的受精结果与精子的来源、精液参数、有无精子抗体无关（卢圣忠，1992）。Nagy 等的研究结果表明：精子密度、活率、形态异常的精子 ICSI 后的受精率，胚胎质量及妊娠率同正常相比没有明显差异（Nagy et al.,1995）。在 BALB/c 小鼠，成熟精子有 60-80% 头部形态异常，严重者不能受精。当用这种异常精子进行 ICSI 时，出生的后代雄鼠生育力正常（Burruel et al., 1996）。携带双 t 单元型（tx/ty）的突变雄鼠的精子弱动（asthenozoospermia），不能与卵子融合（Johnson et al.,1995）。但注射到卵母细胞中后则可产生正常合子并进一步发育（Kuretake et al.,1996b）。Lee 等把人精子注射到小鼠卵子中，体外培养到第一次卵裂中期检查精子染色体发现，70% 以上头部形态异常精子核型是正常的（Lee et al.,1996）。

6.2.2.3 显微操作工具

显微操作工具，尤其是注射针的质量是影响 ICSI 后卵细胞存活率、受精率和胚胎质量的重要因素。罗军等（1993）证明，兔的显微受精，使用 5 微米内径的注射管优于 8 微米口径的注射管，注射卵的存活率分别为 85.6％和 61.0％；激活率分别为 59.9％和 47.2％；卵裂率分别为 43.5％和 19.4％。比较 7 微米和 12 微米外径的注射管对牛的 ICSI 结果的影响，表明 7 微米管子的显微受精率、2 细胞、4 细胞、8 细胞、16-32 细胞、桑椹胚和囊胚发育率（54.5％、68.0％、61.1％、44.0％、36.1％、22.2％和 15.7％）显著高于 12 微米注射管的结果。（44.4％、41.9％、30.8％、24.6％、23.4％、12.3％和 4.9％）。一般应根据不同动物精子大小调整注射针的内径。人卵母细胞的胞质内注射，以 5～7 微米为宜（Payne,1995）；在兔，内径 7 微米针尖注射卵的存活率、受精率和卵裂率显著高于内径 9 微米针尖注射卵（李子义等，1997）；在牛、绵羊和猪，所用针尖内径为 8～10 微米；在小鼠，针尖内径要求在 4～5 微米（Kimura et al.,1995）。固定针的外径尽量与卵母细胞一致，而内径则为 15～40 微米。

目前有常规微操作仪和压电显微操作仪（Piezo-driven）两种显微注射系统，这两种注射系统对注射管的要求不同。常规注射仪需要使用带尖端的注射针。压电显微操作仪由于使用了压电脉冲驱动装置（Piezo-driven），可以在短时间内穿透质膜，使用的是平头管注射针。这方法对卵母细胞损伤小。以前小鼠的精子胞质内注射效果极差，主要原因是小鼠的卵子抗损伤能力较差，使用常规定注射管操作后，胞质往往从注射孔流出，卵子迅速崩解，而使用 Piezo-driven 系统操作，对卵子的损伤大大降低，ICSI 卵的存活率由 16% 提高到 80%，成功率大大提高。这种操作系统在其他动物和人的应用也证实了它可以提高 ICSI 的成功率。Takeuchi 等（1995）用 Piezo-driven 系统进行人的 ICSI，结果与常规注射系统相比，受精率显著提高（90.3% : 83.1%，P<0.01），卵裂率也显著提高（84.6% : 88.1%，P<0.01）。

6.2.2.4 注射前制动精子

在 ICSI 前挤压精子尾使精子制动，能大大提高受精率及妊娠率（Vanden Berg,1995）。可能是因为对精子尾的挤压使精子尾部包膜部分破坏，以确保精子进入卵细胞浆后释放精子蛋白以激活卵母细胞（Vanderzwalmen et al.，1996）。

6.2.2.5 注射后卵母细胞的激活

正常受精时卵子被精子激活以启动并完成第二次减数分裂，排出第二极体。但是 ICSI 后是精子能否激活卵母细胞，目前还有争议。据 Goto 等（1993）在牛和 Tesarik 等（1998）在人的试验也证实，ICSI 受精失败的主要原因就是精子注射后卵子不能激活卵母细胞。虽然在人、兔、小鼠、仓鼠的卵子受到穿刺刺激产生的激活程度很高，但是有研究证明显微操穿刺刺激不足以激活牛、猪等动物的卵子，因此在有些动物精子注入后有必要对卵子进行适当的人工激活。

目前常用的化学激活剂有乙醇、钙离子载体 A23187、放线菌酮（CHX）、离子霉素（Ionomycin）、6- 二甲氨基嘌呤（6-DMAP）、噻汞撒（Thimerosal）。除此之外还可以电激活。各种激活处理引起细胞内钙离子浓度升高的模式不尽相同。A23187、离子霉素、乙醇和电激活一次处理仅引起细胞内钙离子浓度升高一次，而硫汞撒一次处理可以引起细胞内钙离子浓度出现多次脉冲式升高，与正常受精过程中钙离子浓度的变化模式基本相同。牛的显微注射卵在 A23187 培养液中短时间培养，即可提高受精率（Chen et al., 1997）。

6.2.3 精子胞质内显微受精技术的应用前景

6.2.3.1 提高珍贵动物配子的利用率和扩大配子的利用范围

常规人工输精的精子需要量至少为 500 万个 / 头，体外受精也至少需要 500 个精子来受精一个卵母细胞。而胞质内单精子注射仅需要一个精子就可以使一个卵母细胞受精。附睾精子、睾丸精子、球形精子细胞、变态过程中的精子细胞也可通过 ICSI 受精。此外，只要核物质完整，死亡和形态异常的精子也可使卵子受精。受精能力低的卵子，如发生透明带硬化的卵子和常规 IVF 失败的卵子都可以通 ICSI 受精。因此显微受精技术可以大大提高一些珍贵动物的配子的利用效率，这在实际生产中意义重大。

6.2.3.2 推动性别控制中精子分离技术的推广应用

采用流式细胞仪分离 X、Y 精子来进行动物的性别控制是目前最为有效的一种性别控制方法。但是由于该技术成本高、在某些动物分离得到的精子活力下降，并且单位时间内分离精子的数量较有限，人工输精和体外受精效果不十分理想使这项技术的推广受到限制。如果结合显微受精技术，则可使这项性别控制技术在生产中的应用变为现实。

6.2.3.3 提高体外成熟卵母细胞的受精效率

由于目前一些动物的体外受精系统并不十分完善，导致受精率不高，应用显微受精技术则能提高这类动物卵母细胞的受精率。此外，体外受精中存在的多精受精的问题也是影响体外受精效率的重要因素，特别在猪和马等动物的卵母细胞，由于体外成熟卵母细胞质量差等原因，体外受精的多精受精现象严重，如采用单精子受精技术则可解决这一问题。

6.2.3.4 解决无精和少精的雄性生育问题

对于少精和精子活力较差的雄性个体，采用常规的受精方法无法繁殖后代，如从曲细精管内分离精子细胞，并结合显微受精技术使其繁衍后代，对于濒危动物的保护和男性不育的治疗意义很大。

6.2.3.5 生产转基因动物

结合精子载体转基因技术，将目的基因与精子在一起孵育，筛选出携带目的基因的精子，然后注射到卵胞质中，进而获得与传统转基因方法类似的转基因动物，这样有可能提高转基因的效率，从而为转基因动物的研究开辟简单易行的技术路线。

6.2.3.6 精子胞质内显微受精技术存在的问题

精子胞质内显微受精虽然具有以上优点，但是存在的问题也不容忽视。ICSI 的技术环节很多，每个环节都会对 ICSI 的结果产生直接的影响，而且胚胎移植后妊娠率低且流产率高。其次精子胞质内显微受精后出生动物的死亡和畸型等不良后果，也大大降低了 ICSI 技术的总体效率。有报道说精子注射可能会增加染色体断裂的机率（谭景和等，1992）。ICSI 需要专业技术技能较强的人员和昂贵的显微操作系统来进行。在生产中推广难度很大。但是随着 ICSI 技术研究的不断深入，该技术中存在的问题会逐步得到解决。将来能够采用完全体外化的方法，使操作过程简单化，降低费用，同时提高 ICSI 技术的安全性和效率。

6.2.4 显微受精程序

6.2.4.1 注射针的制备

制备持卵针的毛细管是外径 1 毫米，内径 0.6 毫米的玻璃管，在（Narishige, Japan）水平拉针器拉出较粗的针尖，在外径约 120 微米处断成平口，针口煅烧至内径为 30 ~ 40 微米。注射针用外径 1 毫米内径 0.8 毫米毛细玻璃管拉制，胞质内单精子注射（ICSI）针口内径 7 ~ 8 微米，带下注射（SUZI）针口内径 8 ~ 10 微米。注射针尖端在磨针仪（Narishige，Japan）上磨成 30 度的斜口，针尖制成一个小刺，然后在近针尖处弯成一个约 40 度的角。毛细玻璃管在制备操作针管之前经洗液浸泡、超声波清洗、高温灭菌处理。制备好的针管用前经紫外线照射 20 分钟灭菌。

6.2.4.2 精子注射系统准备

调整好显微操作仪（Leica）和注射系统（Narishige, Japan（Model IH-6-2）。在塑料培养皿盖正中做一小滴 mDPBS 液＋10 ％聚乙烯醇稀释的精子悬液，在其周围做 5 滴 mDPBS 操作液，放入加 10 个卵母细胞，覆盖石蜡油，将其置于微操作仪（Leica）的载物台上。

6.2.4.3 显微受精

（1）胞质内精子注射

精子注射时先将精子制动（用注射针在平皿底壁压精子尾部中段或者断尾），然后从尾部将精子吸入注射针并将精子控制在管口；再用固定针固定一个成熟卵母细胞，调整位置，使极体处于 12 点或者 6 点的位置；注射针自 3 点的位置，小心刺破透明带和细胞胞质。注射针尖进入胞质中部时，稍微回吸少量卵胞质以确定针尖穿过卵膜。轻轻地将精子注入卵细胞中，慢慢抽出注射针，轻轻把卵子从固定针上放下。每组卵母细胞应在在 10 ~ 15 分钟内完成。注射时室温保持在 25℃以上。

（2）透明带下精子注射

用注射管吸取精子，穿过透明带，向卵周隙中注射 5 个精子。对照组：新鲜精子体外获能（见体外受精部分 6.1.1），并进行透明带下注射。

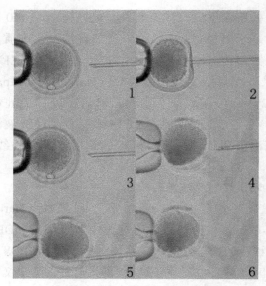

图 6-3　胞质内注射和带下注射

其中的 1 ~ 3 为精子胞质内注射过程（200 倍相差显微镜）；
4 ~ 6 精子带下注射过程（200 倍相差显微镜）

6.2.4.4 显微受精及激活检测

　　部分注射后的卵母细胞在添加 20% FCS 的 TCM199（GIBCO）培养液培养 10h 后，将出现第二极体的卵母细胞选出。压片，固定并染色。相差显微镜下观察受精卵情况。注射精子处理的出现 2 原核的或者 1 原核和膨大精子头的为受精卵，有 1 原核和未变化精子的认为是活化的卵母细胞。孤雌激活处理的卵母细胞也进行压片，固定并染色，检测时出现 1 原核或者 2 原核的卵母细胞为活化的卵母细胞。仅有 MII 期纺锤体和中期染色体为未活化卵母细胞。

6.2.4.5 显微受精胚胎培养

　　（同体外受精部分，参见 6.1.1）

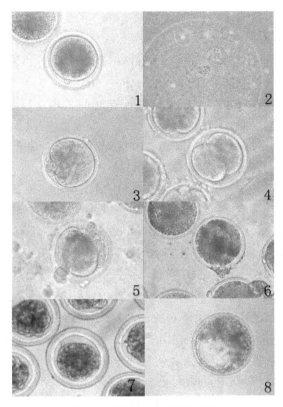

图 6-4　显微受精后胚胎发育

1. 去卵丘的成熟卵母细胞。（200 倍相差显微镜）

2. 注射后 10 小时的雌雄原核。（400 倍相差显微镜）

3. ICSI 受精后排出第二极体的卵母细胞。（200 倍相差显微镜）

4. 2－细胞（200 倍相差显微镜）

5. 4－细胞（200 倍相差显微镜）

6. 8－细胞（200 倍相差显微镜）

7. 桑椹胚（200 倍相差显微镜）

8、囊胚。（200 倍相差显微镜）

【参考文献】

[1] 曹佐武，金鹰，钟瑜．2000．小鼠附睾精子的显微受精．暨南大学学报（医学版），21 4（8）:46 — 50

[2] 龚宏智．1997．牛精液低温保存时间长短对受胎率的影响．黄牛杂志，23（3）：51

[3] 江一平，卓丹心，陈勇．1998．考马斯亮兰染色法检测人精子顶体反应的评价．解剖学报，29:332

[4] 李满，庄广伦，李蓉．2000．用射出精子、附睾精子、睾丸精子、显微授精治疗男性不育．中华外科杂志年，38（4）280 — 282

[5] 刘东军，廪洪武，Mal Brandon 等．2000．不同种公牛精液对牛卵母细胞体外受精效果影响的研究，内蒙古农业大学（自然科学版）．31（3）:307 — 310

[6] 刘海军，侯容，张美佳，等 2001，山羊卵泡卵母细胞体外成熟体外受精的研究，天津农业科，7（3）:35 — 38

[7] 刘金荣，路华，任春山．1992，男性生育力的研究：三种精子地测定方法地比较．男性学杂志，6（1）,18 — 21

[8] 孟励，秦鹏春，陈大元，石其贤．1991．猪精子体外获能及异种穿卵的超微结构研究．中国农业科学，24：85 — 89

[9] 钱菊汾，郝志明，张涌．1992，奶山羊精子体外获能与体外受精，西北农业大学学报，20（suppl）：115 — 117

[10] 石其贤，钟翠玲，陈大元，徐直．1991．羊精子体外获能．动物学报，37:76 — 83

[11] 苏才旦，朝本加，逯来章．1999．维生素 B12 注射液在绵羊人工授精中的应用．青海畜牧兽医杂志 29（5）：31 — 32

[12] 谭景和，秦鹏春．1992．胚胎显微操作技术进展及存在问题．东北农业大学学报，23（3）:300 — 305

[13] 徐照学，辛晓玲，王二耀，贺文杰，张趁心．1998．山羊卵

泡卵母细胞体外受精及受精卵的体外发育. 中国兽医学报, 18（5）506-509

[14] 旭日干, 张锁链, 薛晓先. 1989. 屠宰母牛卵巢卵母细胞体外受精与发育的研究, 畜牧兽医学报, 20（3）193 － 198

[15] 岳焕勋, 1993, 精子运动. 男性学杂志, 7（1）:54 － 57

[16] 张锁链, 刘东军, 廑洪武, 王建国, 海青兰, 旭日干. 1994. 羔山羊的超数排卵及体外受精 内蒙古大学学报（自然科学版）, 25（2）206 － 208

[17] 张秀成. 1993. 精子检测与分离. 北京：科技出版社

[18] 张涌, 刘泽隆, 李裕强. 1999. 山羊卵泡卵母细胞体外成熟的研究. 西北农业大学学报, 27（1）14 － 18

[19] Aarons D, Battle T, Boettger-Tong H, Poirier GR., 1992, Role of monoclonal antibodyJ-23 in inducing acrosome reactions in capacitation mouse spermatozoa. J. Reprod Fertil., 96:49

[20] Aarons D, Boettger-Tong H, Holt G, Poirier GR. 1991, Acrosome reaction induced by immunoaggation of a proteinase inhibitor bound to the murine sperm head. Mol.Reprod Dev., 30:258

[21] Andrews J.C., Bavister B.D. 1989, Capacitation of hamster spermatozoa with the divalent cation chelators D-penicillamine, L-histidine, and L-cysteine in a protein-free culture medium.Gamete Res. 23（2）:159-170.

[22] Ball G.D., Leibfried ML lenz R.W., Ax R.L., Bavister B.D., First N.L. 1983, Factors affecting successful in vitro fertilization of bovine follicular oocytes Biol Reprod., 28:717-725

[23] Bavister B.D. 1982, Evidence for a role of post-ovulatory cumulus components in supporting fertilizing ability of hamster spermatozoa. J. Androl. 3:365-372

[24] Behalova E., Greve T. 1993, Penetration rate of cumulus －

enclosed versus denuded bovine egg fertilized in vitro （abstract）.Theriogenology. 35,191

[25] Brackett B.G., Oliphant G. 1975, Capacitation of rabbit spermatozoa in vitro. Biol. Reprod. 12: 260-274

[26] Brower P.T., Schultz R.M. 1982, Intercellular communication between granulose cells and mouse oocytes :existence and possible nutritional role during oocyte growth. Dev Biol 90:144-153

[27] Chang M.C. 1955, The maturation of rabbit oocyte in culture and their maturation activation fertilization and subsequent development in the fallopian tubes. J. Exp. Zool. 128-378

[28] Chen S.H., Seidel G.E. Jr. 1997, Effects of oocyte activation and treatment of spermatozoa on embryonic development following intracytoplasmic sperm injection in cattle. Theriogenology. 48 （8）:1265-1273

[29] Cheng W.T.K., Moor R.M., Polge C. 1986, In vitro fertilization of pig and sheep oocytes matured in vivo and in vitro. Theriogenology, 25:146

[30] Chian R.C., Okuda K., Niwa K. 1995, Influence of cumulus cells on in vitro fertilization of ovine oocytes derived from in vitro maturation. Anim Reprod Sci 38:37-48.

[31] Chyr S.C., Wu M.C., Su Y.M., Tsai J.Y. 1980, The study of semen extenders and some reproductive performance of boar. J. Chinese Soc.Anim.Sci. 9 （3,4）:133-143.

[32] Colonna R. Mangia F. 1983,Mechanisms of amino acid uptake in cumulua enclose mouse oocyte. Biol Reprod 28:279-283.

[33] Correa J.R., Zavos P.M. 1994, The hypo-osmotic swelling test : its employment as an assay to evaluate the functional integrity of the frozen-thawed bovine sperm membrane .Theriogenology, 42:351-360

[34] Cox J.F. 1991,Effect of the cumulus cells on in vitro fertilization of in vitro matured cow and sheep oocytes （abstract） Theriogenology, 35:191.

[35] Cox J.F., Saravia F. 1992, Use of a multiple sperm penetration assay in ovines. Proc.XVII Annual Meeting of the Chilean Society of Animal Production Ref 61.

[36] Cran D.G. ,Cheng W.T.K. 1986, The cortical reaction in pig oocytes during in vivo and in vitro fertilization. Gamete Res 13:241-251

[37] Crosby I.M. et al. 1981, Follicle cell regulation of protein synthsis and development competence in sheep oocytes. J Reprod Fertil. 62:575-582.

[38] Cross P.C.. Brinster R.L. 1974, Leucine uptake and incorporation at three stage of mouse oocyte maturation. Exp Cell Res 86:43-46.

[39] Crozet N., 1984, Ultrastructural aspect of in vitro fertilization in the cow .Gamete Res10:241-51

[40] De Loos F., Kastrop P., Maurik, P. van, Beneden T.H. van, Kruip T.A.M. 1991, Heterologous cell contacts and metabolic coupling in bovine cumulus oocyte complex .Mol. Reprod. Dev. 28:255-259

[41] Downs S.M., Schroeder A.C., Epigg J.J. 1986, Serum maintains the fertilitizability of mouse oocyte matured in vitro by preventing hardening of the zona pellucida. Gamete Res. 15:115-22

[42] Dozortsev D., Qian C., Ermilov A., Rybouchkin A., De Sutter P., 1997, Dhont M. Sperm-associated oocyte-activating factor is released from the spermatozoon within 30 minutes after injection as a result of the sperm- oocyte interaction Human Reproduction, 12, 2792-2796

[43] Dozortzev D., Rybouchin A., Sutter P., Qian C., Dhont M., 1995, Human oocytes activation following intracytoplamsic sperm

injection:the role of the sperm cell. Hum. Rerod. 10:403-407.

[44] Drevius L.O., Eriksson H. 1966, Osmotic swelling of mammalian spermatozoa Expl Cell Res 42:136-156

[45] Ehrenwald E., Foote R.H., Parks J.E. 1990, Bovine oviductl fluid components and their potential role in sperm cholesterol efflux. Mol Reprod Dev 25:195-204

[46] Ellington J.E., Ball B.A., Yang X..1993, Binding of stallion spermatozoa to the equine zona pellucida after coculture with oviductal epithelial cell. J Reprod Fertil 98:203-208b

[47] Ellington J.E., Ignotz G.G., Ball B.A., 1993, Mevers-Wallen VN, Currie WB. De novo protein synthesis by bovine uterine tube（Oviduct）epithelial cells changes during coculture with bull spermatozoa. Biol Reprod,48:851-856

[48] Ellington J.E., Padilla A.W., Vredenburgh W.L., 1991,Dougherty E.P., Foote R.H. Behavior of bull spermatozoa in bovine uterine tube epithelial cell coculture:an in vitro model for studying the cell interactions of reproduction. Theriogenology 35:977-989

[49] Ellington,J.E., Vredenburgh, W.L., Padilla, A.W. and Foote, R.H. 198; Acrosome reaction of sperm in bovine oviduct cell co-culture. J. Reprod Fertil 86:46.

[50] Eppig J.J., Downs S.M. 1989, Chemial signal that regulate mammalian oocyte maturation. Bio Reprod.,30:1-11.

[51] Eppleston J., Pomares C.C., Stojanov T.,Maxwell W.M.E. 1994, In vitro and in vivo fertility of liquid store goat spermatozoa.Proc. Aust.Soc.Reprod.Biol. 26,111

[52] Fraser L.R., Abeydeera L.R. Niwa K. 1995, Ca2+-regulating mechanisms that modulate bull sper capacitation and acrosomal

exocytosis as determined by chlortetracycline analysis .Molecular Reproduction and Development . 40, 233-241

[53] Fukui Y. 1990, Effect of follicle cells on acrosome reaction ,fertilization and developmental competence of bovine oocytes matured in vitro Mol Reprod Dev 26:40-46 a

[54] Fukui Y., Shakuma Y. 1980, Maturation of ovarian activity follicular size and the presence of absence of cumulus cells. Biol Reprod.,22:669-673

[55] Fukui Y., Sonoyama T., Mochizuki H., Ono H. 1990, Effects of heparin dosage and sperm capacitation time on in vitro fertilization and cleavage of bovine oocytes matured in vitro.Theriogenology. 34: 4, 579-591; 33 ref. b

[56] Fuller S.J., Whittingham D.G. 1997; Capacitation-like changes occur in mouse spermatozoa cooled to low temperature. Mol Reprod Dev. 46（3）: 318-324.

[57] Gerris J., Mangelschots K., Van Royen E., Joostens M., Eestermans W., Ryckaert G. 1995, ICSI and severe male-factor infertility:breaking of the sperm tail prior to injection. Hum. Reprod.;10:484-486

[58] Gillan L., Evans G., Maxwell W.M.C. 1997, Capacitation status and fertility of fresh and froze-thawed ram spermatozoa Reproduction,-Fertility-and-Development. 9: 5, 481-487; 33 ref.

[59] Gliedt D.W., Rosenkrans C.F. Jr., Rorie R.W., Rakes J.M. 1996, Effects of oocyte maturation length, sperm capacitation time, and heparin on bovine embryo development. Journal of Dairy Science. 79: 4, 532-535; 18 ref.

[60] Gordon JW, Grunfeld L, Garrisi GJ, Talansky BE, Richards C, Laufer N. 1998. Fertilization of human oocytes by sperm from infertile

males after zona pellucida drilling. Fertile steril,50:68-73

[61] Goto K. 1993.Bovine microfertilization and embryo transfer Mol Repro Dev 36;288-290

[62] Gottardi L., Brunei L., Zanelli L. New dilution media for artificial insemination in the pig. 9th Intern. Congr. Anim. Reprod., Madrid 1980,5, 49-53

[63] Gutierrez A., Garde J., Garcia- Artiga C., Vazquez I. 1993, Ram spermatozoa co-cultured with epithelial cell monolayers:an in vitro model for the study of capacitation and the acrosome reaction. Mol Reprod Dev36:338-345

[64] Guyader C., Chupin D. 1991, Capacitation of fresh bovine spermatozoa on bovine epithelial oviduct cell monolayers. Theriogenology. 36:505-512

[65] Guyader C., Procureur R., Chupin D. 1989, Capacitation of fresh bovine sperm on oviductal cell monolayer.5th Scientific Meeting AETE, (Lyon) p,156 Abstr

[66] Haghighat N., Van Winkle L.J. 1990, Development change in follicular cell enhanced amino acid uptake into mouse oocytes that depends on intact gap junction and transport system Gly,J Exp Zool, 253:71-82

[67] Harayama H., Kusunoki H., Kato S. 1993, Capacity of goat epididymal spermatozoa to undergo the acrosome reaction and subsequent fusion with the egg plasma membrane. Reprod Fertil Dev 5 (3) :239-46

[68] Hawk H.K., Nel N.D., Waterman R.A., Wall R.J. 1992, Investigation of means to improve rates of fertilization in vitro fertilization bovine oocytes. Theriogenology. 38:989-998

[69] Heiko P., Lennart S., Rosaura P.P., Kjell Andersen B. 2002,

Effect of different extenders and srorage temperatures on sperm viability of liquid ram semen Theriogenology, 57, 823-836

[70] Hewitt D.A.,Englandg C. 1998, An investigation of capacitation and the acrosome reaction in dog spermatozoausing adual fluorescentstaining technique. Anim. Re prod.Sci., 51（4）:321

[71] Holt W.V., North R.D. 1986, Thermotroic phase transition in the plasm membrane of spermatozoa. J Reprod Fertil 78:447-457

[72] Hunter R.H..F, Nichol R. 1983, Transport of spermatozoa in sheep oviduct: preovulatory sequestering of cells in the caudal isthmus. J Exp Zool 228:121-128

[73] Hunter R.H.F. 1988, The fallopian tubes :their role in fertility and infertility. Springer-verlag: Berlin

[74] Hunter R.H.F., Barwise L., King R. 1982, Sperm Transport storage and release in sheep oviduct in relation to the time of ovulation. Br vet J 138:225-232

[75] Hunter R.H.F., Flechon B., Flechon J.E. 1987, Pre- and peri-ovulatory redistribution of viable spermatozoa in the oviduct : a scanning electron microscope study. Tissue & Cell 19:423-436

[76] Hunter R.H.F.,1984, Pre-ovulatory arrest and peri-ovulatory redistribution of competent spermatozoa in the isthmus of pig oviduct. J Reprod Fertile 24,72:203a

[77] Hunter R.H.F., Wilmut I. 1984, Sperm transport in the cow: peri-ovulatory redistribution of viable cells within the oviduct. Reprod Nutr Dev 24:597-608b

[78] Ijaz A., Hunter A.G. 1989, Induction of bovine sperm capacitation by TEST-yolk semen extender. Journal-of-Dairy-Science. 72: 10, 2683-2690; 46 ref.

[79] Iritani A., Kasai M., Niwa K., Song H.B. 1984, Fertilization in

vitro of cattle follicular oocytes with ejaculated spermatozoa capacitated in a chemically defined medium. J. Reprod. Fertil. v. 70 （2） p. 487-492

[80] Iritani A., Utsumi K., Miyake M., Hosoi Y., Saeki K. 1988, In vitro fertilization by a routine method and by micromanipulation. Ann N Y Acad Sci, 541:583

[81] Itagaki Y., Toyoda Y. 1991, Factor affecting fertilization in vitro of mouse egg after removal of cumulus oophorus.J Mammal Ova Res 8:126-34

[82] Jasko D.J., Lein D.H., Foote R.H. 1990, Determination between sperm morphological classifications and fertility in stauions 166 cases,1987-1988. JAVMA Vol.197, 389

[83] Jeyendran R.S. ,Van der Ven H.H., Perez-Pelaez M., Grabo B.G., Zaneveld L.J.D. 1984, Development of an assay to assess the functional integrity of the human sperm membrane and its relationship to other semen charicteristics .J Reprod Fertil Vol.70;219-225

[84] Johnson L.A., Aalbers, J.G., Grooten, H.J.G. 1988, Artificial insemination of swine: Fecundity of boar semen stored in Beltsville TS BTS., Modified Modena （MM）, or MR-A and inseminated on one, three and four days after collection. Zuchthygiene, 23, 49-55

[85] Johnson L.A., Garner D.L. 1984, Evaluation of cryopreserved porcine spermatozoa using flow cytomctry. Prod. Soc. Anal. Cytol., Analytical cytology X Supplcmtent, A-12, Abstract.

[86] Johnson L.A., Weitze K.F., Fiser P., Maxwell W.M.C. 2000, Storage of boar semen. Anim Reprod Sci. 62 （1-3） : 143-172.

[87] Katska L., Kauffold P., Smorag Z., Duschinski V., Torner H., Kanitz W. 1989, Influence of hardening of zone pellucida on in vitro fertilization of bovine oocytes Theriogenology. 32:767-777

[88] Keskintepe L., Luvoni G.C., Rzucidlo S.J., Brackett B.G. 1996, Procedural improvements for in vitro production of viable uterine stage caprine embryos. Small-Ruminant-Research. 20: 3, 247-254; 22 ref.

[89] Keskintepe L., Morton P.C., Smith S.E., Tucker M.J., Simplicio A.A., Brackett B.G. 1997, Caprine blastocyst formation following intracytoplasmic sperm injection and defined culture Zygote 5 （August） 261-265

[90] Kikuchi K., Nagai T., Motlik J., Shioya Y., Izakie Y. 1993, Effect of follicle cells on in vitro fertilization of pig follicular oocytes. Theriogenology, 39:593-599

[91] Kumi-Diaka J. 1993, Subjecting canine semen to the hypo-osmotic test. Theriogenology, 39, 1279-1289

[92] Kuretake S., Kimura Y., Hoshi K., Yanagimachi R. 1996, Fertilization and development of mouse oocytes injection with isolated sperm head Biology of reproduction, 55:789-759

[93] Lalrintluanga K., Deka B.C., Borgohain B.N., Sarmah B.C. 2002, ,Study on preservation of boar semen at 5 ℃ and 15 ℃ . Indian-Veterinary-Journal. 79 （9）:920-923,15 ref.

[94] Larson J.L., Miler D.J. 1999, Simple histochemical stain for acrosomes on sperm from several species. Mol Reprod Dev, 52 （4）:445

[95] Larson W.J. Wert S.E., Brunner G.D, 1987, A dramatic loss of differential modulation of rat follicle cell gap-junction population at ovulation. Dev Biol. 122:61-71

[96] Leboeuf B., Restall B., Salamon S. 2000, Production and storage of goat semen for artificial insemination Animal reprod science 62, 113-141

[97] Legendre L.M., Stewart-Savage J. 1993, Effect of cumulus maturity on sperm penetration in the golden hamster. Biol. Reprod. 49:82-88

[98] Leibfried-Rutledge M.L., Critser E.S., Parrish J.J., First N.L. In vitro maturation and fertilization of bovine oocytes Theriogenology 1989,31:61-74

[99] Li J., Carney E., Chen Y.Q., Yang, X., Foote, R.H. 1990, Rabbit oviduct epithelial cellculture as a possible model for capacitating sperm. Theriogenology 33:274 Abstr.

[100] Lippes J., Wagh P.V. 1989, Human oviductal fluid（hOF）proteins. IV. Evidence for hOF Proteins binding too human sperm. Fertil steril,51:89-94

[101] Magier S., van der Ven H.H., Diedrich K., Krebs D. 1990, Significance of cumulus oophorus in in vitro fertilization and oocyte viability and fertility.Hum Reprod. 5（7）:847-852

[102] Mahi C.A., Yanagimachi R. 1973, The effect of temperature,osmolaty and hydrogen ion concentration on the activation and acrosome reaction of golden hamster spermatozoa. J Reprod Fertile 35:55-56

[103] Malmgren L. 1997, Assessing the quality of raw semen: a review .Theriogenology 48:523-530

[104] Malmgren L. 1992, Sperm morphology in stallion in relation to fertility .Acta VetScand 88（suppl）,39-47

[105] Martino A., Mogas T., Palomo M.J., Paramio M.T. 1994, Meiotic competence of prepubertal goat oocytes. Theriogenology 41:969-980

[106] Maxwell W.M.C., Watson P.F. 1996, Recent progress in the preservation of ram semen. Anim.Reprod. Sci. 42（1-4）55-65:54 ref.

[107] McNutt T., Rogowsski L., Killian G. 1991, Uptake of oviduct fluid proteins by bovine sperm menbrane during in vitro capacitation. J Androl Suppl 12: 41

[108] Meizel S. 1997, Amino acid neurotransmitter receptor/

chloride channels of mammalian sperm and the acrosome reaction. Biol. Reprod. 56（3）:569-74

[109] Mogas T., Palomo M.J., Izquierdo M.D., Paramino M.T. 1997, Morphological events during in vitro fertilization of prepubertal goat oocytes matured in vitro. Theriogenology. 48 （5） 815-829

[110] Moller C.C.， Bleil J.D.,Kinloch R.A., et al. 1990, Structural and functional relationships between mouse and hamster zona pellucida glycoproteins. Dev. Biol, 137:276

[111] Nagai T., Moor R.M. 1990, Effect of oviduct cells on the incidence of polysperm in pig egg fertilized in vitro. Mol. Reprod. Dev. 26:377-382

[112] Overstreet J.W., Cooper G.W. 1978, Sperm transport in the reproductive tract of rabbit:II The sustained phase of transport. Biol Reprod 19:115-132

[113] Palemo G.D., Schlegel P.N., Colombero L.T., Zaninovic N., Moy F., Rosenwaks Z. 1996, Aggressive sperm immobilization prior to ICSI with immature spermatozoa improves fertilization and pregnancy rates. Hum Reprod 11;1023-1029

[114] Palermo G, Joris H, Derde MP, Camus M, Devroey P, Van Steirteghem A. 1993, Sperm characteristic and outcome of human assisted fertilization by subzonal insemination and intracytoplasm sperm injection Fertil Steril, 59:826

[115] Palomo M.J., Mogas T., Izquierdo M.D., Paramio M.T. 1995, Effect of heparin and sperm concentration on IVF of prepubertal goat oocytes Theriogenology, 43 （1）:292-292

[116] Park H.K., Kim S.H., Kim K.J., Choi K.M. 1977, Studies on the frozen boar semen. 1. Studies on the development of duluents for freezing of boar semen. Kor. J. Anim. Sci. , 19:260-266

[117] Parrish J.J., Susko- Parrish J.L., Weiner M.A., First N.L. 1988, Capacitation of bovine sperm by heparin . Biol Reprod, 1171-1180

[118] Parrish J.J., Susko-Parrish J.L., Handrow RR,Sims MM,First N.L. 1989, Capacitation of bovine spermatozoa by oviduct fluid fluid. Biol reprod, 40:1020-1025

[119] Parrish J.J., Susko-Parrish, J.L. First, N.L. 1986, Capacitation of bovine sperm by oviduct fluid or hepair is inhibited by glucose. J. Androl. 7:22 Abstr.

[120] Perez L.J., Valcarcel A, Heras-MA-de-las., Moses D , Baldassarre H., De-las-Heras-MA. 1997,The storage of pure ram semen at room temperature results in capacitation of a subpopulation of spermatozoa. Theriogenology. 47: 2, 549-558; 33 ref.

[121] Perryr L., Naeeni M., Barrattc L,et al., 1995, A time course study of capacitation and th e acrosome reaction in human spermatozoa using a revised chlortetracycline pattern classification Fertil.Steril., 64（1）:150

[122] Pinyopummintr T., Bavister B.D. 1991, In vitro-matured/in vitro-fertilized bovine oocytes can develop into morulae/blastocysts in chemically defined, protein-free culture media. Biol Reprod. 45（5）:736-742

[123] Pursel V.G., Johnson L.A., 1975, Freezing of boar spermatozoa: Fertilizing capacity with concentrated semen and a new thawing procedure. J. Anim. Sci. 40, 99-102

[124] Revell S.G., Mrode R.A. An osmotic resistance test for bovine semen. Anim Reprod Sci 1994 ;36:77-86.

[125] Rho G.J., Hahnel A.C., Betteridge K.J. 2001, Comparisons of oocytes maturation and of three methods of sperm preparation for their effects on the production of goat embryos in vitro Theriogenology 56:503-516

[126] Ritar A.J., Ball P.D., O'May, 1990, Artifical insemination of Cashmere goat:effects on fertility and fecundity of intravaginal treatment ,method and time of insemination, semen freezing process, number of moltile spermatozoa and age of females. Reprod. Fertil. Dev. 2:377-384.

[127] Ritar A.J., Salamon S. 1991, Effects of month of collection, method of processing, concentration of egg yolk and duration of frozen storage on viability of Angora goat spermatozoa. Small-Ruminant-Res. 4 (1) :29-37

[128] Rogers B.J., Park R.A. 1991, Relationship between the human sperm hypo-osmotic swelling test and sperm penetration assay.J. Androl. l.12:152-158

[129] Roy N., Majumder G.C. 1989, Purification and characterization of an anti-sticking factor from goat epididymal plasma that inhibits sperm-glass and sperm-sperm adhesions. Biochim-Biophys-Acta-Int-J-Biochem-Biophys. 991 (1) :114-122

[130] Schoreder A.C. Eppig J.J. 1984, The development capacity of mouse oocytes that matured spontaneously in vitro is normal. Dev. Biol. (102) :493-497

[131] Sirard M.A, Parrish J.J. Ware C.B. Leibfried- Rutledge M.L. First, N.L. 1988, The culture of bovine oocytes to developmentally competent embryos. Biol Reprod 39:596-552

[132] Skrzyszowska M., Smorag Z., Katska L., Bochenek M., Gogol P., Kania G., Rynska B 2002, Development of bovine embryos after intracytoplasmic sperm injection (ICSI) : effect of gamete donors, sperm chromatin structure and activation treatment. Czech Journal of Animal Science. 47 (3) :85-91; 21 ref.

[133] Smith T.T., Koyanagi F., Yanagimachi R. 1991, Distribution

and number of spermatozoa in the oviduct of golden hamster after natural mating and artificial insemination. Biol. Rerod .1987,37:225-234

[134] Smith T.T., Yanagimachi R. Attachment and release of spermatozoa from the caudal isthmus of the hamster oviduct. J reprod Fertil 91:567-573

[135] Soede N.M., Wetzels C.C.H., Zondag W., de Koning M.A.I., Kemp B. 1995, Effect of time of insemination relative to ovulation, as determined by ultrasonography, on fertilization rate and accessory sperm count in sows. J. Reprod. Fert. 104, 99-106

[136] Tajik P., Niwa K., Murase T. 1993, Effect of different protein supplement in fertilization medium on in vitro penetration of cumulus-intact and cumulus-free bovine oocytes matured in culture. Theriogenology 40:949-959

[137] Tesarik J. 1998, Oocyte activation after intracytoplasmic injection of mature and immature sperm cells. Hum Reprod 13（Suppl 1）:117-127

[138] Van den., Bergh M., Bertrand E., Biramane J., Englert Y. 1995, Importance of breaking a spermatozoon＇s tail. Hum. Reprod. 10:2819-2820

[139] Vanderhyden B.C. Armstrong O.T. Role of cumulus cells and serum on the in vitro maturation,fertilization and subsequent development of rat oocyte .Biol. Reprod .1989,（40）:720-728

[140] Waberski D., Weitze K.F., Lietrnann C., Lübbert zur Lage, W., Bortolozzo F., Willmen T., Petzoldt, R. 1994,The initial fertilizing capacity of long term-stored liquid boar semen following pre-and postovulatory insemination. Theriogenology 41,1367-1377

[141] Wang Min-Kang, Liu JI-Long, Li Guang-Peng, Lian Li, Chen Da-Yuan 2001, Sucrose Pretreatment for Enucleation:An Efficient and

non-damage method for removing the spindle of the mouse MII oocyte Molecular reproduction and development. 58:432-436

[142] Wang W.H., Abeydeera L.R., Fraser L.R., Niwa K. 1995, Functional analysis using chlortetracycline fluorescence and in vitro fertilization of frozen-thawed ejaculated boar spermatozoa incubated in a protein-free chemically defined medium J Reprod Fertil, 104,305-313

[143] Ward C.R , Storey B.T. 1984, Determination of the time course of capacitation in mouse spermatozoa using a chlortetracycline fluorescence assay . Developmental Biology 104, 287-296

[144] Ward C.R., Storeyb T. 1984, Determination of the time couse of capacitation in mouse spermatozoa using achlote tracyclinefluorescence assay. Dev. Biol., 104:287

[145] Weitze. K.F. 1990, The use of long-term extender in pig AI - a view of the international situation. Pig News Information, 11 （1） :23-26

[146] Williams R.M., Graham J.K., Hammerstedt R.H. 1991, Determination of the capacity of ram epididymal and ejaculated sperm to undergo the acrosome reaction and penetrate ova. Biology of reproduction. 44（6）:1080-1091

[147] Wilmut I., Hunter R.H.F. 1984, Sperm transport into the oviducts of heifers mated early in estrus. Reprod Nutr Dev, 24:461-468

[148] Yanagimachi R., Chang M.C. 1963, Fertilization of hamster eggs in vitro. Nature, 200:281-282

[149] Yanagimachi R., Mahi C.A. 1976,The sperm acrosome reaction and fertilization in the guinea-pig:a study in vivo.J. Reprod. Fertil. 46:49-54

[150] Yanagimachi R., Mannmalian fertilization. In:Knobil E., Neill JD. （eds） . 1994, The physiology of reproduction ,Second

Edition, New York: Raven Press 178-317

[151] Younis A., ZuelKe K.A., Harper K.M., Oliveira Mal Brackett B.G. 1991, In vitro fertilization of goat oocytes .Biol. Reprod. 44:1177-1182

[152] Zhang L., Jiang S., Wozniak P.J., Yang X.Z., Godke R.A. 1995, Cumulus cell function during bovine oocyte maturation fertilization and embryo development in vitro. Mol. Reprod. Dev. 40:338-344

第 7 章　山羊体细胞移植技术

　　哺乳动物克隆（cloning）是指通过显微操作的人工手段将供核细胞（早期胚胎卵裂球、胚胎干细胞、胎儿或成年动物体细胞）融入或注入去核的卵母细胞细胞中，获得一个具新核的重构胚，经体外培养或直接进行受体移植获得后代的过程。生产动物克隆无论对科学研究还是对畜牧生产都具有重要意义（谭景和等，1991）。主要表现在：首先，哺乳动物克隆的成功是发育生物学发展的里程碑，同时也是发育生物学研究的巨大突破，同时也为发育生物学的研究提供技术方法（Takeda et al, 1999；Dominko et al, 1999；Kikyo and Wolffe, 2000）；其次，克隆技术在农业中的应用可以实现优良种畜在短时间内获得大量的繁殖（谭景和等，2003）；再次，克隆技术在医学医药中的应用可以推动转基因药物扩大生产，同时通过克隆获得干细胞技术也为人类的疾病治疗提供可能（Thomson et al, 1998；Lanza et al, 1999b；Hwang et al., 2004）；最后，异种动物克隆技术的成熟也将成为濒危动物的拯救工作提供有效的技术手段（Domonko et al, 1999；陈大元等，1999；Woods et al., 2003）。

7.1 动物克隆研究的历史概况

　　细胞核移植的概念最早是由德国科学家 Hans Spemann 于 1938年提出来，目的是想通过核移植研究不同发育时期胚胎细胞的发育全能性；结果首次证明了早期胚胎的卵裂球细胞含有与受精卵相同的遗传信息，仍具有发育的全能性，从而为克隆技术研究奠定了理论基础。然而，由于当时技术条件所限没能进行克隆研究。直到1952年，Briggs 和 King 在两栖类中进行了研究，获得胚胎细胞克隆蝌蚪，证明在两栖类中不同时期的胚胎细胞在相同的胞质中表现出不同的发育能力，在特定的条件下，还可以恢复发育的全能性。1962 年 Gurdon 等用爪蟾分化的细胞克隆出蝌蚪，进而证实两栖类动物中至少部分分化的细胞具有发育的全能性。伴随着克隆技术的更新，1981 年 Illmensee 和 Hoppe 获得小鼠胚胎细胞克隆小鼠，证明在哺乳动物中胚胎细胞也同样具有发育的全能性。通过科研人员十几年的不懈努力，在 1997 年 Wilmut 等首次经体细胞核移植出生了克隆绵羊"Dolly"，以及随后的克隆成功同样证明了哺乳动物成年动物的体细胞也具有全能性。

7.1.1 哺乳动物胚胎细胞核移植研究

哺乳动物克隆研究始于 1970 年代，其研究起步远远晚于两栖类、鱼类。其主要原因是哺乳动物的受精发生在体内，而且哺乳动物早期胚胎体外培养技术和早期胚胎显微操作技术在当时还没有建立起来。直到五十年代体外受精兔获得成功（Chang, 1951 and Austin, 1952）才使哺乳动物克隆成为可能。开始科学家用仙台病毒诱导体细胞与哺乳动物卵母细胞或胚胎细胞融合（McGrath and Solter, 1983; Kono et al,, 1991；Kwon et al, 1997；Kato et al, 1999），研究结果表明仙台病毒可以诱导细胞间的融合，可是所获得的重构胚发育能力有限。后来人们用显微注射的方法将供核细胞注入到受核卵母细胞中而进行动物克隆实验。Bromhall（1975）首次报道把放射性标记的兔桑椹胚细胞注入到成熟后激活的卵母细胞中，得到几个发育的胚胎。Modlinski（1978）用标记的小鼠 8- 细胞期胚胎细胞注入到没有去核的受精卵中，得到囊胚。直到 1981

年 Illmensee 和 Hoppe 将发育到 7 天的小鼠胚胎内细胞团细胞和外胚层细胞注入到去核的受精卵中，获得了三只克隆小鼠（Illmensee and Hoppe, 1981）。这时世界上首次成功获得哺乳动物克隆的报道。随后，他们用同样的方法得到了小鼠孤雌胚 ICM 克隆小鼠。但是很遗憾，后来的研究者没有完全重复出这一结果（McGrath and Solter, 1984; Robl, 1986; Surani et al., 1987）。McGrath 和 Solter （1983）报道了一种新的核移植方法，他们首先用吸管将卵母细胞连同细胞膜一起把细胞核去除。实际上是去掉细胞质与细胞核组成的合胞体，这样有效的减少了受核细胞去核操作所造成的机械损伤。将早期胚胎卵裂球植入到去核卵母细胞膜外，再用含灭活的仙台病毒培养液短时间培养，将获得的核移植胚胎进行移植，获得大量的胚胎克隆小鼠。由于这种方法应用，哺乳动物胚胎细胞克隆研究取得了巨大的进展（Sun and Moor, 1995）。

　　Willadsen（1986）用电融合的方法取代病毒介导的供核细胞与受核细胞的融合，实验用 8- 和 16- 细胞期绵羊胚胎卵裂球作供核细胞，用电融合的方法将供核细胞融入去核卵母细胞中，获得重构胚。并证明电刺激诱导的融合能力比病毒诱导融合能力更强，同时也获得了第一次家畜胚胎细胞克隆的成功，获得胚胎克隆绵羊。用同样的方法人们又获得了胚胎细胞克隆牛（Robl et al., 1987; Prather et al., 1987）、胚胎细胞克隆兔（Stice and Robl, 1988; 周琪等 ., 1996）、胚胎细胞克隆大鼠（Kono and Tsunoda, 1988）、胚胎细胞克隆猪（Prather et al., 1989; 李光鹏等 ., 1998）、胚胎细胞克隆山羊（张涌等 ., 1991）、胚胎细胞克隆猴（Meng et al., 1997）。随后胚胎细胞克隆研究大规模展开（Willadsen, 1989; Prather and First, 1990a）。尽管后来有人在牛的胚胎细胞克隆中获得了一个胚胎的七个后代（Bondioli, 1990），但是从一个胚胎中获得的克隆后代毕竟有限。人们开始进行继代克隆的研究，即利用通过克隆获得的胚胎作为胚胎细胞克隆的供核细胞进行再次克隆。人们预计此种方法的应用使大量获得同一遗传性状的后代变为可能（Robl and Stice, 1989）。Westhusin（1991）用克隆胚胎细胞作为供核细胞进行克隆研究，发现正常胚胎和克隆胚胎来源的供核细胞的克隆均可获得正常发育的囊胚，而且来自两种供核细胞的克隆胚发育能力没有差异（Westhusin et al., 1991; Ectors et al., 1995）。Stice 和 Keefer（1993）获得了第一、第二和第三代克隆牛犊（Stice and Keefer, 1993）。后来又获得了第四代（Stice and Keefer, 1993）、第五代（Takano et al., 1997）。而继代克隆山羊获得了第一到第五代胚胎细胞克隆山羊（成勇等 ., 1995; 邹贤刚等 ., 1995）。

7.1.2 哺乳动物体细胞克隆的研究

哺乳动物胚胎干细胞（embryonic stem cells, ES）是从早期胚胎中分离获得的一类具有全能性细胞（Hopper, 1992）。由于胚胎干细胞具有全能性，因此人们在研究早期胚胎细胞克隆的同时也开展了胚胎干细胞或类胚胎干细胞克隆研究。除小鼠外（Evans and Kaufman, 1981; Martin, 1981），其它动物的胚胎干细胞系很难建立，所以用真正的胚胎干细胞进行克隆的研究报道很少。由于显微操作技术的限制，Campbell 等（1996a）用胚胎起源的细胞系获得克隆绵羊。在 1999 年小鼠的胚胎干细胞克隆获得成功（Wakayama et al., 1999）。

体细胞核移植是将成年动物来源的细胞作为供核细胞进行动物克隆的一种技术。Wilmut 等 1997 首次经体细胞核移植出生了克隆绵羊"Dolly"在世界上引起了轰动。自此以后，世界上先后出生了大量体细胞克隆动物，供核细胞的种类也在不断拓宽，克隆出动物的种类也不断增加（表 7-1）。到现在为止，人们已经获得体细胞克隆小鼠，牛，猪，绵羊，山羊，猫，兔子，大鼠，骡子和马。

表 7-1　克隆研究成功记要

年代	研究者	动物	参考文献
1997	Wilmut	绵羊 Dolly	Wilmut et al.1997
1998	Wakayama T	小鼠	Wakayama T et al.,1998
1998	Cibelli JB KatoY	牛	Cibelli JB et al.,1998;KatoY et al.,1998
1999	Baguisi A	山羊	Baguisi A et al.,1999
2000	Betthauser J Polejaeva IA	猪	Betthauser J et al.,2000;Onishi A et al.,2000;Polejaeva IA et al.,2000
2002	Shin T	猫	Shin T et al.,2002
2002	Chesne P	兔	Chesne P et al.,2002
2003	Woods GL	骡子	Woods GL et al.,2003
2003	Galli C	马	Galli C et al.,2003
2003	Zhou Q	大鼠	Zhou Q et al.,2003
2005	Lee BC	狗	Lee BC et al.,2005
2006	Li Z	雪貂	Li Z et al.,2006
2010	Wani NA	骆驼	Wani NA et al.,2010

7.1.3 转基因克隆动物的研究

转基因技术与动物克隆技术相结合促进了生物制药的迅速发展。McGreath 等（2000）获得转基因克隆绵羊，目的蛋白在乳腺中的表达量为 650 微克 / 毫升。Keefer 等（2001）获得转 GFP（绿色荧光蛋白）基因的克隆山羊。Denning 等（2001）获得转基因克隆绵羊。Lai 等（2002）、Dai 等（2002）对猪的原代胎儿成纤维细胞进行基因打靶，使 alpha-1，3-GT 位点一个等位基因缺失，利用获得的基因敲除的胎儿成纤维细胞进行动物克隆，最终获得克隆猪。Cheng 等（2002）年获得转促红细胞生成素（human erythropoietin; rhEPO）基因的体细胞克隆山羊。

7.2 哺乳动物核移植克隆技术研究进展

哺乳动物核移植技术在克隆研究中至关重要。核移植技术是一个工程性综合技术。核移植技术过程中的每一个环节都是影响克隆效率的决定性因素。尽管利用核移植技术已经生产出不少的克隆动物，但是克隆动物出生率低仍是科研人员需克服的难题之一。一般认为克隆动物的生产效率为 1-6%（Wakayama et al., 1998; Keefer et al., 2000; Kato et al., 2000; Liu, 2001）。造成克隆动物生产效率低的主要原因是胎儿同母体不能建立或建立不完全联系。在妊娠早期尽管胎儿发育正常，但胎盘功能发育不全（缺少子叶结构，缺少胎盘血管），胎儿无法从胎盘获得必要的养份，导致胎儿发育早期流产（Stice et al., 1996; Hill et al.,2000a,b; Sousa et al., 2001）。在妊娠后期，由于子叶数量不足胎盘功能不良，导致尿囊积液，子叶变大变少，脐带血管变粗，胎膜水肿等，从而导致胎儿死亡与流产（Cibelli et al., 1998a; Delille et al., 2001）。而胎儿本身的缺陷也是影响克隆效率的因素之一，在绵羊中克隆胎儿与正常胎儿相比，具有较大的肝脏、并且皮肤出血、同时表现为发育迟缓（Sousa et al., 2001）。早期研究由于核移植方法的限制，结果导致实验的失败。由于核移植技术的发展和完善，哺乳动物克隆取得了突破性进展。目前的核移植方法是从早期的核移植方法（Wolfe and Kraemer, 1992）发展而来。核移植技术的发展不仅提高了核移植的效率，同时也扩大了核移植供核细胞种类。这一技术的进步，使动物克隆由科研走向商业化。核移植方法主要包括受核细胞的准备、供核细胞的选择与处理、供核细胞胞质内注射或供核细胞与受核细胞间的融合、克隆胚胎的激活、克隆胚胎的体外培养及进行克隆胚胎受体移植等。这个过程中的每一个环节对克隆效率都有着巨大的影响。下面将对这一过程中的每一个环节进行详细的阐述。

7.2.1 受核胞质的制备

受核细胞类型、来源、所处细胞周期的状态、去核完全与否以及去除胞质量都直接影响动物克隆的效率。合适的受核细胞和去核方法是提高克隆效率的关键。

7.2.1.1 受核细胞的准备

在克隆试验的早期，人们使用合子（Illmhensee 和 Hoppe，1981; McGrath 和 Solter，1984; Kono et al., 1988; Robl et al; 1987 ）、不同时期的卵裂球（Tsunoda et al., 1987; Robl et al; 1986）、生发泡期卵（Sun 和 Moor，1991）、MII 期卵（Willadsen，1986）和后 - 末 II 卵（Bordignon 和 Smith，1998）等时期的细胞作为受核细胞进行克隆研究。经大量试验验证，最终人们确认去核的 MII 期卵母细胞胞质适合作为动物克隆的受核胞质，并在克隆动物研究中得到广泛的应用（First 和 Prather, 1991; Robl, 1999）。

Takagi 等（2001）证明小母牛体外成熟的卵母细胞来源的受精胚胎的囊胚发育能力显著低于体内成熟卵母细胞来源的体外受精胚胎的囊胚的发育能力。Dieleman 等（2002）大量的试验证明体内成熟的卵母细胞作为受核胞质要优于体外成熟的卵母细胞作为受核胞质。尽管卵母细胞的体外成熟质量较体内成熟质量低，但因其成本低，所需技术难度低且来源稳定而大量应用于哺乳动物克隆试验中。Betthauser 等（2000）利用体外成熟的卵母细胞获得克隆猪。Brett 等（2001）利用体外成熟的卵母细胞获得转基因克隆山羊。安晓荣等（2002）利用体外成熟的卵母细胞获克隆牛。上述试验结果说明体外成熟的卵母细胞将代替体内成熟卵母细胞作为家畜克隆的受核胞质。为了获得成熟质量同体内成熟卵母细胞具有相同或相似的成熟质量，且不同的体外成熟方案对卵母细胞成熟质量的影响也不同（Urdaneta et al.,2003），因此人们一直在进行优化卵母细胞体外成熟方案的试验。希望能为动物克隆、胚胎体外生产和科研提供大量优质的卵母细胞。

7.2.1.2 受核细胞的去核

受核胞质的准备是核移植过程中的一个很重要的环节。作为受核胞质的卵母细胞必须完全去除核，如果去核不完全会使克隆胚染色体多倍性、非整倍性，直接导致克隆失败。到目前为止有下列几种去核方法在克隆动物中被应用，这些方法主要包括：盲吸去核法、化学去核法、切割去核法以及微分干涉和极性显微镜去核法。目前常用的去核方法主要为盲吸去核法和化学去核法。

盲吸去核法是利用显微操作去核针，将卵母细胞的第一极体及其下面的胞质一同吸出，达到去核的目的。化学去核法一般是利用化学试剂处理卵母细胞，或者使核区变的透明（王敏康 等，2001）或使核区位置在卵母细胞膜表面形成突起（Yin et al., 2002a;Kawakami et al., 2003）经手动去核可达到去核的目的，此外还可以使母源染色体同第二极体一起排出（Baguisi et al., 2000）而达到去核的目的。

利用盲吸法去核和化学诱导去核法去核（Yin et al., 2002a;Baguisi et al., 2000; Kawakami et al., 2003）均已获得克隆动物。盲吸去核法缺点是在此操作过程中卵母细胞的去核率受卵母细胞老化时间限制。一般认为在卵母细胞刚排出第一极体时，极体与卵母细胞的染色质相对位置较近（Miao et al., 2004），此时利用此方法进行去核操作可获得较高的去核率；而卵母细胞在老化一段时间后由于极体的位置发生改变，极体与卵母细胞的染色质之间相对位置相差较远（Miao et al., 2004），此时利用此方法进行去核操作就不能去掉卵母细胞的染色体组。而在卵母细胞老化过程中，动物种类不同极体位置变化情况也不同。在利用此方法去核时，即使在以卵母细胞刚排出第一极体不久进行去核，去核法率也不能达到 100%。此外，盲吸去核法还需要去掉 25% 左右的胞质，由于去掉胞质量较大影响了克隆胚胎的体外发育能力（Bordignon et al., 1998），Zakhartchenko 等（1997）也报道了类似的结果，核移植时去除大量的胞质后观察到发育能力明显下降。在体外受精前去除卵母细胞 1/2 胞质时，牛囊胚和桑椹胚所含的细胞比未操作的对照组要少（Northey et al., 1991）。同样的结果也见于原核期胚改变核质比时，由去除 1/20 和 1/2 胞质而发育的致密桑椹胚和囊胚与以正常量胞质发育的比较，其所含的细胞数明显减少，三者之间差异显著（Westhusi et al., 1996）。利用激活后第二极体排出同时使母源染色体排出的化学诱导去核的效率较低（Baguisi et al., 2000; Elena et al., 2003），而且激活的同时导致卵母细胞内 MPF 和 MAPK 活性降低，不能诱导体细胞核发生 NEBD，使胞质内重排因子不能与体细胞核染色质接触而使体细胞核基因组发生有效重塑（Tani et al., 2003），而致使克隆胚胎发育能力低（Tani et al., 2003; Shin et al., 2002）。秋水酰胺（colcemid）类药物在克隆过程中常用于诱导家畜 MII 期卵母细胞核区形成胞质突起，利用显微操作完成去核，获得克隆动物（Yin et al., 2002; Kawakami et al., 2003）。然而，秋水仙酰胺诱导哺乳动物 MII 期卵母细胞形成胞质突起的详细研究还没见报道，同时也需要研究秋水仙酰胺对胚胎发育的毒副作用。

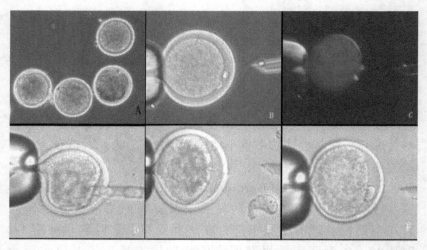

图 7-1　山羊卵母细胞去核和注射过程

A. 体外成熟卵母细胞（100×），B. 经秋水酰胺诱导形成胞质突起的卵母细胞
（200×），C. 染色质位于卵母细胞的胞质突起中（荧光）（200×），D. 去核
过程中的卵母细胞（200×），E. 去核后的卵母细胞（200×），F. 注核后的卵
母细胞（200×）（兰国成，2005）

　　切割去核法是 Peure 等（1998）首先使用的一种去核方法。具
体过程为：先用植物凝集素（PHA）处理卵母细胞，使排出的第
一极体与卵母细胞粘在一起；再用链霉蛋白酶消化去掉透明带，在
含有细胞松弛素的操作液中将卵母细胞用镊子一分为二，然后用电
融合的方法将两个无核的半卵及供核细胞融合成新的胚胎。他们用
此方法获得 90％的去核率。后来人们在将一分为二的卵母细胞用
Hoechst33342 染色，经紫外光照射证实去核与否，然后再用电融合
的方法将两个无核的半卵与供核体细胞融合成新的胚胎。此方法可
获得 100％的去核率。Vajta 等（2004）利用此种方法获得了克隆牛。
但此方法由于去除了透明带，影响了克隆胚的后期发育，因此并没有得到广泛的应用。同时由于此方法不需要显微操作仪，在体视镜下就可以完成，在实际生产应用上具用重大的意义。

　　微分干涉和极性显微镜去核法：此方法是近几年兴起的去核法。在哺乳动物中，小鼠、仓鼠和兔的卵母细胞中含有少量的脂肪颗粒，将卵母细胞经蔗糖处理后，在微分干涉显微镜下可以准确地看到核，可直接去掉核，去核率极高。然而，对于牛和猪地卵母细胞脂肪颗粒含量较多，无法在微分干涉显微镜下观察到核。为此，人们利用纺锤体具有很强地双折光性，在偏振光显微镜下就可以观察到的原理，研制出一种纺锤体图象观察系统（spindle-view）安装到显微镜上，从而可以准确确认纺锤体的位置，也就是对卵母细胞的染色体进行了定位。进而实现对卵母细胞的无创去核，且去核准确。

　　受核细胞的去核是克隆过程中比较重要的一个环节。而上述所介绍的几种去核方法各有其优缺点。在具体操作中选择那一种去核方法要以所在实验室的试验条件为基础，尽可能的采用自己所熟练的方法以期达到去核率较高同时对受核胞质损伤最小的目的，只有这样才可能获得成功的克隆试验。

7.2.2 供核细胞的准备

　　在哺乳动物动物克隆发展过程中，用作供核细胞的细胞种类也越来越丰富，由早期的胚胎卵裂球细胞、到 ES 细胞、PGCs 以及近年来应用的各种各样的体细胞，体细胞包括：卵丘细胞、胎儿成纤维细胞、皮肤成纤维细胞、卵泡颗粒细胞、乳腺上皮细胞、淋巴细胞/白细胞、输卵管上皮细胞、肌肉细胞、肝细胞、塞托利氏细胞、尾部上皮细胞和脑垂体前叶细胞，这些细胞均获得了克隆动物。克隆研究对供核细胞的要求是，可以获得大量同一遗传类型的细胞，并且这些细胞具有完整的基因组，通过处理可以获得大量处于同一细胞周期中的供核细胞。因此对供核细胞的选择和处理在整个克隆体系中至关重要。

Kato 等（1998）将牛体外成熟的卵母细胞周围的卵丘细胞进行传代培养，经血清饥饿处理后作为供核细胞，获得了 49％的克隆囊胚率，将 6 枚克隆囊胚移植给三头受体牛，获得 5 头（83.3％）牛犊，最后存活 2 头。这是迄今为止哺乳动物体细胞克隆效率最高的一次。Beyhan 等（2000）年比较了牛卵丘细胞和皮肤成纤维细胞最为供核细胞获得的克隆胚在体外的发育能力，其结果表明由卵丘细胞获得的克隆胚的囊胚发育能力（26％）显著高于皮肤成纤维细胞获得的克隆胚的囊胚发育能力（13％）。Chesne 等（2001）在克隆兔胚胎的体外发育试验中证明有卵丘细胞获得的克隆胚胎的囊胚发育能力显著高于由胎儿成纤维细胞获得的克隆胚胎的囊胚发育能力。以上的试验均证明了卵丘细胞适合作为哺乳动物体克隆的供核细胞。

通常人们认为体细胞在体外传代培养的过程中会发生去分化。传代次数较多的体细胞有利于克隆胚胎的发育。但是目前的研究结果却没能验证上述观点。Wells 等（1999）在牛的克隆试验中发现克隆胚胎体外发育能力不受传代次数（3～8 代）的影响。Kubota 等（2000）在以胎儿成纤维细胞作为供核细胞的牛克隆试验中发现传代 5 代的体细胞作为供核细胞所获的克隆胚胎体外发育能力显著低于传代 10 代和 5 代的体细胞作为供核细胞所获的克隆胚胎体外发育能力；传代 10 代和 15 代的体细胞支持克隆胚胎体外发育能力没有差别，作为供核细胞均获得健康的克隆动物，而传代 5 代的体细胞作为供核细胞没有获得健康的克隆动物。Roh 等（2000）在以胎儿成纤维细胞为供核细胞的牛克隆试验中证明传代 8～16 代的体细胞作为供核细胞获得的克隆胚胎的囊胚发育能力高于传代 17～32 代的体细胞作为供核细胞获得的克隆胚胎的囊胚发育能力。Li 等（2003）在以胎儿和成体成纤维细胞为供核细胞的马克隆试验中发现，随着体细胞传代次数的增加，供核细胞核的重排的程度显著降低。上述的试验基本证明了，在一定的传代次数内，克隆胚胎发育能力不受影响；而在最初的几次传代或传代次数增加到一定程度后将不利于克隆胚胎的体外发育。

　　在体细胞克隆研究中，供核细胞所处的细胞周期直接影响克隆效率。目前所采用的受核胞质均为 MII 期卵母细胞胞质，胞质中 MPF 和 MAPK 活性很高，当 G0/G1、G2 或 M 期的体细胞移入到去核卵母细胞中后，由于 DNA 不进行复制，所以在遗传物质发生 PCC 时，染色体不会发生损伤；而 S 期的体细胞核移入到去核的卵母细胞中后，由于 DNA 正在进行复制，于是在遗传物质发生 PCC 时，遗传物质发生碎片化从而使染色体发生损伤，降低动物克隆的效率。G0/G1、G2 或 M 期的体细胞作为供核细胞所获得的克隆胚胎在体外均可以发育到囊胚阶段，将 G0/G1 期的体细胞作为供核细胞获得的克隆胚胎经受体移植获得了大量的克隆动物，而 M 期的体细胞作为供核细也获得了克隆动物。关于细胞周期对克隆效率的影响还有待进一步的研究。

　　虽然人们在用除 S 期细胞之外的体细胞进行克隆均获得成功。这说明只要具有整倍性遗传物质的体细胞均可能具有获得发育全能性的能力。通常认为体细胞的发育全能性是在去核卵母细胞中核重排的过程中获得。在体细胞体外培养的过程中体细胞是否会获得全部或部分全能性的可能性人们还没有进行详细的研究。现在还没有衡量体细胞是否具有全能性的直观的指标，一般认为体细胞核在卵母细胞中的重排是通过 DNA 甲基化的变化来体现。全基因组的甲基化水平的降低的细胞被认为全能性更强的细胞。人们通过体细胞核甲基化水平来衡量体细胞的全能性。人们尝试在体细胞的体外培养过程中使体细胞基因组发生去甲基化。在血清饥饿处理过程中，通过甲基化抗体的检测发现经血清饥饿的体细胞基因组甲基化程度明显的低于未经血清饥饿的体细胞的甲基化程度（Beaujean et al., 2004）。Enright 等（2005）用甲基转移酶抑制剂（5-aza-dC）处理体细胞，经 5-aza-dC 处理后的因体细胞用于核移植，发现克隆囊胚中甲基化程度接近 IVF 囊胚的甲基化试验组的克隆胚胎的囊胚发育率降低。经 5-aza-dC 处理后没有检查体细胞去甲基化程度，同时没有用克隆动物出生情况来判断此方法是否可行。我认为只是用囊胚发育率来衡量此方法是否可行还不具有直接的说服力。但这些试验为我们提高克隆效率的研究提供了新的思路。需要进一步研究体外体细胞培养过程中甲基化变化程度，以及细胞周期分布情况。只有把这些基础的理论研究清楚才可能切实的提高体细胞克隆效率。

7.2.3 克隆胚胎的构建

克隆胚胎的构建就是将供核细胞与受核胞质结合形成一个新胚胎的过程。目前，可以用两种方法构建克隆胚胎，分别是细胞融合法和胞质直接注射法。

细胞融合就是通过细胞膜融合将两个细胞融合成一个细胞。细胞融合法包括化学、仙台病毒和电融合法三种方法。最早的克隆采用病毒介导融合法。McGrath 和 Solter（1983）利用病毒介导法第一次获得小鼠胚胎细胞克隆成功。但使用仙台病毒时必须考虑病毒对胚胎发育的影响，并且要防止病毒扩散与污染；而且该病毒是啮齿类病毒，其活力不易保持，除小鼠外，对其它动物难于奏效（Willadsen，1986；Robl et al，1987）。同期有人用聚乙二醇（PEG）进行小鼠的克隆实验（Czolowska et al，1984）。由于 PEG 诱导融合效率低，对胚胎有较大的毒性，所以没有得到广泛的应用。后来，Willadsen（1986）的研究用电融合法诱导绵羊供核细胞与去核卵母细胞融合，融合效果明显好于病毒介导的细胞融合。后来这一方法在克隆实验中得到广泛的应用。目前大多数克隆实验中也在采用电融合的方法进行克隆胚胎的构建。

受体胞质直接注入就是将体细胞的细胞核直接注入到去核卵母细胞胞质中，进而获得重构胚。早在 1981 年，Illmensee 和 Hoppe 采用受体胞质直接注入法获得了小鼠克隆后代。此后，Collas 和

Brnes（1994）把牛的内细胞团细胞核注入到去核的卵母细胞胞质中获得了克隆后代。Wakayama 等（1998）利用直接注入的方法获得了卵丘细胞克隆小鼠。到目前为止，受体胞质直接注入法广泛应用于哺乳动物克隆中。

现在还不能简单的说电融合或直接注射法哪种方法更适合克隆应用。电融合法在体细胞克隆研究中，由于体细胞与卵母细胞体积相差较大，不利于二者相互接触，这样会导致融合率降低。而直接注入法的技术问题是体细胞核在注入到卵母细胞内时可能会导致卵母细胞质膜碎裂，卵母细胞死亡。不同的研究人员对这两种技术掌握程度不同，必然导致对技术的依赖程度不同。有的研究人员用电融合的方法可获得 90％融合率，而有的研究人员用直接注射法也可以获得较高的存活率，特别是在 Piezo 新技术应用后，胞质直接注射法得到了更广法的应用。

7.2.4 克隆胚胎的激活

克隆胚胎的正常发育依赖于卵母细胞的充分激活。在正常受精条件下，卵母细胞的激活是由精子入卵后增加钙离子浓度诱导受精胚的激活。在精子入卵后，会引起卵母细胞胞质中发生系列的钙离子浓度振荡，这种振荡要持续数小时（Cuthbertson et al., 1985; Kline et al., 1992），从而使合子激活。而克隆胚胎的激活也是基于此原理来进行。

早期克隆胚胎的激活人们采用电激活的方法，而在目前人们在克隆实验中多采用化学激活的方法。不管利用那一种激活方法都要采取这样的一个原则，那就是在完全激活克隆胚胎的同时，尽可能地减少对克隆胚胎的伤害。电激活主要原理是利用电脉冲将质膜或钙库膜击穿，在膜上形成不同大小孔洞，使内源钙释放或细胞外钙进入到细胞质中，从而激活克隆胚胎。但是电激活的效率比较低，如果电激活强度过大，导致细胞质膜上的孔洞过大，导致胞质外流，进而造成克隆胚胎死亡。而化学激活所应用的试剂大部分不是生理性物质、细胞代谢不需要的物质，这样它们的使用可能对克隆胚胎产生毒害作用（导致克隆胚胎的死亡，破坏正常的信号传导途径，破坏细胞正常的代谢途径，并可能导致克隆胚胎非二倍体性和导致克隆胚胎不能发育到期），因此也有必要在能够保证激活克隆胚胎的同时尽可能地降低化学刺激强度。只有这样才可能获得克隆成功。

正确的卵母细胞激活方法是克隆胚胎基因组重排获得成功和维持注入到激活的去核卵母细胞中的体细胞核维持正确倍性的关键环节（Campbell, 1999）。孤雌激活和孤雌发育的知识能够帮助人们更好得了解受精和早期胚胎发育的机制。此外，卵母细胞激活的研究也便于人们了解细胞信号系统的基本原理。

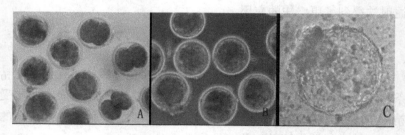

图 7-2　山羊孤雌激活胚胎

A：2-细胞孤雌胚（100×）；B：8-16 细胞孤雌胚（100×）；
C：孤雌囊胚（100×）（兰国成，2005）

目前哺乳动物卵母细胞的孤雌激活可以用几种化学的、物理的和酶处理来完成（Kaufman, 1983）。某些处理如：Ionomycin（Loi et al., 1998）和锶（Cuthbertson et al., 1981）可以利用胞质内钙库内钙释放促进细胞内自由钙离子浓度升高；电脉冲（Tan et al., 1996; 1997）可以使细胞外钙离子进入到细胞内而增加细胞内自由钙离子浓度升高；而乙醇的处理则会使上述两种情况发生（Loi et al., 1998）。蛋白丝 / 苏氨酸激酶抑制剂, 6- 二甲基氨基嘌呤（6-DMAP）在牛和小鼠卵母细胞激活过程中可以增强激活刺激，促进原核的形成和孤雌发育（Szollosi et al., 1993; Susko-Parish et al., 1994; Moses and Masui, 1994; Moses et al., 1995）。以前的研究认为 6-DMAP 可以促进 MPF 和 MAPK 的灭活，而 MPF 和 MAPK 的灭活是哺乳动物卵母细胞离开 M 期和原核形成的首要条件（Moos et al., 1995; Sun et al., 1999; Tian et al., 2002）。

　　Ionomycin 与 6-DMAP 联合使用广泛应用于卵母细胞激活（Susko-Parish et al., 1994; Rho et al., 1998; Loi et al., 1998; Ongeri et al., 2001）和核移植（Loi et al., 1998; Wells et al., 1999; Betthauser et al., 2000; Keefer et al., 2001; Reggio et al., 2001; Galli et al., 2002）或精子注射（Keskintepe et al., 2002; Li et al., 2003）重构胚激活或的试验研究。用于反刍动物卵母细胞激活方案多数为 5 ～ 10 微摩尔 ionomycin 处理 4 ～ 5 分钟，然后结合 1.9 ～ 2 微摩尔 6-DMAP 处理 3 ～ 6 小时。还没有系统的研究过 ionomycin 和 6-DMAP 浓度和处理时间的最佳方案。用 6-DMAP 激活卵母细胞会导致一些异常例如：抑制纺锤体旋转、阻碍鱼精蛋白和组蛋白间的交换，在精子染色质周围使新核膜提前形成，并且总是形成一些小原核（Szollosi et al., 1993; Ledda et al., 1996），同时会减弱发育能力（Leal and Liu, 1998; Jilek et al., 2001; Grupen et al., 2002; Lan et al., 2004），6-DMAP 的这种危害作用必须进行研究和最小化（Lan et al., 2004）。激活刺激的作用通常具有卵龄依赖性，新鲜排出的卵母细胞对激活刺激不敏感，而随着卵龄的增加激活率也增加（Cuthbertson, 1983; Nagai, 1987; Tan et al., 1988; Ware et al., 1989; Lan et al., 2004），因为卵龄的增加导致细胞内 MPF 活性降低（Kikuchi et al., 1995; Wu et al., 1997; Xu et al., 1997）。卵母细胞的老化导致卵母细胞骨架成分改变（Kim et al., 1996; Adenot et al., 1997)，降低去核率（Takano et al., 1993; Miao et al., 2004）、削弱重构胚胎的发育能力（Tanaka and Kanakawa, 1997; Bordignon and Smith, 1998; Liu et al., 1998），增加胚胎发生碎裂的比率和启动细胞凋亡（Gordo et al., 2000）。因此在任何试验中卵母细胞的老化必须降到最低，而使用成熟的卵母细胞。

7.2.5 克隆胚胎的体外培养与移植

胚胎发育是一个受能量、激素、生长因子等多重因素影响的动态过程。经融合和激活后的克隆胚需要进行体外或中间受体培养。中间受体培养是将激活后的克隆胚经琼脂包埋后移植到受体的输卵管中，培养 4～7 天左右，克隆胚发育到桑椹胚或囊胚，回收胚胎进行移植。但是此方法可以获得较高质量的发育的克隆胚，但较为费时费力，而且胚胎的回收率不高。克隆胚胎的体外培养分为简单培养液和与体细胞共培养两种方法。虽然已经有很多种体外培养方案，但这些培养体系还不能完全模拟体内的培养条件。而且体外培养获得的胚胎的染色体倍性异常率较体内胚胎而言较高，而且 rRNA 基因活性也不同（Hytrtel et al., 2000）。体外培养环境的改善会降低染色体倍性异常的比例（Li et al., 2004）。同时体外培养的时间延长会影响克隆的质量，导致胚胎被吸收、流产、死亡或出生后死亡，以及胎儿巨大综合症和难产（Sinclair et al., 2000; Lance et al., 2001）。因此，有必要不断的完善体外培养体系，期望获得较高的核移植效率。

克隆胚胎的移植妊娠率和产仔率直接影响获得克隆动物的数量，是判断克隆效率的重要指标。胚胎的受体移植技术也是影响克隆效率的关键技术之一。克隆胚胎的移植方法与步骤同体外受精胚或体内超排获得的胚胎的移植方法相同。胚胎移植部位在输卵管或子宫角。根据受体动物种类的不同可用手术法或非手术法进行胚胎移植。需要注意的是要尽可能得减少胚胎移植操作时间，尽可减少的对受体生殖系统的损伤。无论是选择自然发情还是人工诱导发情的动物作受体都应该注意受体动物与胚胎的同步化，同时需尽可能减少胚胎体外培养时间，以期获得较高的克隆效率。

7.3 哺乳动物克隆基础理论的研究进展

在哺乳动物中，受精启动胚胎发育。受精时转录沉默的雌雄配子融合在一起形成合子即受精胚。在胚胎早期发育中发生一系列的生理生化变化。这些变化主要包括：精子致密的染色质组进行重新组装，胚胎发育的母源调控向合子调控的转换，父源和母源基因组发生去甲基化和再甲基化的变化等。这些都说明卵母细胞中具有全部或部分调控这些事件的分子基础。在克隆胚胎的早期发育过程中，供体核重排必然受这些分子基础调控。我就供体细胞核在去核卵母细胞中进行形态重塑、供体核所发生的去甲基化和再甲基化等事件进行详细的阐述。

7.3.1 重构胚中供体核的形态重塑

供体核形态在重构胚中的系列变化为：核膜破裂（NEBD）、早熟染色质凝集（premature chromosome condensation PCC）、原核形成及核膨大。

在重构胚中，供体核发生早熟染色质凝集（PCC）是核发生重塑的一个重要标志。在受体卵母细胞激活前或激活的同时移入处于 G0 或分裂间期的供体核，供体核均会发生染色质凝集（Szollosi et al，1988；Kwon and Kono，1996；Shin et al.,2002）。当卵母细胞中 MPF 活性消失后，移入的染色质不发生凝集（Nurse，1990；

Shin et al.,2002）。供体核染色质发生 PCC 可为其进入末期做准备
（Renard，1998）。试验证明供体细胞核的重塑对重构胚的发育是
必须的，未发生 PCC 的克隆胚胎的囊胚发育能力通常显著低于发
生 PCC 的重构胚的囊胚发育能力（Collas et al., 1991; Cheong et al,
1994; Shin et al., 2002）。

　　在重构胚中，最早可以观察到的就是供体核的膨大。在兔
（Stice and Robl，1988；Collas and Robl，1991）、 猪（Prather
et al，1990）、 牛（Kono et al，1994；Smith et al，1994；Stice et
al，1994）等克隆胚中都得到同样的结果。早在两栖类的研究中
就已发现，供体核在激活的去核卵子中发生核膨大，核仁消失
（Gurdon，1999）。在哺乳动物卵母细胞内，移入的细胞核也发生
膨大，核仁消失、染色质凝集、核膜破裂等一系列变化（Szollosi
et al，1988）。激活的核也同样发生染色质去凝集并形成新的核膜
（Czolowska et al，1994；Stice and Robl，1988；Szollosi et al，
1988）。经过这一过程供体核在受体卵母细胞中完成其形态的重
塑。供体核在重构胚的第一次有丝分裂过程中发生了显著的核膨
大，这一形态变化意味着供体核重塑发生在第一次有丝分裂期
（Czolowska et al，1984；Szollosi et al，1988；Collas and Robl，
1991）。研究发现，供体核核膨大的关键依赖于卵母细胞激活和
核移入之间的时间间隔。通常在第二次减数分裂中期（M II）和
第二次减数分裂末期两个时期之间植入供体核，供体核会发生膨
大。核膨大可达内源性核大小（Szollosi et al，1988），不同供核
细胞核膨大的程度不同，但与雌原核大小相似（Collas and Robl，
1991）。若在第二次减数分裂末期后移入供体核则供体核不会发生
膨大，且保持核膜完整，染色质不发生凝集，供体核不形成原核样
结构（Szollosi et al，1988）。研究发现，供体核移入到去核合子或
去核的 2- 细胞卵裂球中也不发生核膨大（Barnes et al，1987）。因
此，供体和受体细胞周期之间的相互作用对供体和的重排非常重要

（Campbell et al，1996b）。

供体细胞核通过一系列形态变化来完成形态的重塑。同时也说明发生 PCC 供核细胞核在原核形成后会发生原核膨大，反之则原核膨大不发生。供核细胞通过发生 PCC 和原核膨大的这种形态的重塑能够使有利于细胞胞质因子充分接近供体染色质并对其产生作用（Wilmut et al, 1997）。试验证明这种供核细胞的重塑有利于重构胚的发育（Collas et al., 1991; Cheong et al, 1994; Shin et al., 2002）。重构胚在体外发育过程中核仁形态变化也说明了重构胚 rRNA 合成异于体内生产或体外受精获得的胚胎的 rRNA 的合成（King et al, 1996; Kanka et al, 1999）。体细胞核在重构胚中发生 PCC、原核膨大以及核仁重塑等一系列形态上的变化给我们提供了判断重构胚发育能力的形态学标准，但对于重构胚是否具有发育的全能性来说，供核基因组基因的重建、启动时间及启动表达次序是否完全正确重排更为重要。

7.3.2 重构胚发育早期的分子生物学事件

克隆胚胎中基因表达情况不同于正常胚胎基因表达情况，因为供体细胞的核基因在核移植前表达维持自身生理活动和执行自身功能的基因组，而在移植到受体胞质后需要关闭自身基因转录活性，并将基因组调整成与受精卵基因组相同的状态，以便按照胚胎发育时序逐渐启动胚胎发育所需要表达的基因，最终支持胚胎的全程发育并获得健康的后代。

7.3.2.1 重构胚发育早期的甲基化变化

在受精过程中，雄性基因组发生快速的不均匀的去甲基化（Mayer et al. 2000, Dean et al.2003）。这个过程是在不发生转录或 DNA 复制时进行的，并被称为主动去甲基化。然而主动去甲基化具有种属的特异性，在小鼠、大鼠、猪和人中已经证明发生主动去甲基化，在兔子和绵羊中不发生主动去甲基化（Beaujean et al.,2004; Wilmut et al., 2002; Mayer et al., 2000; Dean et al., 2001）。后来，在桑椹胚阶段以前还有一个甲基化的广泛的降低（Dean et al. 2001, Santos et al. 2002）。这种降低是因为在 DNA 复制期间缺少最初的 DNA 甲基转移酶 Dnmt1 的结果（Bestor 2000）。也就是说，这种新合成的复制链的甲基化失败，每个核的甲基化胞嘧啶的含量水平变低。DNA 甲基化复制依赖的缺失是被称为被动的去甲基化（Rougier et al. 1998）。在牛的胚胎中父源原核发生积极的去甲基化，在 2- 和 4- 细胞期胚胎发生被动去甲基化，在 10-16 细胞期发生从头甲基化。在小鼠中父源基因组在合子期发生主动去甲基化，在 2- 细胞期到 16- 细胞期发生被动去甲基化，在 16- 细胞之后进行从头甲基化（Rougier et al., 1998）。内细胞团将发育成成体的所有组织，变得超甲基化，而滋养外胚层形成胎盘的大部分结构，是甲基化不足的（Dean et al. 2001, Santos et al. 2002）。尽管全基因组的甲基化降低很低，但在着床前发育期间某些确定的序列很难发生全面的去甲基化。印记基因的 DMRs 和重复序列不发生去甲基化事件（Reik & Walter 2001a）。

尽管哺乳动物细胞核移植在几种品种中获得成功，但整体效率很低。全基因组在早期着床发育期间的去甲基化 / 再甲基化事件很明显提供诱导体细胞重排的机制，并在诱导牛核移植胚胎发生部分重排（Dean et al.,2003; Bourc'his et al., 2001）。很多重构的牛胚胎比受精卵有更高的甲基化（Dean et al.,2003; Bourc'his et al., 2001; Kang et al., 2001a），表现为低效率的重排。然而在 SCNT 猪胚胎中亚硫酸氢盐序列的全序列分析表现有效的去甲基化（Kang et al., 2001b），它的效率不比牛的效率高（Young 2003）。利用不同供核细胞产生的克隆胚胎的后成性遗传图像表明在重构胚中发生的 DNA 和组蛋白的甲基化定量和定性的异常。这些胚胎的大多数表现是 DNA 甲基化模式和异染色质的组织模式同供核细胞相似，并且失去了后成性遗传标记的不均等模式（Santos et al. 2003）。核移植动物的获得有赖于后成性重排机制对供核细胞核有效正确重排。在绵羊核移植胚胎着床前发育的研究中发现，虽然大部分核移植胚胎中发生的去甲基化/再甲基化的模式异于受精胚，但是还有少部分核移植胚胎中发生去甲基化/再甲基化的模式与受精胚相似（Beaujean et al., 2004）。

7.3.2.2 组蛋白在受核细胞中的变化

在重构胚中，供体核功能的重建可能通过组蛋白 H1 的变化而显示。将牛的桑椹胚卵裂球融合到受体胞质中，卵裂球表达的组蛋白 H1 在重构胚的第一个细胞周期中消失，而到第四个细胞周期有重新出现（Bordignon et al, 1999）。而在重构胚中，体细胞来源组蛋白的活动受重构胚中新合成的蛋白质影响。在早期胚胎中，组蛋白 H1 的组成和含量改变以及组蛋白乙酰化状态的改变决定染色体的转录活性（Latham et al, 1991a; Turner, 1991; Thompson et al, 1995; Wang and Latham, 1997）。核心组蛋白 N 末端乙酰化修饰与基因调控有关（Turner, 1991）。N 端很可能与转录因子发生竞争性结合而大大降低组蛋白 -DNA 的相互作用，从而使染色体有抑制状态进入激活转录状态。组蛋白乙酰化的调节可能也是基因调控的一个控制点（Jeppesen and Turner, 1993; Schultz et al, 1995; Thompson et al, 1995; Memili and First, 1999）。

7.3.2.3 核纤层蛋白及其它相关蛋白在重构胚中的变化

核膜是由同心具核孔的膜和核纤层组成，核纤层是 A- 和 B- 型纤核层蛋白的中间纤维网（reviewed in Gruenbaum et al., 2000）。A- 型核层蛋白包括核层蛋白 A 和 C，在人当中它是 LMNA 基因的结合异构体，在不同的体细胞中表达（Guilly et al.,1990）。B- 型核纤层蛋白包括 B1 和 B2，分别是由 LMNA1 和 LMNA2 基因的产物，遍在表达。核纤层蛋白调节内层核膜与染色质或 DNA 之间的相互作用，并在核中起着功能性作用。具有占优势的阴性蛋白变异体的核纤层蛋白降解改变复制（Ellis et al., 1997; Spann et al., 1997; Moir et al., 2000）和在有丝分裂后期的核纤层的不适当的重排导致细胞死亡（Steen and Collas, 2001）。细胞核内的核纤层蛋白的凝聚点同 RNA 结合因子共定位，说明核纤层蛋白可能对组织 RNA 加工机制有作用（Jagatheesan et al., 1999）。此外，还发现 LMNA 基因的突变可能导致影响骨骼、心脏和脂肪组织的遗传混乱（Vigouroux and Bonne,2002），这些表明核膜在调节基因表达中起作用。供核体细胞核在进入到去核卵母细胞中先发生核膜破裂，在原核形成过程中将形成新的核膜。新核膜在形成过程中发生的错误可能会导致克隆胚胎发育失败。在小鼠克隆胚胎中核纤层蛋白 A 基因表达调节错误，导致克隆胚胎在 1- 细胞期核纤层蛋白 A 重塑不同（Moreira et al.,2003）。在重构胚中，早期胚胎表达的产物发生了变化。猪 16- 细胞期卵裂球核纤层蛋白 A/C 表达阴性。但是 16- 细胞的卵裂球植入到未激活卵母细胞胞质中时变为核纤层蛋白 A/C 表达阳性（Prather et al, 1989）。

A- 激酶锚定蛋白 95 是一个 95kDa 蛋白，它附着在有丝分裂的 cAMP- 依赖蛋白激酶上（Coghlan et al., 1994; Eide et al., 1998），并且与人的培养细胞中（Collas et al., 1999）和小鼠的雌原核中（Bomar et al., 2002）染色体分离所需的新成份有关。AKAP95 在核中的作用现在还不清楚，但是最近的数据 AKAP95 在 Hela 和小鼠卵丘细胞优先定位于转录沉默的染色质中（P.N.M. et al., unpublished）表明 AKAP95 可能定位于核与核膜之间。越来越明显，AKAP 可能锚定在几个信号分子上（Feliciello et al., 2001; Smith and Scott, 2002; Tasken et al.,2001），并且可能在核中的多信号途径一体化过程中起作用。在小鼠 1- 细胞克隆胚胎中 A- 激酶锚定蛋白 95（AKAP95）是体细胞来源（Moreira et al.,2003）。

此外，16- 细胞期表达的一个小核糖体蛋白 Y12 的蛋白表达在核移植后消失（Prather and Rickords, 1992）。牛卵裂球表达的抗原 TEC3 在核移植后消失，而在重构的桑椹胚中出现（van Stekelenbrg-Hamers et al, 1994）。Westhusin 等人研究表明，核移植囊胚与正常的囊胚相比较，核移植囊胚有较高的 IGF- Ⅰ受体、IGF- Ⅱ和 TGF- α 转录水平，同时有较低的 IGF- Ⅰ转录水平。bFGF 只在重构胚中有转录活动，正常胚胎中没有转录活动（Westhusin et al, 1995）。所以说由于重构胚中已表达基因的关闭和再启动有别于正常胚胎的发育过程而造成了基因表达与否以及表达水平与正常发育的胚胎存在差异。

7.4 体细胞克隆山羊的微卫星 DNA 分析

微卫星 DNA 是一些简单的核苷酸重复序列，在哺乳动物进化中以不同的多态性位点存在于每一动物个体。通过不同的微卫星引物，就可以用 PCR 方法扩增出每一个体相应于这些引物的多态性片断。利用这一技术，人们进行了大量的研究，进行物种与物种间、不同种群间、不同个体间的遗传距离。在体细胞克隆动物获得成功后，人们利用这一技术对克隆动物进行鉴定。鉴定的结果表明，哺乳动物微卫星 DNA 技术是一项简单而有效的亲子鉴定方法。哺乳动物微卫星 DNA 的多态性常常表现为无种间特异性，即同一微卫星 DNA 引物在不同家畜中都表现出多态性。目前，这一方法广泛应用于克隆动物的鉴定中。

7.5 山羊克隆方案简介

7.5.1 卵母细胞的获得与成熟

从屠宰场获得的山羊卵巢在装有 30～35℃ 的无菌生理盐水（添加 100IU/ml 的青霉素和和 0.05mg/ml 硫酸链霉素）的保温桶中 3h 内带回实验室。无菌生理盐水充分清洗过的卵巢置于添加 0.1%PVA 的 D-PBS（Hyclone）液中用针刺破表面直径在 1.5-4.0mm 的卵泡。在实体镜下收集 COC。选取卵丘细胞层完整、致密，卵母细胞胞质均匀的 COC，用 PBS 洗 3～4 次后进行培养。成熟培养液为：M199（GIBCO）＋10%FCS（GIBCO）（V/V）＋0.05 单位 / 毫升 FSH＋0.05 单位 / 毫升 LH＋1 微克 / 毫升雌二醇 +0.22 微摩尔 / 升丙酮酸钠 +10 纳克 / 毫升 EGF 培养条件为：先将培养液置于 38.5℃ 培养箱中预热 3 小时，然后将所收集到洗涤干净的卵丘卵母细胞复合体。按试验要求置于培养液中在 38.5℃，5% 二氧化碳，100% 湿度，二氧化碳培养箱内进行培养。体外培养至所需时间，取出卵丘卵母细胞复合体用 0.1% 的透明质酸酶处理 2～3 分钟，再用口径略大于卵母细胞直径的口吸管反复吹打几次，以具有第一极体完整的卵母细胞作为成熟的卵母细胞的判断标准在实体镜下选取成熟卵母细胞备用。

7.5.2 几种常用体细胞培养方案及生化指标检测

7.5.2.1 体细胞培养

（1）皮肤成纤维细胞的培养

组织块来源于波尔羊耳朵上皮，用灭菌生理盐水在 1～2 小时内带回实验室。取出组织块用灭菌的 D-PBS 洗涤，然后再用 75％的酒精消毒 30 秒钟，再用无菌 D-PBS 洗涤数次。将组织块置于带有 0.5 毫升含 20％ FCS（V/V）的 DMEM/F-12（GIBCO）液的 1.5 毫升的离心管中用眼科剪刀将其剪碎。将剪碎的组织块用移液器移到 24 孔培养板内，振荡使组织块在培养孔内分布均匀，然后吸出培养液，培养孔中只余少量的培养液。将培养板置于培养箱中培养 6 小时，每个培养孔轻轻加入 1 毫升含 20％ FCS 的 DMEM/F-12 培养液。培养板置于培养箱中培养，每 3 ～ 4 天换一次培养液。待细胞长满后，去除培养液，用无钙镁的 PBS 洗涤 1 ～ 2 次，去除 PBS，用含 0.25％ 胰酶的 D-PBS 在室温下处理 2 ～ 3 分钟，待细胞有 40％变为球形，去除含胰酶的 D-PBS，加入细胞培养液终止消化，用培养液吹打使细胞悬浮，每个孔的细胞传到 2-3 孔继续培养。按上述方法对细胞进行传代扩增。传代培养的培养液为含 10％ FCS 的 DMEM/F-12 培养液。

（2）胎儿成纤维细胞的培养

取 30 ～ 35 天的山羊胎儿去除内脏、头以及四肢。培养方法同耳朵成纤维细胞的培养方法相同。

（3）卵丘细胞的培养

成熟的卵母细胞用透明质酸酶消化 2 ～ 3 分钟，卵母细胞外面的扩展的卵丘细胞脱落。将从成熟卵母细胞上消化下来的卵丘细胞收集到 1.5 毫升的离心管中，加 0.5 毫升含 10％ FCS 的 DMEM/F-12 离心洗涤（2 分钟，200 克）最后悬浮，分到 24 孔培养孔中培养。

7.5.2.2 细胞各参数的检测

流式细胞计数术（FACS）检测供核体细胞细胞周期。用 24 孔培养板培养不同山羊体细胞。在取样前，先用无钙镁的 PBS 把培养的细胞洗两次。然而，用 0.25％胰蛋白酶将其消化成单个细胞。用含用 10％ FCS 的 DMEM/F12 终止消化。然后用无钙镁的 PBS200g 离心 5 分钟，共洗涤 3 次，取得的单个细胞用 80％的冷乙醇（-20℃）4℃固定过夜。加入 PBS 200 克离心 5 分钟，弃上清。细胞沉淀用含有 1 毫克 / 毫升的 RNase（Sigma, R-4875）和 100 微克 / 毫升的 PI（Sigma, P-4170）的 PBS 悬浮并室温避光孵育 30 分钟。细胞再 200 克离心 5 分钟，弃上清，沉淀细胞悬浮于 PBS 液中。FACS 每个处理分析 1×104 个细胞。

7.5.3 显微操作

7.5.3.1 显微操作工具的制备

制备持卵针的毛细管是外径 1 毫米，内径 0.6 毫米的玻璃管，在水平拉针仪（Narishige, Janpan）拉出较粗的针尖，在煅烧仪（Narishige，Janpan）上在外径 120～130 微米处断成平口，针口煅烧至内径为 25～30 微米。去核针 / 注核针用外径 1 毫米内径 0.8 毫米毛细玻璃管拉制，在水平拉针器拉出较粗的针尖，在外径约 20～25 微米处断成平口。去核针 / 注核针尖端在磨针仪（Narishige，Janpan）上磨成 45 度的斜口，将磨好的针在煅烧仪上将斜口再拉出一微尖。毛细玻璃管在制备操作针之前经洗液浸泡、超声波清洗、高温灭菌处理。制备好的针管用前经紫外线照射 30 分钟灭菌。

7.5.3.2 卵母细胞的去核与注核

将所获得的具完整的第一极体的卵母细胞移入到含用 5 微克 / 毫升 CB 的 mDPBS 中处理 0.5 小时或将经秋水酰胺处理后具胞质突起的卵母细胞置于 mDPBS 液中。在 Leica 显微操作仪上进行显微操作。用固定针在极体对侧固定卵母细胞，用去核针将第一极体及极体下 1/5～1/4 的细胞质去除，以去掉 M Ⅱ 染色体及纺锤体；秋水酰胺处理后的卵母细胞去核时，用固定针固定在胞质突起的对侧，用去核针去除突起的胞质及第一极体。同时用去核针吸取合适的体细胞，将体细胞注入到胞质质膜与透明带夹角处，使供核细胞与受核胞质质膜紧贴在一起，利于融合。

用作供核的卵丘细胞均为体外培养 1 ～ 2 代，接触抑制 3 ～ 5 天的细胞；皮肤成纤维细胞为体外培养 10 ～ 15 代，接触抑制 3 ～ 5 天的细胞；胎儿成纤维细胞为体外培养 3 ～ 5 代或 20 ～ 25 代，接触抑制 3 ～ 5 天的细胞。用前经胰酶消化成单个细胞同卵母细胞共同置于 mDPBS 中，每个卵母细胞去核后马上注入体细胞。

7.5.3.3 母细胞胞质与供核细胞的融合

融合仪为 BTX 的 ECM2001，电融合槽两铂金丝间的距离为 1.0 毫米。电融合液为：0.3 毫摩尔 / 升的甘露醇 +0.05 毫摩尔 / 升氯化钙 +0.1 毫摩尔 / 升硫酸镁 +0.1%BSA。去核卵母细胞胞质与体细胞复合体在电融合液中平衡 1 ～ 2 分钟，移入到电融合槽中，使两者的接触面与电场方向垂直。融合条件为 1.2 千伏 / 厘米，40 微秒电击一次。电击后的去核卵母细胞胞质与体细胞复合体用 mD-PBS 洗涤数次。置于 CR1aa 中在 38.5℃、5% 二氧化碳和饱和湿度下培养 30 分钟。然后在显微镜下检查融合率，对未融合的去核卵母细胞胞质与体细胞复合体进行二次融合。

7.5.3.4 克隆胚胎的激活

激活处理所需试剂离子霉素及 6- 二甲基氨基嘌呤均用二甲基亚砜分别配制成 500 微摩尔 / 升和 400 毫摩尔 / 升的浓储液分装于 1.5 毫升 EP 管中在 -20℃下保存。使用时用添加 5% 胎牛血清的 CR1aa 培养液稀释至所需的使用浓度。通常成熟卵母细胞 / 核移植胚胎的激活剂使用顺序是：先用离子霉素处理后，用添加 5% 胎牛血清的 CR1aa 培养液洗涤 7 ～ 8 次，然后用含有 2 毫摩尔 / 升 6- 二甲基氨基嘌呤的 5%FCS 的 CR1aa 培养。待 6- 二甲基氨基嘌呤处理后用含 5%FCS 的 CR1aa 洗涤 3-4 次后，将卵母细胞置于含 5%FCS 的 CR1aa 中继续培养。卵母细胞 / 核移植胚胎激活率的检查通常在离子霉素处理后 6 小时取出卵母细胞进行处理。卵母细胞 / 核移植胚胎激活后核进程的观察是在离子霉素处理后不同时间点取出卵母细胞记录第二极体排出情况及进行固定处理。进行核移植胚胎抑制的胚胎激活方案均为 2.5 微摩尔 / 升 离子霉素处理 1 分钟，与含 2 毫摩尔 / 升 6- 二甲基氨基嘌呤的 CR1aa 孵育 2 小时。

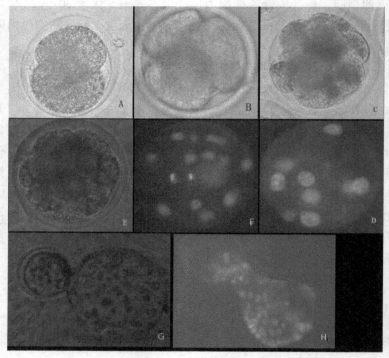

图 7-3 山羊克隆胚胎

A：2- 细胞克隆胚胎（200×）；B：4- 细胞克隆胚胎（200×）；C：8- 细胞克隆胚胎（200×）；D：8- 细胞克隆胚胎（荧光）（200×）；E：16- 细胞克隆胚胎（200×）；F：16- 细胞克隆胚胎（荧光）（200×）；G：克隆囊胚（200×）；H：克隆胚胎（荧光）（200×）（兰国成 2005）

7.5.3.5 克隆胚胎的培养

激活的克隆胚胎在贴满的单层卵丘颗粒细胞上用 CR1aa 培

养液培养，单层卵丘颗粒细胞来源于体外成熟 24 小时的 COC，用添加 10%FCS 的 DMEM/F-12 培养液培养成单层。在与卵母细胞 / 核移植胚胎共培养前 24 小时用 CR1aa 替换 10%FCS 的 DMEM/F-12 培养液，培养液用量每个胚胎 5 微升培养液，培养过程中每 48 小时换半液。培养的第 9 天观察囊胚数，同时用含 10 微克 / 毫升 Hoechst33342 DPBS 对胚胎进行染色，在紫外光镜下进行细胞计数，通常细胞数大于 16 个细胞的胚胎判定为桑椹胚。

7.5.4 克隆胚胎的受体移植

山羊发情鉴定为每天早晚用公羊试情各一次，以接受公羊爬跨作为发情的标志，记为发情 0 小时。将体外培养 16 ～ 20 小时或 36 ～ 40 小时的克隆胚胎移植到发情 24-30 小时或 48 ～ 50 小时的自然发情或超排处理的山羊输卵管中。输卵管移植的方法为输卵管穿刺法。麻醉方法为局部麻醉法，所用麻醉剂为盐酸利多卡因，使用剂量为 35mg/ 只羊。具体操作为：通过腹中线手术法将山羊输卵管暴露于体外，然后记录卵巢表面排卵点情况，确定受体是否可用。用 8 号针头刺破可以用于胚胎移植羊的输卵管壶腹部（避开血管），将装有克隆胚胎的玻璃吸管沿 8 号针头刺穿孔插入到输卵管内，将胚胎吹入输卵管即可（随胚胎进入到输卵管中的液体及气体越少越好），用灭菌生理盐水清洗子宫及输卵管，并将其放回腹腔，分层缝合腹壁。进行胚胎移植的羊单独饲养，并在移植后的一周内每天进行两次青霉素注射进行消炎处理。（详见第 9 部分）

7.5.5 克隆胚移植受体羊的妊娠诊断

在移植后 60 ～ 90 天未返情的山羊用 B 超探头进行直肠检测法，看见胎儿或胎盘图像即判断为妊娠。

图 7-4 克隆山羊与受体母羊（兰国成 2005）

【参考文献】

[1] 安晓荣，荀克勉，朱士恩，关宏，候健，林爱星，曾申明，田见晖，陈永福. 2002. 卵丘细胞核移植技术生产克隆牛犊. 中国科学 C 辑 32:69-76

[2] 陈大元，孙青原，刘翼龙等. 1999. 大熊猫供核体细胞在兔卵胞质中可去分化而支持早期重构胚发育. 中国科学 C 辑 29（3）：324-330

[3] 陈建泉，潘勇，赵建阳，曹莹莹，徐旭俊，周汝江，张锁林，王述宇，成国祥. 2002.，山羊品种间体细胞核移植的研究. 试验生物学报 35（4）：276 － 282

[4] 成勇，孙长美，邹贤刚等. 1995. 山羊胚胎克隆的研究. 江苏农学院学报，1（1）：51 － 55

[5] 郭继彤，安志兴，李煜，李雪峰，李裕强，郭泽坤，张涌. 2002，成年耳细胞克隆山羊（Capra hircus）. 中国科学 C 辑 32（1）77-83

[6] 郭泽坤，郭继彤，安志兴，张涌，柴玉波，陈南春，陈苏民. 2002. 体细胞克隆山羊微卫星 DNA 分析. 生物化学与生物物理

进展，29（4）：655-658

[7] 李光鹏．1998．猪胚胎细胞核移植及相关问题的研究．哈尔滨：东北农业大学博士学位论文

[8] 陆凤花．2004．水牛体细胞核移植的研究．南宁：广西大学硕士学位论文

[9] 谭景和．2003．动物克隆技术研究的历史、现状与展望．动物医学进展 24（2）：1-6

[10] 谭景和，秦鹏春．1991，哺乳动物胚胎细胞核移植现状《兽医科学进展 - 基础医学分册》北京：北农大出版社 104-124

[11] 王敏康，刘冀珑，李光鹏，廉莉，陈大元．2001．蔗糖预处理去核：一种可靠的无损害小鼠卵母细胞 M II 期核去除法生殖医学杂志 10（4）：227-232

[12] 吴继法，吴登俊．2001．卫星 DNA 在家畜亲子鉴定中的应用及研究进展．Animal Science Abroad 28（5）：28-30

[13] 张涌，王建辰，钱菊汾等．1991．山羊卵核移植研究．中国农业科学，24（5）：1-6

[14] 周琪．1996．家兔胚胎细胞核移植与连续移植研究．哈尔滨：东北农业大学博士学位论文

[15] 邹贤刚．2001．山羊体细胞和转基因体细胞克隆的研究．哈尔滨：东北农业大学博士学位论文

[16] 邹贤刚，李光三，王玉阁等．1995．山羊胚胎细胞经继代细胞核移植后其发育能力的研究．科学通报 40（3）：264-267

[17] 兰国成．2005．山羊体细胞克隆技术的研究．哈尔滨：东北农业大学博士学位论文

[18] Adenot PG, Szollosi MS, Chesne P, Chastant S, Renard JP. 1997, In vivo aging of oocytes influences the behavior of nuclei transferred to enucleated rabbit oocytes. Mol Reprod Dev.46:325-336.

[19] Baguisi A , Overstrom EW. 2000,Induced encleation in

nuclear transfer p rocedures to p roduce cloned animals. Theriogeno logy.53: 209.

[20] Baguisi A, Behboodi E, Melican DT, Pollock JS, Destrempes MM, Cammuso C, Williams JL, Nims SD, Porter CA, Midura P, Palacios MJ, Ayres SL, Denniston RS, Hayes ML, Ziomek CA, Meade HM, Godke RA, Gavin WG, Overstrom EW, Echelard Y. 1999,Production of goats by somatic cell nuclear transfer. Nat Biotechno. 17: 456-461

[21] Beaujean Nathalie, Taylor Jane, Gardner John, Wilmut Ian , Meehan Richard, and Young Lorraine. 2004,Effect of Limited DNA Methylation Reprogramming in the Normal Sheep Embryo on Somatic Cell Nuclear Transfer. Biol Repeod. 71: 185–193

[22] Behboodi E, Memili E, Melican DT, Destrempes MM, Overton SA, Williams JL, Flanagan PA, Butler RE, Liem H, Chen LH, Meade HM, Gavin WG, Echelard Y. 2004,Viable transgenic goats derived from skin cells。Transgenic Res. 13（3）:215-224.

[23] Betthauser J, Forsberg E, Augenstein M, Childs L, Eilertsen K, Enos J, Forsythe T, Golueke P, Jurgella G, Koppang R, Lesmeister T, Mallon K, Mell G, Misica P, Pace M, Pfister-Genskow M, Strelchenko N, Voelker G, Watt S, Thompson S, Bishop M. 2000,Production of cloned pigs from in vitro systems. Nat Biotechnol.18:1055-1059.

[24] Beyhan Z, Mitalipova M, Chang T, et al. 2000,Developmental potential of bovine nuclear transfer embryos produced using different types of adult donor cells. Theriogenology. 53:210

[25] Bondioli KR, Westhusin ME and Looney CR. 1990,Production of identical offspring by nuclear transfer. Theriogenology.33:165-174

[26] Bordignon V and Smith L C. 1998,Telophase Enucleation: An Improved Method to Prepare Recipient Cytoplasts for Use in Bovine

Nuclear Transfer（J）. Bio Reprod. 49:29-36

[27] Bordignon V and Smith LC. 1998,Telophase enucleation: an improved method to prepare recipient cytoplasts for use in bovine nuclear transfer. Mol.Reprod.Dev. 49:29-36

[28] Briggs R, King TC. 1952, Transplantation of living nuclei from blastula cells into enucleated frogs' eggs. Proc Natl Acad Sci USA.38:455-463

[29] Bromhall JD. 1975, Nuclear in the rabbit eggs. Nature. 258:719-722

[30] Campbell KH, Loi P, Otaegui PJ, et al. 1996b,Cell cycle co-ordination in embryo cloning by nuclear transfer. Rev eprod.1:40-46

[31] Campbell KH, McWhir J, Ritchie WA, et al. 1996a,Sheep cloned by nuclear transfer from a cultured cell line. Nature.380:64-66

[32] Campbell KH, Ritchie WA and Wilmut I. 1993,Nuclear-cytoplasmic interactions during the first cell cycle of nuclear transfer reconstructed bovine embryos: implications for deoxyribonucleic acid replication and development. Biol Reprod. 49:933-942

[33] Campbell KHS. 1999,Nuclear equivalence, nuclear transfer, and the cycle. Cloning. 1:3-15

[34] Cha SK, Kim NH, Lee SM, Baik CS, Lee HT, Chung KS. 1997,Effect of cytochalasin B and cycloheximide on the activation rate, chromosome constituent and in vitro development of porcine oocytes following parthenogenetic stimulation. Reprod Fertil Dev. 9: 441-446.

[35] Cheng Y, Wang YG, Luo JP, Shen Y, Yang YF, Ju HM, Zou XG, Xu SF, Lao WD, Du M. 2002,Cloned goats produced from the somatic cells of an adult transgenic goat. Sheng Wu Gong Cheng Xue Bao. 18（1）:79-83

[36] Chesne P, Adenot PG, Viglietta C, Baratte M, Boulanger L,

Renard JP. 2002,Cloned rabbits produced by nuclear transfer from adult somatic cells. Nat Biotechnol.20: 366-369

[37] Chesne P, Adenot PG, Viglietta C, et al. 2001,Somatic nuclear transfer in the rabbit. Theriogenology.55:260

[38] Choi T, Rulong S, Resau J, Fukasawa K, Matten W, Kuriyama R, Mansour S, Ahn N, Vande Woude GF. 1996,Mos/mitogen-activated protein kinase can induce early meiotic phenotypes in the absence of maturation-promoting factor: a novel system for analyzing spindle formation during meiosis I. Proc Natl Acad Sci U S A. 93: 4730-4735.

[39] Cibelli JB, Stice SL, Golueke PJ, Kane JJ, Jerry J, Blackwell C, Ponce de Leon FA, Robl JM. 1998,Cloned transgenic calves produced from nonquiescent fetal fibroblasts. Science ;280（5367）:1256-1258

[40] Cibelli JB, Stice SL, Golueke PJ, Kane JJ, Jerry J, Blackwell C, Ponce de Leon FA, Robl JM. 1994,Cloned transgenic calves produced from nonquiescent fetal fibroblasts. Science. 280:1256-1258

[41] Collas P and Barnes FL. Nuclear transplantation by microinjection of inner cell mass granulose cell nuclei. Mol Rprod Dev. 38:264-267

[42] Collas P, Fissore R, Robl JM, Sullivan EJ, Barnes FL. 1993,Electrically induced calcium elevation, activation, and parthenogenetic development of bovine oocytes. Mol Reprod Dev.34: 212-223.

[43] Collas Philippe and Robl James M. 1991,Relationship between nuclear remodeling and development in nuclear transplant rabbit embryos. Biol Reprod. 45:455-465

[44] Cuthbertson KRS. 1983,Parthenogenetic activation of mouse oocytes in vitro with ethanol and benzyl alcohol. J Exp Zool.226:311-314.

[45] Cuthbertson KS, Whittingham DG, Cobbold PH. 1981,Free Ca2+ increases in exponential phases during mouse oocyte activation. Nature.294: 754-757.

[46] Cuthbertson KSR and Cobbold PH. 1985,Phorbol ester and sperm activate mouse oocyte by inducing sustained oscillations in cell Ca2+. Nature.316:541-542

[47] Czolowska R, Modlinski JA and Tarkowski AK. 1984,Behavior of thymocyte nuclei in non-activated and activated mouse oocytes. J. Cell. Sci.69:19-34

[48] Dai YF, Vaught TD, Boone J, et al. 2002,Targeted disruption of the α -1,3 -galactosyl transferase gene in cloned pigs. Nature Biotechnology.20:251-255

[49] Das K, Stout LE, Hensleigh HC, Tagatz GE et al. 1991,Direct positive effect of epidermal grow factor on the cytoplasmic maturation of mouse and human oocytes. Fertil. Steril.55:1000-4

[50] Dean W, Santos F, Stojkovic M, Zakhartchenko V, Walter J, Wolf E,Reik W. 2001,Conservation of methylation reprogramming in mammalian development: aberrant reprogramming in cloned embryos. Proc Natl Acad Sci U S A.98:13734-13738.

[51] Denning C, Burl S, Ainsline A, et al. 2001, Deletion of the α （1,3） galactosyl transferase （GGTAI） gene and the prion protein （PrP） gene in sheep. Nuture Biotechnology.19:559-562

[52] Dieleman SJ, Hendriksen PJM, Viuff D, Thomsen P.D, Hyttel P, Knijn H.M, Wrenzyci C, Kruip T.A.M, Niemann H, Gadella B.M, Bever M.M, and Vos P.L.A.M. 2002,Effect of in vivo prematuration and in vivo final maturation on development capacity and quality of pre-implantation embryos.57:5-20

[53] Dimitrov S, Wolffe AP. 1996,Remodeling somatic nuclei in

Xenopus laevis egg extracts: molecular mechanisms for the selective release of histones H1 and H1（0） from chromatin and the acquisition of transcriptional competence. EMBO J.15:5897–5906.

[54] Dominko T, Chan A, Simerly C, Luetjens CM, Hewitson L, Martinovich C, Schatten G. 2000,Dynamic imaging of the metaphase II spindle and maternal chromosomes in bovine oocytes: implications for enucleation efficiency verification, avoidance of parthenogenesis, and successful embryogenesis. Biol Reprod.62:150–154.

[55] Dominko T, Mitalipova M, Haley B, et al.1999 ,Bovine oocyte cytoplasm supports development of embryos produced by nuclear transfer of somatic cell nuclei from various mammalian species. Biol. Reprod. 60:1496-1502

[56] Duesbery NS, Choi T, Brown KD, Wood KW, Resau J, Fukasawa K, Cleveland DW, Vande Woude GF. 1997,CENP-E is an essential kinetochore motor in maturing oocytes and is masked during mos-dependent, cell cycle arrest at metaphase II. Proc Natl Acad Sci U S A.94: 9165-9170.

[57] Ectors FJ, Delval A, Smith LC, et al. 1995,iability of cloned bovine embryos after one or two cycles of nuclear transfer and in vitro culture. Theriogenology.44:925-933

[58] Elena Ibanez, David F.Albertint, and Eric W. 2003, Orstrom Demecolcine-induced oocyte enuleation for somatic cell cloning: Coordination between cell － cycle egress, kinetics of cortical cytoskeltal interactiona, and second polar body extrusion. Biol Reprod.68:1249-1258

[59] Enright BP, Sung L-Y, Chang C-C, Yang X, and Tian XC. 2005, Methylation and acetylation characteristics of cloned bovine embryos from donor cells treated with 5-aza-2' -deoxytidine. Biol

Reprod.72:944-948

[60] Evans MJ and Kaufman KH. 1981, Establishment in culture of pluripotential cells from mouse embryos. Nature.292:154-156

[61] First NL and Prather RS. 1991,Genomic potential in mammals. Differentiation..48:1-8

[62] Galli C, Duchi R, Moor RM, Lazzari G. 1999,Mammalian leukocytes contain all the genetic information necessary for the development of a new individual. Cloning. 1:161–170

[63] Galli C, Lagutina I, Vassiliev I, Duchi R, Lazzari G. 2002,Comparison of microinjection（piezo-electric）and cell fusion for nuclear transfer success with different cell types in cattle. Cloning Stem Cells.4:189-196.

[64] Galli Cesare, Lagutina Irina , Crotti Gabriella , Colleon Silviai, Turini Paola , Ponderato Nunzia , Duchi Roberto and Lazzari Giovanna. Pregnancy: A cloned horse born to its dam twin. Nature 424, 635

[65] Gordo AC, Wu H, He CL, Fissore RA. 2000, Injection of sperm cytosolic factor into mouse metaphase II oocytes induces different developmental fates according to the frequency of $Ca2+$ oscillations and oocyte age. Biol Reprod.62: 1370-1379.

[66] Grupen CG, Mau JC, McIlfatrick SM, Maddocks S, Nottle MB. 2002,Effect of 6-dimethylaminopurine on electrically activated in vitro matured porcine oocytes. Mol Reprod Dev.62:387-396.

[67] Gurdon JB. 1962,The dev elopmental capacity of nuclei taken from intestinal epithelium cells of feeding tadpoles. J Embryol Exp Morphol.10:622-641

[68] Han ZM, Chen DY, Li JS, Sun QY, Wan QH, Kou ZH, Rao G, Lei L, Liu ZH, Fang SG. 2004,Mitochondrial DNA heteroplasmy in calves cloned by using adult somatic cell. Mol Reprod Dev.67（2）:207-214

[69] Hendriksen PJM, Vos PLAM, Steenweg WNM, Beves MM, Dieleman SJ. 2000,Bovine follicular development and its effect on the in vitro competence of oocytes. Theriogenology.53:11-20

[70] Hill JR, Burghard RC, Jones K, et al. 2000b, Evidence for placental abnormalty as the major cause of mortality in first trimester somatic cell cloned bovine fetuese. Biol Reprod.63: 1787-1194

[71] Hill JR, Winger QA, Long CR, Looney CR, Thompson JA, Westhusin ME. 2000a ,Development rates of male bovine nuclear transfer embryos derived from adult and fetal cells. Biol Reprod.62: 1135-1140

[72] Hirabayashi Masumi, Kato Megumi, Takeuchi Ayumu, Ishikawa Ayako and Hochi Shinichi. 2003,Factors affecting premature chromosome condensation of cumulus cell nuclei injected into rat oocytes. J Reprod Develop. 49（2）:121-126

[73] Hochedlinger K, Jaenisch R. 2002, Monoclonal mice generated by nuclear transfer from mature B and T donor cells. Nature.415（6875）:1035-1038

[74] Hopper ML. 1992 , "Embryonal Stem Cells". Harwood Academic Publishers. Switzerland

[75] Hwang WS, Ryu YJ, Park JH, Park ES, Lee EG, Koo JM, Jeon HY, Lee BC, Kang SK, Kim SJ, Ahn C, Hwang JH, Park KY, Cibelli JB, Moon SY. 2004,Evidence of a pluripotent human embryonic stem cell line derived from a cloned blastocyst. Science.303（5664）:1669-16674

[76] Illmhensee K and Hoppe PC. 1981,Nuclear transplantation in Mus musculus: developmental potential of nuclei from preimplantation embryos. Cell . 23:9-18

[77] Inoue K, Ogonuki N, Yamamoto Y, Takano K, Miki H,

Mochida K, Ogura A.2004 ,Tissue-specific distribution of donor mitochondrial DNA in cloned mice produced by somatic cell nuclear transfer. Genesis.39（2）:79-83

[78] Ito J, Shimada M. 2005,Timing of MAP kinase inactivation effects on emission of polar body in porcine oocytes activated by Ca（2+）ionophore. Mol Reprod Dev.70: 64-69.

[79] Jilek F, Huttelova R, Petr J, Holubova M, Rozinek J. 2001,Activation of pig oocytes using calcium ionophore: effect of the protein kinase inhibitor 6-dimethyl aminopurine. Reprod Domest Anim. 36:139-145.

[80] Kang YK, Koo DB, Park JS, Choi YH, Chung AS, Lee KK, Han YM. 2001,Aberrant methylation of donor genome in cloned bovine embryos. Nat Genet.28:173–177a

[81] Kang YK, Koo DB, Park JS, Choi YH, Kim HN, Chang WK, Lee KK, Han YM. 2001,Typical demethylation events in cloned pig embryos. Clues on species-specific differences in epigenetic reprogramming of a cloned donor genome. J Biol Chem.276:39980–39984 b

[82] Kato Y, Tani T, Sotomaru Y, Kurokawa K, Kato J, Doguchi H, Yasue H, Tsunoda Y. 1998,Eight calves cloned from somatic cells of a single adult. Science.282（5396）: 2095-2098

[83] Kato Y, Tani T, Tsunoda Y. 2000,Cloning of calves from various somatic cell types of male and female adult, newborn　and fetal cows. J Reprod Fertil.120: 231-237

[84] Kato Y, Yabuuchi A, Motosugi N, Kato J, Tsunoda Y. 1999, Development potential of mouse follicular epithelial cells and cumulus cells after nuclear transfer. Biol. Reprod. 61:1110-1114

[85] Kaufman MH, Sachs L. 1976, Complete preimplantation

development in culture of parthenogenetic mouse embryos. J Embryol Exp Morphol.35: 179-190.

[86] Kaufman MH. 1983, Methodology: In vitro and in vivo techniques. In MH Kaufman （ed）: "Early Mammalian Development: Parthenogenetic Studies." Cambridge University Press; pp.20-26.

[87] Kawakami M, Tani T, Yabuuchi A, Kobayashi T, Murakami H, Fujimura T, Kato Y, Tsunoda Y. 2003,Effect of demecolcine and nocodazole on the efficiency of chemically assisted removal of chromosomes and the developmental potential of nuclear transferred porcine oocytes. Cloning Stem Cells.5（4）:379-87

[88] Keefer CL, Baldassarre H, Keyston R, Wang B, Bhatia B, Bilodeau AS, Zhou JF, Leduc M, Downey BR, Lazaris A, and Karatzas CN. 2001,Generation of Dwarf Goat （Capra hiecus） clones following nuclear transfer with transfected and nontransfected fatal fibroblasts and in vitro matured oocytes. Biol Reprd. 64:849-856

[89] Keefer CL, Keyston R, Bhatia B, et al. 2000, Efficinet production of viable goat offspring following nuclear using adult somatic cells. Biol Reprod. （supple）; 62:192

[90] Keefer CL, Keyston R, Lazaris A, Bhatia B, Begin I, Bilodeau AS, Zhou FJ, Kafidi N, Wang B, Baldassarre H, Karatzas CN. 2002,Production of cloned goats after nuclear transfer using adult somatic cells. : Biol Reprod.66（1）: 199-203

[91] Keefer. C.L, Keyston. R, Lazaris. A, Bhatia. B, Begin. I, Bilodeau. A.S, Zhou. F.J, Kafidi. N, Wang. B, Baldassarre. H, and Karatzas. C.N. 2002,Production of Cloned Goats after Nuclear Transfer Using Adult Somatic Cells1. Biol Reprod.66:199–203.

[92] Keskintepe L, Pacholczyk G, Machnicka A, Norris K, Curuk MA, Khan I, Brackett BG. 2002,Bovine blastocyst development from

oocytes injected with freeze-dried spermatozoa. Biol Reprod.67: 409-415.

[93] Kikuchi K, Izaike Y, Noguchi J, Furukawa T, Daen FP, Naito K, Toyoda Y. 1995, Decrease of histone H1 kinase activity in relation to parthenogenetic activation of pig follicular oocytes matured and aged in vitro. J Reprod Fertil.105: 325-330.

[94] Kikyo N, Wade PA, Guschin D, Ge H, Wolffe AP. 2000,Active remodeling of somatic nuclei in egg cytoplasm by the nucleosomal ATPase ISWI.Science.289:2360–2362.

[95] Kim Jin-Moon, Ogura Atsuo, Nagata Masao and Aoki Fugaku. 2002,Analysis of the mechanism for chromatin remodeling in embryos recinstrcted by somatic nuclear transefer. Biol Reprod.67:760-766

[96] Kim NH, Moon SJ, Prather RS, Day BN. 1996, Cytoskeletal alteration in aged porcine oocytes and parthenogenesis. Mol Reprod Dev. 43: 513-518.

[97] Kishikawa H, Wakayama T, Yanagimachi R. 1999,Comparison of oocyte-activating agents for mouse cloning. Cloning.1: 153-159.

[98] Kline D and Kline JT. 1992, Repetitive calcium transients and the roles of calcium in exocytosis and cell cycle activation in the mouse eggs. Dev Biol.149:80-89

[99] Kono T and Tsunoda Y. 1988,Nuclear transplantation in rat embryos. J.Exp.Zool. 284:427-434

[100] Kono T, Kwon OY, and Nakahara T. 1991, Development of enucleated mouse oocytes reconstituted with embryos nuclei. J. Reprod. Fertil.93:165-172

[101] Kubiak JZ, Weber M, de Pennart H, Winston NJ, Maro B. 1993,The metaphase II arrest in mouse oocytes is controlled through microtubule-dependent destruction of cyclin B in the presence of CSF.

EMBO J. 12:3773-3778.

[102] Kubota C, Yamakuchi H, Todoroki J. 2000, Six cloned calves produced from adult fibroblast cells after long-term culture. Proc Natl Acad Sci USA. 97:990-995

[103] Kubota C, Yamakuchi H, Todoroki J, Mizoshita K, Tabara N, Barber M and Yang X.2000,Six cloned calves produced from adult fibroblast cells after long-term culture Proceedings National Academy of Sciences USA.97:990–995

[104] Kwon OY, Kono T, and Nakahara T. 1997, Production of live young by serial nuclear transfer with mitotic stage of donor nuclei in mice. J. Reprod. Dev.43:25-31

[105] Lai LX, Kolber SD, Park KW, et al. Production of alpha-1,3-GT knockout pigs by nuclear transfer

[106] Lan GC, Ma SF, Wang ZY, Luo MJ, Chang ZL, Tan JH. 2002, Effects of post-treatment with cloning. Science.295:1089-1092

[107] Lan GC, Wang ZY, Ma SF, Miao YL, Tan JH. 2002,Parthenogenetic activation of mouse oocytes by ethanol and 6-DMAP. Chinese J Cell Biol.24: 307-309

[108] Latham KE, Akutsu H, Patel B, Yanagimachi R. 2002, Comparison of gene expression during preimplantation development between diploid and haploid mouse embryos. Biol Reprod.67: 386-392

[109] Leal CL, Liu L. 1998,Differential effects of kinase inhibitor and electrical stimulus on activation and histone H1 kinase activity in pig oocytes. Anim Reprod Sc.52: 51-61

[110] Ledda S, Loi P, Bogliolo L, Moor RM and Fulka J Jr. 1996, The effect of 6- dimethylaminopurine （6-DMAP） on DNA synthesis in activated mammalian oocytes. Zygote.4: 7-9

[111] Li GP, Seidel GE, Squires EL. 2003,Intracytoplasmic

sperm injection of bovine oocytes with stallion spermatozoa. Theriogenology.59: 1143-1155

[112] Li GP, White KL, Aston KI, Meerdo LN, Bunch TD. 2004, Conditioned medium increases the polyploid cell composition of bovine somatic cell nuclear-transferred blastocysts. Reproduction. 127（2）:221-8

[113] Li guang-peng, Bunch Thomas D, White Kenneth L, Aston Kenneth, Meerdo Lora N, Pate Barry J, and Sessions Benjamin R. 2004, Development, chromosomal composition, and cell allocation of bovine cloned blastocyst derived from chemically assisted enucleation and cultured in conditioned media. Mol Reprod Dev. 68:189-197

[114] Li Guangpeng, Tan Jinghe, Sun Qingyuan, Meng Qinggang, Yue Kuizhong, Sun Xingshen, Li Ziyi, Wang Hongbin, Xu Libin. 2000, Cloned piglets born after nuclear transplantation of embryonic blastomeres into porcine oocytes matured in vivo. Cloning. 2: 45-52

[115] Li Xihe, Tremoleda J. L. and Allen W. R. 2003, Effect of the number of passages of fetal and adult fibroblasts on nuclear remodelling and first embryonic division in reconstructed horse oocytes after nuclear transfer. Reproduction.125: 535–542

[116] Liu L, Ju JC, Yang X. 1998, Differential inactivation of maturation-promoting factor and mitogen-activated protein kinase following parthenogenetic activation of bovine oocytes. Biol Reprod.59: 537-545

[117] Liu L, Ju JC, Yang X. 1998, Parthenogenetic development and protein patterns of newly matured bovine oocytes after chemical activation. Mol Reprod Dev.49:298-307

[118] Liu L, Trimarchi JR, Keefe DL. 2002, Haploidy but not parthenogenetic activation leads to increased incidence of apoptosis in

mouse embryos. Biol Reprod. 66: 204-210.

[119] Liu L, Yang X. 1999,Interplay of maturation-promoting factor and mitogen-activated protein kinase inactivation during metaphase-to-interphase transition of activated bovine oocytes. Biol Reprod.61:1-7

[120] Loi P, Ledda S, Fulka J Jr, Cappai P, Moor RM. 1998, Development of parthenogenetic and cloned ovine embryos: effect of activation protocols. Biol Reprod.58: 1177-1187

[121] Ma S, Lan G, Miao Y, Wang Z, Chang Z, Luo M, Tan J. 2003, Hypoxanthine （HX） inhibition of in vitro meiotic resumption in goat oocytes. Mol Reprod Dev. 66: 306-313

[122] Martin GR. 1981,solation of a pluripotent cell line from early mouse embryos culture in medium conditioned by teratocarcionma stem cells. Proc Natl Acad Sci.78:7634-7638

[123] Mayer W, Niveleau A, Walter J, Fundele R, Haaf T. 2000, Demethylation of the zygotic paternal genome. Nature. 403:501–502

[124] McGrath J, Solter D. 1984, Completion of mouse embryogenesis requires both maternal and paternal genomes. Cell.37:179-183

[125] McGrath J, Solter D. 1983, Nuclear transplantation in the mouse embryo by microsurgery and cell fusion. Science. 220:1300-1302

[126] McGreath KJ, Howcroft J, Campbell KHS, et al. 2000,Production of gene-targeting sheep by nuclear transfer from cultured somatic cells. Nature. 405:1066-1069

[127] Meng L, Ely JJ, Stouffer RL. 1997, Rhesus monkeys produced by nuclear transfer. Biol Reprod.57:454-459

[128] Miao YL, Ma SF, Liu XY, Miao DQ, Chang ZL, Luo MJ, Tan JH. 2004,Fate of the first polar bodies in mouse oocytes. Mol

Reprod Dev.69: 66-76

[129] Modlinski JA. 1978,Transfer of embryonic nuclei tofertilized mouse eggs and development of tetrapolid blastocysts. Nature. 273:4 66-467

[130] Moses RM and Masui Y. 1994, Enhancement of mouse egg activation by the kinase inhibitor 6-dimethylaminopurine （6-DMAP）. J Exp Zool.270: 211-218

[131] Moses RM, Kline D and Masui Y. 1995, Maintenance of metaphase in colcemid-treated mouse eggs by distinct calcium and 6-dimethylaminopurine （6-DMAP） sensitive mechanisms. Dev Biol.167: 329-337

[132] Moreira Pedro N, Robl James M and Collas Philippe. 2003, Architectural defects in pronuclei of mouse nuclear transplant embryos. Journal of Cell Science.116:3713-370

[133] Nagai T. 1987,Parthenogenetic activation of cattle follicular oocytes in vitro with ethanol. Gamete Res.16: 243-249

[134] Nathalie Beaujean, Jane Taylor, John Gardner, Ian Wilmut, Richard Meehan, and Lorraine Young. 2004, Effect of Limited DNA Methylation Reprogramming in the Normal Sheep Embryo on Somatic Cell Nuclear Transfer Biol Reprod.71: 185–193:156

[135] Ogura A, Inoue K, Ogonuki N, Noguchi A, Takano K, Nagano R, Suzuki O, Lee J, Ishino F, Matsuda J. 2000a,Production of male cloned mice from fresh, cultured, and cryopreserved immature Sertoli cells. Biol Reprod.62:1579-1584

[136] Ogura A, Inoue K, Takano K, Wakayama T, Yanagimachi R. 2000b ,Birth of mice after nuclear transfer by electrofusion using tail tip cells. Mol Reprod.57（1）:55-59

[137] Ongeri EM, Bormann CL, Butler RE, Melican D, Gavin

WG, Echelard Y, Krisher RL, Behboodi E. 2001,Development of goat embryos after in vitro fertilization and parthenogenetic activation by different methods. Theriogenology.55:1933-1945

[138] Onishi A, Iwamoto M, Akita T, Mikawa S, Takeda K, Awata T, Hanada H, Perry AC. 2000,Pig cloning by microinjection of fetal fibroblast nuclei. Science.289（5482）: 1188-90

[139] Ono Y, Shimozawa N, Ito M, Kono T. 2001,Cloned mice from fetal fibroblast cells arrested at metaphase by a serial nuclear transfer. Biol Reprod.64:44-50

[140] Park KW, Iga K and Niwa K. 1997, Exposure of bovine oocytes to EGF during maturation allows them to develop to blastocysts in a chemically-defined medium. Theriogenology.48:1127-1135

[141] Polejaeva IA, Chen SH, Vaught TD, Page RL, Mullins J, Ball S, Dai Y, Boone J, Walker S, Ayares DL, Colman A, Campbell KH. 2000,Cloned pigs produced by nuclear transfer from adult somatic cells. Nature.407 （6800）: 86-90

[142] Powell R, Barnes FL. 1992,The kinetics of oocyte activation and polar body formation in bovine embryo clones. Mol Reprod Dev. 33: 53-58

[143] Prather RS and First NL. 1990 ,Cloning embryos by nuclear transfer. J.Reprod.Fertil. Suppl.41:125-134

[144] Prather RS, Barnes FL and Sims MM. 1987, Nuclear transplantation in the bovine embryo: assessment of donor nuclei and recipient oocyte. Biol Reprod. 37:859-866

[145] Prather RS, Sims MM and First NL. 1990, Nuclear transplantation in the pig embryo: nuclear swelling. J.Exp. Zool.255:355-358

[146] Prather RS, Sims MM and First NL. 1989, Nuclear

transplanttion in early pig embryos.Biol Reprod.41:414-418

[147] Prure TT, Lewis IM and Trounson AO. 1998, The effect of recipient oocyte volume on nuclear transfer in cattle. Mol Reprod Dev.50:185-191

[148] Reggio BC, James AN, Green HL, Gavin WG, Behboodi E, Echelard Y, Godke RA. 2001,Cloned transgenic offspring resulting from somatic cell nuclear transfer in the goat: oocytes derived from both follicle-stimulating hormone-stimulated and nonstimulated abattoir-derived ovaries. Biol Reprod.65: 1528-1533

[149] Rho GJ, Wu B, Kawarsky S, Leibo SP, Betteridge KJ. 1998,Activation regimens to prepare bovine oocytes for intracytoplasmic sperm injection. Mol Reprod Dev.50: 485-492

[150] Robl JM and Stice SL. 1989,Prospects for the commercial cloning of animal by nuclear transplantation. Theriogenology.31:75-84

[151] Robl JM, Fissore RA, Collas P. 1987, Nuclear transplantation in bovine embryos. J.Anim.Sci.64:642-647

[152] Robl JM, Gilligan B, Critser ES. 1986,Nuclear transplantatin in mouse embryos: assement of recipient cell stage. Boil. Reprod.34:733-739

[153] Robl JM. 1999, Development and applicatechnology for large scale cloning of cattle. Theriogenology.51:499-508

[154] Roh S, Shim H, Hwang W and Yoon J. 2000, In vitro development of green fluorescent protein （GFP） transgenic bovine embryos after nuclear tansfer using different cell cycles and passages of fetal fibroblasts. Reproduction, Fertility and Development.12:1–6

[155] Rosenkrans CF Jr, Zeng GQ, MCNamara GT, Schoff PK, First NL. 1993,Development of bovine embryos in vitro as affected by energy substrates. Biol Reprod.49: 459-462

[156] Rougier N, Bourc' his D, Gomes DM, Niveleau A, Plachot M, Paldi A, Viegas-Pequignot E. 1998, Chromosome methylation patterns during mammalian preimplantation development. Genes Dev.12:2108–2113

[157] Sagata N. 1996,Meiotic metaphase arrest in animal oocytes: its mechanisms and biological significance. Trends Cell Biol.6:22-28.

[158] Saikhun J, Sritanaudomchai H, Pavasuthipaisit K, Kitiyanant 2004, Y Telomerase activity in swamp buffalo （Bubalus bubalis） oocytes and embryos derived from in vitro fertilization, somatic cell nuclear transfer and parthenogenetic activation. Reprod Domest Anim.39（3）:162-7

[159] Santos F, Zakhartchenko V, Stojkovic M, Peters A, Jenuwein T, Wolf E, Reik W & Dean W. 2003, Epigenetic marking correlates with developmental potential in cloned bovine preimplantation embryos. Current Biology.13:1116–1121

[160] Schnieke AE, Kind AJ, Ritchie WA, Mycock K, Scott AR, Ritchie M, Wilmut I, Colman A, Campbell KH. 1997,Human factor IX transgenic sheep produced by transfer of nuclei from transfected fetal fibroblasts. Science.278（5346）:2130-2133

[161] Shiga K, Fuijita T, Hirose K, Sasae Y, Nagai T. 1999,Production of calves by transfer of nuclei from cultured somatic cells obtained from Japanese black bulls. Theriogenology.52:527–535

[162] Shin Mi-Ra, Park Sang-Wook, Shim Hosup and Kim Nam-Hyung. 2002,Nclear and microtuble reorganization in nuclear-transferred bovine embryos. Mol Reprod Dev. 62:74-82

[163] Shin T, Kraemer D, Pryor J, Liu L, Rugila J, Howe L, Buck S, Murphy K, Lyons L, Westhusin M. 2002, A cat cloned by nuclear transplantation. Nature.415（6874）: 859

[164] Smith LC, Wilmut I. 1989,Influence of nuclear and cytoplasmic activity on the development in vivo of sheep embryos after nuclear transplantation. Biol Reprod.40:1027-1035

[165] Smith LC. 1993,Membrane and intracellular effects of ultraviolet irradiation with Hoechst 33342 on bovine secondary oocytes matured in vitro. J Reprod Ferti.99:39–44

[166] Sousa Paul A. De , King Tim, Harkness Linda, Young Lorraine E., Walker Simon K., and Wilmut Ian 2001,Evaluation of Gestational Deficiencies in Cloned Sheep Fetuses and Placentae Biol Reprod.65: 23–30

[167] Stice SL and Keefer CL. 1993, Multiple generational bovine embryo cloning. Biol Reprod.48:715-719

[168] Stice SL and Robl JM. 1988, Nuclear reprogramming in the nuclear transplant rabbit embryo. Biol Reprod.;39:657-664

[169] Stice SL, Gibbons J, Rzucidlo SJ, 2000, Improve ments in nuclear transfer procedures will increase commercial utilization of animal cloning. Asian-Aus Anim Sci.13:856-860

[170] Stice SL, Strelchenko NS, Keefer CL. 1996, Pluripotent bovine embryonic cell lines directs embryonic development following nuclear transfer . Boil reprod 54 （4） 100-110

[171] Sun FZ and Moor RM. 1991,Nuclear-cytoplasmic interactions during ovine oocyte meiotic maturation. Development. 111:171-180

[172] Surani MAH, Barton SC and Norris ML. 1987,Experimental reconstruction of mouse eggs and embryos: an analysis of mammalian development. Biol.Reprod.;36:1-16

[173] Susko-Parish JL, Leibfried-Rutledge ML, Northey DL, Schutzkus V and First NL. 1994, Inhibition of protein kinases after an induced calcium transient causes transition of bovine oocytes to

embryonic cycles without meiotic completion. Dev Biol. 166: 729-739

[174] Szollosi D, Czolowska R, Szollosi M, Tarkowaki A. 1988,Remodeling of mouse thymocyte nuclei depends on the time of their transfer into activated, homologous oocytes. J Cell Sci. 91:603-623

[175] Szollosi MS, Kubiak JZ, Debey P, de Pennart H, Szollosi D and Maro B. 1993,Inhibition of protein kinases by 6-dimethylaminopurine accelerates the transition to interphase in activated mouse oocytes. J Cell Sci.104: 861-872

[176] Takagi M, Kim IH, Izadaur F, Hyttel P, Beves MM, Dieleman SJ, Hendriksen PJM, Vos PLAM. 2001,Impaired final follicular maturation in heifers after superovulation with recombinant human FSH. Reproduction. 121:941-951

[177] Takano H, Koyama K, Kozai C, Kato Y, Tsunoda Y. 1993,Effect of aging of recipient oocytes on the development of bovine nuclear transfer embryos in vitro. Theriogenology.39: 909-917

[178] Takano K, Kozai C, Shimizu S, et al. 1997,Cloning of bovine embryos by multple nuclear transfer. Therigenology. 47:1365-1373

[179] Tan JH, Liu ZH, Sun XS, He GX. 1996,Tolerance of oocyte plasma membrane to electric current changes after fertilisation. Zygote.4:275-278

[180] Tan JH, Qin PC and Pashen RL. Effects of age of the egg and penicillin concentration in the culture medium on ethanol activation of mouse oocytes. Theriogenology 1988, 29: 316

[181] Tan Jing-he, Liu Zhong-hua, Ren Wei, Ni Hua, Sun Xing-shen and He Gui-xin. 1997,The role of extracellular Ca2+ and formation and duration of pores on the oolemma in the electrical activation of mouse oocytes. J Reprod Dev.43:289-293

[182] Tanaka H, Kanagawa H. 1997, Influence of combined

activation treatments on the success of bovine nuclear transfer using young or aged oocytes. Anim Reprod Sci. 49:113-123

[183] Tani T, Kato Y, Tsunoda Y. 2001,Direct exposure of chromosomes to nonactivated ovum cytoplasm is effective for bovine somatic cell nucleus reprogramming. Biol Reprod.64: 324-330

[184] Tani Tetsuya, Kato Yoko, and Tsunoda Yukio. 2003,Reprogramming of Bovine Somatic Cell Nuclei Is Not Directly Regulated by Maturation Promoting Factor or Mitogen-Activated Protein Kinase Activity. Biol Reprod. 69:1890-1894

[185] Thibier C, De Smedt V, Poulhe R, Huchon D, Jessus C, Ozon R. 1997,In vivo regulation of cytostatic activity in Xenopus metaphase II-arrested oocytes. Dev Biol.185: 55-66

[186] Tian XC, Lonergan P, Jeong BS, Evans AC, Yang X. 2002,Association of MPF, MAPK, and nuclear progression dynamics during activation of young and aged bovine oocytes. Mol Reprod Dev.62: 132-138

[187] Tsunoda Y, Yasui T, Shioda Y, et al. 1987,Full term development of mouse blastomere nuclei transplanted into enucleated two-cell embryos. J.Exp.Zool.;242:147-151

[188] Urdaneta A, Jimenez-Macedo AR, Izquierdo D, Paramio MT. 2003,Supplementation with cysteamine during maturation and embryo culture on embryo development of prepubertal goat oocytes selected by the brilliant cresyl blue test. Zygote. 11（4）:347-354

[189] Vajta G, Bartels P, Joubert J, de la Rey M, Treadwell R, Callesen H. 2004,Production of a healthy calf by somatic cell nuclear transfer without micromanipulators and carbon dioxide incubators using the Handmade Cloning （HMC） and the Submarine Incubation System （SIS）. Theriogenology. 62（8）:1465-1472

[190] Verlhac MH, Kubiak JZ, Clarke HJ, Maro B. 1994,Microtubule and chromatin behavior follow MAP kinase activity but not MPF activity during meiosis in mouse oocytes. Development.12 0:1017-1025

[191] Verlhac MH, Kubiak JZ, Weber M, Geraud G, Colledge WH, Evans MJ, Maro B. 1996,Mos is required for MAP kinase activation and is involved in microtubule organization during meiotic maturation in the mouse. Developmen. 122: 815-822

[192] Vincent C, Cheek TR, Johnson MH. 1992,Cell cycle progression of parthenogenetically activated mouse oocytes to interphase is dependent on the level of internal calcium. J Cell Sci.103: 389-396

[193] Wakayama T, Perry ACF, Zuccotti M, Johnson KR, Yanagimachi R. 1998,Full term development of mice from enucleated oocytes injected with cumulus cell nuclei. Nature. 394:369–374

[194] Wakayama T, Rodriguez I, Perry AC, Yanagimachi R, Mombaerts P. 1999a ,Mice cloned from embryonic stem cells. Proc Natl Acad Sci U S A. 96:14984-14989

[195] Wakayama T, Yanagimachi R. 1999b ,Cloning from male mice from adult tail-tip cells. Genetics.22:127–128

[196] Ware CB, Barnes FL, Maiki-Laurila M, First NL. 1989, Age dependence of bovine oocyte activation. Gamete Res.22: 265-275

[197] Wells DN, Misica PM, Tervit HR. 1999,Production of cloned calves following nuclear transfer with cultured adult mural granulosa cells. Biol Reprod.60: 996-1005

[198] Westhusin M E, Collas P, Marek D, Sullivan E, Stepp P, Pryor J and Barnes F. 1996,Reducing the Amount of Cytoplasm Available for Early Embryonic Development Decreases the Quality But Not Quantity of Embryos Produced by in vitro Fertilization and Nuclear

Transplantation. Theriogenology. 46:243-252

[199] Westhusin ME, Pryor JH and Bondioli KR. 1991,Nuclear transfer in the bovine embryo: a comparison of 5-day, 6-day, frozen-thawed, and nuclear transfer donor embryos. Mol Reprod Dev. 28:119-123

[200] Willadsen 1986,Nuclear transplantation in sheep embryos. Nature. 320:63-5

[201] Willadsen SM. 1989,Cloning of sheep and cow embryos. Genome.31:956-962

[202] Wilmut I, Beaujean N, de Sousa PA, Dinnyes A, King TJ, Paterson LA, Wells DN, Young LE. 2002,Somatic cell nuclear transfer. Nature.419:583–586

[203] Wilmut I, Schnleke AE, McWhir J, Kindy AJ, Campbell KHS. 1997,Viable offspring derived from fetal and adault mammalian cells. Nature. 385:810-3

[204] Wolfe BA and Kraemer DC. 1992,Method in bovine nuclear transfer. Theriogenology.37:5-15

[205] Woods. Gordon L, Kenneth L. White, Dirk K. Vanderwall, Guang-Peng Li, Kenneth I. Aston, Thomas D. Bunch, Lora N. Meerdo, Barry J. 2003. Pate A Mule Cloned from Fetal Cells by Nuclear Transfer. Science 301:22.

[206] Wu B, Ignotz G, Currie WB, Yang X. 1997,Dynamics of maturation-promoting factor and its constituent proteins during in vitro maturation of bovine oocytes. Biol Reprod.56: 253-259

[207] Xu Z, Abbott A, Kopf GS, Schultz RM, Ducibella T. 1997,Spontaneous activation of ovulated mouse eggs: time-dependent effects on M-phase exit, cortical granule exocytosis, maternal messenger ribonucleic acid recruitment, and inositol 1,4,5-trisphosphate sensitivity.

Biol Reprod. 57:743-750

[208] Yin X J, Tani T, Yonemura I, Kawakami M, Miyamoto K, Hasegawa R,Kato Y. 2002,Tsunoda Y.Production of cloned pigs from adult somatic cells by chemically assisted removal of maternal chromosomes. Biol Reprod.67（2）:442-446

[209] Yin. X. J, Kato. Y and Tsunoda. Y. 2002, Effect of enucleation procedures and maturation conditions on the development of nuclear-transferred rabbit oocytes receiving male fibroblast cells. Reproductionb. 124: 41-47

[210] Young LE. 2003,Scientific hazards of reproductive cloning. Hum Fertil. 6:59–63

[211] Yu YS, Sun XS, Jiang HN, Han Y, Zhao CB, Tan JH. 2003, Studies of cell cycle of in vitro cultured skin fibroblasts in goats: work in progress. Theriogenology.59:1277-1289

[212] Zakhartchenko V, Stoikovic M, Brem G and Wolf E. 1997, Karyoplast-cytoplast Volume Ratio in Bovine Nuclear Transfer Embryos: Effect on Developmental Potential. Mol Reprod Dev. 48:332-8

[213] Zalokar M. 1973, Transplantation of nuclei into the polar plasm of Drosophila eggs. Dev Biol.32: 189-193

[214] Zhang Shouquan, Kubota Chikara, Yang Lan, Zhang Yuqin, Page Raymond, O'neill Michael, Yang Xiangzhong and Tian X. 2004 ,Cindy Genomic Imprinting of H19 in naturally reproduced and cloned cattle. Biol Reprod.71:1540-1544

第8章 山羊胚胎移植

自 1934 年绵羊胚胎移植成功以来，各种家畜以及实验动物的胚胎移植相继成功，特别是牛胚胎移植发展很快。我国现已在牛、绵羊、奶山羊、猪、马等家畜胚胎移植、绵羊及牛、奶山羊的冷冻胚胎获成功。标志着胚胎移植作为家畜繁殖新技术的发展已进入了一个新的阶段，向着实际应用方面发展，因而越来越多地受到人们的重视。

8.1 胚胎移植的定义

胚胎移植是从经过超数排卵处理的少数母羊（供体羊）的输卵管或子宫内取出许多早期胚胎，移植到另一群母羊（受体羊）的相应部位，以达到产生供体后代的目的。是一种由少数优秀供体母畜产生多个具有优良遗传性状的胚胎来满足多数受体母畜妊娠、分娩需要的一种繁殖技术。

提供胚胎的母羊称作"供体"，接受胚胎的母羊称为"受体"。供体温常是选择优良品种或生产性能高的个体，其职能是提供移植用的胚胎，而受体只需要求具有繁殖机能正常的一般母羊，其职能是通过妊娠将被移植的胚胎发育到期，分娩后并继续哺乳抚育羔羊。这样，受体对移植在自己体内的胚胎，因为没有通过遗传物质传给后代，所以实际上是以"借腹怀胎"的形式产生出供体的后代。

8.2 胚胎移植的应用价值

8.2.1 充分发挥了优良种母羊的繁殖潜力

如果说人工授精技术是提高良种公羊繁殖能力的有效方法，那么胚胎移植则为提高良种母羊的繁殖能力提供了新的技术途径，这可以从两个方面来反映：

（1）缩短了母羊的繁殖用期，增加排卵次数：据观察，生后 6 月龄的小母羊卵巢上有 2.4 万个卵原细胞，而母羊一生实际排出的卵子则是很少的。在繁殖季节里，一个发情期只能排出 2～3 个卵子，受精后大部分时间是处于妊娠及哺乳阶段，因而卵巢上虽然有成千上万个卵原细胞。但不能全部得到发育成熟和排出的机会。如果设法免去良种母羊承担妊娠、哺乳的职能，如果能将母羊的非繁殖季节发情的问题得以解决，母羊就可以连续发情，多次排卵，增加排卵数。如果将这些连续排出的卵子形成胚胎，移植到受体中去，可以连续产生后代，这样，实际缩短了这只母羊的繁殖周期。

（2）进行超数卵处理，增加一次发情期排卵数：给母羊施行超数排卵处理，即通过激素药物，使母羊一次发情期中的排卵数比自然发情中的排卵数增加了许多倍。

由于供体母羊不承担妊娠和哺乳的职能，从而缩短了繁殖周期。加之经超数排卵处理后，一次发情期排出许多卵子，这样，使得良种母羊可以连续发情排卵，每一次发情又能排出许多卵子，这些具有良种遗传基因的许多胚胎，移植到众多的受体母羊内，受体母羊实际成为良种胚胎的养母，从而大大提高了良种母羊的繁殖潜力。

8.2.2 加速扩大良种畜群

采用人工授精技术的目的是希望在后代中具有优良父本的遗传物质，而用胚胎移植技术，由于后代同时具有父母双方的优良遗传特性，因此，胚胎移植所产生的后代应该说比人工授精产生的后代品质更高，可以迅速地扩大良种畜群。目前，在美国等国家许多优秀乳用母牛已不是用于产奶，而足用来提供胚胎，这种趋势越来越明显，因为它们用于产奶的经济效益远不如用来提供胚胎。

8.3 胚胎移植的生理学基础

8.3.1 移植的胚胎要和受体母畜在种属上一致

从当前胚胎移植的研究现状来看，同一种用动物之间的胚胎移植容易成功，杂种胚胎的移植试验还在研究，不过已有给母马体内移植驴的胚胎，1984 年英国又获得母马产下斑马的试验，为野生动物的保种提供了非常有希望的途径。

8.3.2 受体母畜必须处于黄体期

母畜在黄体期，卵巢上的黄体分泌孕酮，于是，引起生殖器官发生一系列的变化，为保证胚胎的继续发育创造条件，来维持妊娠。因此，受体母畜接受胚胎移植的时间必须处于发情周期黄体结束之前。山羊和牛不能迟于发情周期的第 16 天，纳羊不应迟于第 12 天，目前，羊和牛的胚胎移植时间大多选在 3～8 天。这样，移植到变体的胚胎才能向母体发出信号，以阻止黄体的溶解，使其进而形成为妊娠的胚体，使整个母畜及生殖系统进入妊娠状态。

8.3.3 供体和受体的生殖系统要处于相同的生理状态

供体母畜和受体母畜的发情时间要求相同或相近，两者不得相关 24 小时以上。因为胚胎在发育的不同阶段，要求相应的特殊的生理环境和生存条件。所以，在胚胎移植以前，必须选择同一天发情排卵的母畜，或者事先进行同期发情处理，即要求供体母畜和受体母畜发情周期时间的一致性。

8.3.4 须将胚胎移植到生殖器官的相应部位

从供体母畜输卵管或子宫内取出的胚胎，须移植到受体母畜相应的部位，使胚胎在移植被后所处的环境相同，即胚胎在不同发育阶段要求供体、受体在生殖器官内所处位置的一致性。

8.3.5 胚胎须处于附植之前的早期发育阶段

附植以前的早期胚胎，在生殖器官内是处于游离状态的，和母体组织没有建立紧密的联系，它的发育基本上是靠胚胎本身所贮积的营养。所以，在这个时期，容易从生殖器官内将胚胎取出，而且在离开母体的情况下，可以作短时间的培养、存活。当将胚胎再放回与供体相似环境的受体生殖器官中去时，依然能够继续发育。

8.3.6 保证胚胎和母畜生殖器官不受损害

在收集、检查、保存和移植胚胎的操作过程中，胚胎不能受到不良因素的影响，供体受体母畜的生殖器官也不能因此而受到影响。采出的胚胎极易受到外界机械损伤，故应注意防止。

8.4 胚胎移植的程序和内容

在自然情况下，母羊的繁殖是从发情排卵开始，配种、受精，经过妊娠立到分娩这个程序进行的。胚胎移植则是将这个自然繁殖程序出两部分母羊来分别承担完成。供体羊因只是提供胚胎，首先要求与受体羊作同期发情处理的同时，还需经超数排卵处理，再以优良种公羊给予配种，于是在供体生殖道内产生许多胚胎，将这些胚胎取出体外检验，再移植给与供体羊同期发情、排卵、但未经配种的受体羊生殖道相应的部位中。植入的胚胎才得以继续发育，完成妊娠，最后分娩产出胎儿（如图 8-1）。胚胎移植技术程序的内容分项列为：

（1）供体母羊的选择和检查。

（2）供体母羊发情周期记载。

（3）供体母羊超数排卵处理。

（4）供体母羊的发情和人工授精。

（5）受体母羊的选择。

（6）受体母羊发情记载。

（7）供体、受体母羊同期发情处理。

（8）供体母羊的胚胎收集。

（9）胚胎的检验、分类、保存。

（10）受体母羊移植入胚胎。

（11）供体、受母羊的术后管理。

（12）受体母羊的妊娠诊断。

（13）妊娠受体的管理及分娩。

（14）羔羊的登记。

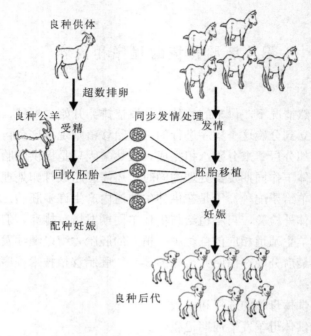

良种供体

超数排卵

良种公羊 受精 同步发情处理 发情

回收胚胎 胚胎移植

配种妊娠 妊娠

良种后代

图 8-1 山羊胚胎移植程序

8.5 胚胎移植的主要操作技术

8.5.1 超数排卵

给予外源性的促性腺激素，促使供体母羊卵巢中多个卵泡发育，并排出多个有受精能力的卵子，将这种方法称作为超数排卵处理。超数排卵处理是进行胚胎移植时，对供体母羊首先要进行而且必不可少的处理。

8.5.1.1 超数排卵机理

母羊的超数排卵，通常都是发情周期的前几天或者是以人为的方法用药物使机能性黄体消退，这时卵巢上的卵泡正处于开始发育时期，用适当剂量的促性腺激素处理，由于这些外源性的激素进入体内，提高了供体羊体内的促性腺激素水平，就会使卵巢上产生要较自然状况下数量多十几倍的卵子，在同一时期内发育成熟，以至集中排卵。

8.5.1.2 超数排卵药物

目的用作因数排卵的促性腺激素药物主要有下述两种：

（1）孕马血清促性腺激素（PMSG）；供体母羊在发情周期的第 16 天，即周期性黄体期向卵泡期过波，发情周期黄体正在消退时期，给予一次皮下注射则 PMSG25~30 国际单位 / 公斤体重。但是母羊的发情周期长度并非恒定不变，不但个体之间有差异，而且各次发情周期也时长时短，所以，在发情周期第 16 天给药，并不一定和卵巢机能的转变阶段相吻合，故超排效果并不稳定。因此，在注射药物的同时，还要控制黄体使之退化，定时结束黄体期。于是，进一步研究在黄体期的任何时期即排卵后的 5～15 天（最好在 9～14 天）期间注射 PMSG 后 48～72 小时，再以 PGF2α 15～20 毫克作肌肉注射。在前列腺素的作用下，黄体很快消失，PMSG 的作用也能及时地发挥出来。为了集中排卵，在母羊发情后注射 HCG 或 LH-RH 实践证明，前列腺素必须安排在 PMSG 之后注射，才能达到超数排卵的预期效果。在黄体期 PMSG 和 PGF2α。结合应用，要比在发情周期第 16 天单纯应用 PMSG 处理同期发情效果好，排卵率高。

（2）促卵泡素（FSH）：在供体母羊发情后第 9～10 天每日以 FSH 两次肌肉注射，每次剂量 40～50 国际单位、或不等量连续注射 5 天，如果发现发情即停止注射，在开始注射 FSH 后 48 小时，还要再肌肉注射 PGF2α 15～20 毫克，发情时再静脉注射

HCG1000 单位。有人还以 FSH 和 LH 按 5：1 的比例混合注射也收到良好的效果。

8.5.2 胚胎收集

采集羊的胚胎目前尚用外科手术的方法，但在生产中应用必须要以非手术法来取代。现介绍用外科手术法采集胚胎的方法。

将供体母羊保定、麻醉后，在术部作 4～5 厘米切口，将卵巢、输卵管和子宫角牵引至创口表面，观察并记录卵巢上卵泡的发育和排卵情况，然后由输卵管伞的喇叭口插入冲胚管，下置集胚器皿。用冲胚液冲取输卵管或子宫内的胚胎，然后将器官复位，缝合创口。

山羊胚胎一般在排卵后 3 日内存在于输卵管内，4～5 日后下降至子宫。因此，要想由输卵管回收到胚胎，应在发情结束后 3 天内冲洗输卵管。3 天以后则由输卵管和子宫内冲洗回收。由子宫角尖端注入冲胚液，在输卵管伞处收集胚胎称为上行冲洗法，胚胎的回收率可达 70~88％，应用此法要注意，冲洗速度要缓慢，使冲洗液连续流出。如果将冲胚液由输卵管伞向子宫角上部冲洗称为下行冲洗法。这种方法易造成子宫角较大的损伤，手术后往往发生子宫角和输卵管粘连。发情结束 3 天后冲洗子宫的胚胎回收率要低于输卵管胚胎回收率。

常用的冲服液为改良 PBS 液（见表 8-1）。

犊牛血清制备：分娩出的犊牛，禁喂初乳，用 12～14 号消毒针头自颈静脉采血于容器中，待自然凝血后，用细玻璃棒沿容器壁轻轻剥离，然后离心（2000～3000 转 / 分）10 分钟，将血清吸出。也可将来血容器在低温环境下静置（最好斜放，使血液有较大的面积），24 小时后再将上层血清吸出。血清最后置于 56℃水浴中加热半小时以灭活。在冲胚液中加入 10～20％犊牛血清可以代替血清白蛋白。

表 8-1　改良 PBS 液配制方法（克 /1000 毫升）

	成分	质量
A 各成分溶于＜ 800 毫升双蒸馏水中	氯化钠	8.0 克
	氯化钾	0.20 克
	磷酸氢二钠	1.15 克
	磷酸二氢钾	0.20 克
	葡萄糖	1.00 克
	丙酮酸钠	0.036 克
	链霉素	0.05 克
	青霉素	10 万单位
	小牛血清白蛋白	3.00 克（可用犊牛血清代替）
B 溶于＜ 100 毫升双蒸馏水中	氯化钙	0.1 克
C 溶于＜ 100 毫升双蒸馏水中	氯化镁	0.1 克
备注	将 A、B、C 液分别保存于 5℃冰箱中，经 15 分钟冷却沉淀后，通过 0.22 ~ 0.45 微米过滤漏斗，抽滤混合，添加双蒸馏水至 1000 毫升。密封于无菌容器内。渗透压调节至 290~310mosm／ks；pH 调节为 7.1 ~ 7.2。	

8.5.3 胚胎鉴定

胚胎的检出和评定，应在无菌室和无菌柜内进行，以保持无菌保温（30 ～ 32℃）环境。操作要迅速，以尽量缩短胚胎在体外停留的时间。首先要将冲胚液中含有的胚胎及卵子检出集中起来，然后在显微镜下对胚胎逐个进行形态的观察，以选出适于供作移植的胚胎。

未受精卵：呈圆球形，外周有一圈折光性强发亮的透明带，中央为质地均匀色暗的细胞质。透明带和卵黄膜之间无空隙。

早期胚胎：卵子受精后，经过卵裂，处于桑椹胚或早期囊胚的胚胎应该是细胞排列紧密，形态圆形，最明显的特点是透明带光滑而均匀，其中的卵裂球大小相等、颜色一致。但有的未受精卵，卵细胞质碎裂成大小不等的碎块，有时其形态和受精卵的正常卵裂球十分相似。因此，鉴别卵子是否受精是决定胚胎移植成功的关键。可参照以下两个标准予以鉴别。一是第二极体的出现（据报道，冷刺激可使未受精卵排出第二极体）；二是卵周隙扩大。发育正常的胚胎透明带发亮，卵周隙明显，分裂球大小均匀。供作移植的胚胎，最好选用分裂球为 16～32 细胞的胚胎，在此期间，胚胎外用的透明带尚未脱落，对外界不良环境及刺激的耐受力强，易存活。目的尚无一个直接能检验出胚胎是否具有生命力及生活力强弱的确定方法。

8.5.4 受体羊移植胚胎

移植胚胎时，受体移植的外科手术过程与供体采集胚胎相似。拟作受体的母羊，在术前，除清楚地掌握它与供体同步发情的情况外，当手术开始把受体卵巢随输卵管等牵引至创口外，要确认卵巢上有无排卵点。排卵点接受体母羊具备位移入胚胎着床与发育的生理环境的重要标志。一般情况下排卵点仅出现在一侧卵巢上，移胚时则可向有排卵点侧的输卵管或子宫内移入胚胎。受体母羊卵巢上的排卵点，在母羊发情结束时，将逐步转化成发育的黄体，母羊妊娠后形成妊娠黄体，维持受体母羊的妊娠。

（1）移植时间：移植胚胎时间要求与供体羊收集胚胎的时间相一致。从供体羊发情后 3～3.5 天取得的胚胎，应移植到同期发情的受体母羊体内，两者时间尽量一致，相差不超过 24 小时。据试验表明，受体发情时间宁比供体早 1 日，也不要比供体迟 1 日。

（2）移植方法：与供体收集胚胎一样，目前主要还是采用手术法移胚。

将母羊仰卧保定，在乳房一侧切开腹壁，将子宫角和输卵管拉出于切口外，如果是从供体输卵管得到的胚胎，将装有胚胎的细吸管插入受体羊输卵管伞口内，缓缓注入到输卵管内。如果是从供体羊子宫角尖端取得的胚胎，需用一个钝针头在距子宫角尖端 1～2 厘米处刺一小洞，然后用注射器连接装有胚胎的细导管或弯形针头插入子宫腔中，轻缓地将含有胚胎的培养液注入之后，迅速地使子宫、输卵管复位，再行缝合腹壁。

（3）分装胚胎：移植用的胚胎体积很微小，在分装、移植操作过程中，肉眼看不到，极易丢失，因此，在向胚胎移植细管或塑料细管内分装胚胎时，可先吸进少量培养液后吸入一点空气，然后将含有胚胎的少量培养液吸入，随后吸进一点空气，最后再吸入一些培养液，在细管的尖端还需保留一段空隙。

管内是由两个小气泡将培养液分为三段，胚胎位于中段液体中，前段液体是防止胚胎接触时丢失，后段液体则是保证胚胎确实注入到移植部位。

随着胚胎移植技术的发展，应用了大量生物学技术和知识，并向着生物学领域更深刻的方面发展。所以，广义地讲，胚胎移植还应包括：胚胎冷冻保存，体外受精，胚胎分割的同卵多胎，细胞胚胎融合等。将早期胚胎用显微外科手术来进行胚胎细胞间的移植、融合，把优良个体的细胞核移植到另一头受体胚胎细胞小，来替换原有的细胞该，进行细胞核的移植交换。甚至可以一个胚胎或卵子中导入主宰优良性状的遗传物质。或者利用理化因素，来诱导胚胎发生变异，出现新的性状。家畜卵子的体外受精、卵子的体外培养、保存等技术配合应用，进行广泛的胚胎移植，这是扩大了选种范围，缩短了世代间隔，加快了育种速度。

这些方法的应用将预示着打破家畜育种的漫长年限，为家畜育种探索新的途径。借助胚胎移植技术来加速良种家畜的繁殖，可以看作是与植物无性杂交相类似的方法。胚胎移植技术的应用也将为动物遗传学、胚胎学、生殖生理学等学科的理论研究提供了有效方法。目前已经知道，同种动物之间的胚胎移植，是成功的先决条件，而异种间的胚胎移植虽然不能妊娠，但日龄较小的胚胎，是可以在异种动物生殖道内存活数日，如牛、羊、猪、马的早期胚胎，可以在兔子输卵管中存活 2～3 日，人们利用这种方法来运输胚胎，送到外地去作移植，说明这些动物在进化史上有一段共同历程。利用种间进行胚胎移植实验，可根据胚胎发育程度和存活时间来了解不同种动物之间的可育性及血缘关系的远近，从而为远缘杂交的成功提供了依据。

【参考文献】

[1] 张一玲，渊锡藩 . 1992. 奶山羊非繁殖季节诱发发情研究，甘肃畜牧兽医 22（2）:1

[2] 刘荫武，曹斌云 . 1990. 应用奶山羊生产学 . 北京：轻工业出版社

[3] 马全瑞 . 2003. 奶山羊生产技术问答 . 北京：中国农业大学出版社

[4] 王建民 . 2000. 波尔山羊饲养与繁育新技术 . 北京：首都经济贸易大学出版社

[5] 江涛 . 2004. 新技术在奶山羊生产中的应用 北京农业 4: 28-29

[6] 毕台飞，孙旺斌，高飞娟 . 2011. 陕北白绒山羊繁殖性能的研究，黑龙江畜牧兽医 10：46-48

[7] 姜怀志，宋先忱，张世伟 . 2010. 辽宁绒山羊繁殖生物学特性，中国畜牧兽医学会养羊学分会全国养羊生产与学术研讨会议论文集 7:25-26

[8] 韩迪，姜怀志，李向军，董建 . 2009. 辽宁绒山羊繁殖性状

遗传参数的研究 , 现代畜牧兽医 06:31-33

[9] 杨崴，齐吉香 . 2008, 浅谈绒山羊的繁殖特性 , 养殖技术顾问 6:28

[10] 武和平，周占琴，陈小强，付明哲，郝应昌 . 2007, 布尔山羊的繁殖特性观察 , 西北农业学报 16（7）:47-50

[11] 李玉刚，殷延秀 . 2004, 提高母山羊繁殖效率的技术要点 . 山东畜牧兽医 , 8:43

[12] 杨利国 . 动物繁殖学 . 中国农业出版社 . 北京：2003

[13] 张忠诚 . 2000. 家畜繁殖学（第三版）. 北京：中国农业大学出版社

[14] 渊锡藩，张一玲 . 1993, 动物繁殖学 . 西安：天则出版社

[15] Agmo A. 1999, Sexual motivation--an inquiry into events determining the occurrence of sexual behavior. Behav Brain Res. 105（1）:129-150.

[16] Wells DN, Berg MC, Cole SA, Cullum AA, Oback FC, Oliver JE, Gavin WG, Laible G. 2011，effect of activation method on in vivo development following somatic cell nuclear transfer in goats. Reprod Fertil Dev. 24（1）:127-128.

[17] Amiridis GS, Cseh S. 2012，Assisted reproductive technologies in the reproductive management of small ruminants. Anim Reprod Sci. 130（3-4）:152-161.

[18] Menchaca A, Vilariño M, Crispo M, de Castro T, Rubianes E. 2010, New approaches to superovulation and embryo transfer in small ruminants. Reprod Fertil Dev. 22（1）:113-118.

[19] Wrathall AE, Holyoak GR, Parsonson IM, Simmons HA. 2008, Risks of transmitting ruminant spongiform encephalopathies （prion diseases） by semen and embryo transfer techniques. Theriogenology. 15;70（5）:725-745.

[20] Vajta G, Gjerris M. 2006,Science and technology of farm animal cloning: state of the art. Anim Reprod Sci. 92（3-4）:211-230.

[21] Cognié Y, Poulin N, Locatelli Y, Mermillod P. 2004, State-of-the-art production, conservation and transfer of in-vitro-produced embryos in small ruminants. Reprod Fertil Dev.;16（4）:437-445.

[22] Gonźalez-Bulnes A, Baird DT, Campbell BK, Cocero MJ, García-García RM, Inskeep EK, López-Sebastián A, McNeilly AS, Santiago-Moreno J, Souza CJ, Veiga-López A. 2004, Multiple factors affecting the efficiency of multiple ovulation and embryo transfer in sheep and goats. Reprod Fertil Dev. 16（4）:421-435.

第9章　山羊精液保存

家畜精液的保存是人工授精技术的一项重大革新。为了动物遗传育种的需要，以及动物基因库的保存，我们经常需要将一些重要的动物遗传资源和优良的种畜的遗传资料通过精液的方式加以保存，以便在我们需要的时候利用。目前主要的精液保存方式有液态及冷冻保存两种。

9.1 山羊精液液态保存

通过长期或短期保存哺乳动物精液来提高雄性动物的繁殖力，在动物育种和繁殖工作中被广泛应用。精液长期保存的方法主要是冷冻保存。它在精液保存工作中占有重要地位，但是精液冷冻保存后精子的活力和受精力比鲜精降低很多。而短期保存主要采用非冷冻方法保存精液。非冷冻保存方法可以克服冷冻保存过程中精子活力和受精力降低的弱点。虽然保存时间相对较短，但能为体外受精时和人工输精提供在较高活力和受精能力的精子。

9.1.1 液态保存精液的方法

液态保存精液按温度可以分为常温保存（15～25℃）和低温保存（0～5℃）两种。基本理论依据是暂时地抑制或者停止精子的运动，降低其代谢速度，减缓其能量消耗，以便达到延长精子寿命而又不使其丧失受精能力的目的。其基本途径有两条：一是适当降低保存温度，减弱精子运动和代谢，甚至使精子处于休眠状态，又不丧失活性。二是适当降低稀释液的 pH，使精子处于弱酸环境下，既不至危害精子，又能有效抑制精子的运动。在以上两种处理下保存的精子，一旦温度和 pH 值恢复到正常生理水平，精子又可恢复它们的正常运动和代谢水平。此外，隔绝空气造成缺氧环境以减少氧自由基对精子的破坏都能强化保存效果。

9.1.2 保存液的主要成分及其作用

保存液是根据对精子生理的认识不断加深而提出并不断改进完善。现行的保存液一般已经含有多种成分，但保存液中的某些物质往往不是只有单一作用的，而是常常具有双重或者多重作用。

9.1.2.1 营养剂

营养剂在保存液主要是提供营养以补充精子在代谢过程中消耗的能源物质。由于精子代谢只是单纯的分解作用，而不能通过同化作用将外界物质转化为自身的成分。所以在精子保存时要添加一些最简单能为精子代谢的能量物质如葡萄糖、果糖、乳糖等糖类鲜奶及奶制品或者卵黄等。

9.1.2.2 保护剂

保护剂主要保护精子免受各种不良环境因素的危害，所以，保护剂又可分为多种成分：缓冲物质、非电解质和弱电解质、抗降温打击物质、抗菌物质。

缓冲物质是用于维持精液的 pH 值。附睾中的精液呈弱酸性，可抑制精子的活动和代谢。但在射精过程中精液会与碱性的副性腺中分泌物混合变为弱碱性，因而激发了精子的活动，加速了精子的代谢，不利于保存。在体外如果不添加缓冲物质，那么在精子代谢过程中，由于代谢产物（如乳酸和碳酸）的积累，pH 又会发生偏酸性的变化，会影响精液的品质，甚至精子自身发生酸中毒而发生不可逆的变性。因此需要在稀释液中加适量的缓冲剂，以保持精液相对的恒定的 pH 值。常用的缓冲剂的物质有柠檬酸钠、酒石酸钾钠、磷酸二氢钾和磷酸二氢钠、三羟基氨基甲烷（Tris）等。

　　非电解质和弱电解质具有降低精浆中电解质浓度的作用。副性腺分泌物的离子强度，比附睾中的精液高 10 倍，因此射出精液的精浆中离子强度也很高。精浆中高离子强度具有激发精子运动作用，有利于精子和卵子的受精过程的完成；但是同时又会促进精子的早衰，破坏精子质膜，使精子失去电荷而凝聚，不利于精液的有效保存。为此，有必要在保存液中加入适量的非电解质或者弱电解质，以降低精浆中电解质的浓度。一般常用的非电解质为各种糖类和弱电解质如甘氨酸等。此外，猪、马精液中副性腺的分泌物多，山羊精液中则含有一种可使精子凝结的酶，所以对于这几种家畜的精液稀释前，可先经离心去除精浆，然后代之以适当的稀释液，对山羊精液保存和提高受胎率都有良好的效果。

　　抗降温打击物质具有防止精子冷休克的作用。在保存精液时常需降温处理，从 30℃ 以上急剧降至 0℃ 时，由于冷刺激，会使精子遭受冷休克而丧失活力。这是因为精子内的缩醛磷脂融点较高，低温下容易凝结，从而导致精子的代谢不能正常进行而造成不可逆的冷休克死亡。因此在低温保存稀释液中需要添加防止冷休克的物质。抗冷休克的物质中以卵磷脂的保护效果最好。因为卵磷脂的融点低，在低温下不容易冻结，进入精子体内后，可以代替缩醛磷脂保证代谢的正常进行，从而维持精子的活性。此外，脂蛋白以及含磷脂的脂蛋白复合物，亦有像卵磷脂防止冷休克的功能。以上这些物质在奶类和卵黄中均存在，因此它们是常用的抗冷休克物质。

　　在采精过程中，严格操作规程虽然能减少微生物对精液和稀释液的污染，但很难做到无菌。因为精液和稀释液都是营养丰富的物质，是微生物孳生的适宜环境。这些微生物的污染，不仅直接影响精子的生存，而且是引起母畜生殖道感染、不孕和早期胚胎死亡的原因之一。因此在稀释液中有必要添加一定量的抗菌物质。常用的有青霉素、链霉素、氨苯磺胺等。青霉素和链霉素的混合使用更具有广谱的抑菌效果。氨苯磺胺不仅可以抑制细菌还可以抑制精子的代谢机能，有利于延长体外精子的存活时间。近来国外又将数种新的广谱抗生素和磺胺类药物（如卡那霉素、林肯霉素、多粘菌素、氯霉素、α-氨基-对甲苯磺酰胺盐酸盐、磺胺甲苯嘧啶钠、磺胺5，6-二甲氧嘧啶等）试用于精液保存，取得较好的效果（Johnson et al.,2000）。

9.1.3 几种家畜液态精液保存的方法和效果

牛：随着冷冻精液的普及，牛精液一般不采用液态保存。牛精液在冷冻保存技术成功以前，低温保存是最普遍采用的方法。公牛的精液，最初就是采用2.9～3.6%柠檬酸钠和20～30%的卵黄等组成的稀释液进行0～5℃的低温保存，这种方法简单，有效，保存时间可达1周之久。以后又陆续出现了许多不同种类和比例的奶、糖稀释液，保存也可达7天。龚宏智等（1997）采用的牛精液保存液（成份为柠檬酸钠1.12克、葡萄糖2.4克、卵黄20毫升、蒸馏水80毫升、青链霉素各1000单位、三蒸水100毫升）保存精液。按常规方法采精后，缓慢加入保存液搅匀，分装入25毫升的小瓶中，封口、排出空气，用厚毛巾包裹在室温下平衡40～90分钟后（0～5℃）保存。保存4天内的输精后情期受胎率在70%以上。

绵羊：绵羊精液的冷冻效果不十分理想。应用液态保存绵羊精液实际意义很大。有人曾经采用含有明胶的保存液在10～14℃下呈凝固状态保存，液精保存达48小时以上。苏才旦等（1999）使用VB12注射液用作绵羊鲜精稀释液，能提高精子活力和存活时间。用VB12注射液1：5和1：10倍稀释的精样，在1～10℃条件下有效存活时间长达50和58小时，明显高于生理盐水稀释的精样和原精的有效存活时间。他们发现 VB12 注射液可作为绵羊鲜精的稀释液和保存液在绵羊人工授精中推广应用。

　　猪：猪精子易受低温打击，低温保存效果一直不理想。Lalrintluanga 等（2002）发现使用乳糖卵黄（LEY）稀释液 5℃ 保存 48 小时后活力大于 50%，活精子数大于 65%。LEY 稀释液适合于在 5℃ 下保存，而在 15℃ 则不能到达这个效果。Chyr 等（1980）采用含有 EDTA 的稀释液常温保存 4 天的猪精子活力在 50% 以上，输精后的妊娠率 69.8%，窝产仔数 8.4 个。而 Zorlesco 稀释液可以将常规的人工输精的精液常温保存 5 天，精子活力没有下降（Gottardi et al.,1980）。Waberski 等（1994）使用 Kiev 液常温保存 4 天的精液，妊娠率为 68.5%。Lalrintluanga 等（2002）发现在 15℃ 下保存 48 小时的猪精液质量（活力，顶体完整率等参数），在 Kiev 液和 Zornobsa 液（不含 BSA 的 Zorlesco）两种稀释液之间没有显著差异。总之，猪精液虽可在 5℃ 的低温下保存 3 天，且具有正常受胎率，但是由于常温保存效果更好，且无需低温制冷设备，处理手续又更简便，故一般都采用常温保存。

　　山羊：冷冻保存山羊精液的效果的报道一直不稳定，最高的受胎率仅能达到 70%（Leboeuf et al., 2000）。山羊精液液态保存的报道也不多。赵晓娥等（1999）发现在常温保存波尔山羊精液时， A 液（30 克 / 升葡萄糖、13 克 / 升柠檬酸钠和 1 克 / 升乙二氨四乙酸并添加 5% 的卵黄）最长能保存 30 小时、B 液（54 克 / 升葡萄糖和 10g/L 柠檬酸钠并添加 5% 的卵黄） 最长能保存 24 小时。他们还发现使用 A、B 液在 4℃ 分别保存波尔山羊精液 96 小时（活力 52%）和 72 小时（活力 68%）后精液的质量完全能满足输精需要。李助南等（2001）使用 V 号稀释液（葡萄糖 20 克 / 升、乳糖 32 克 / 升、柠檬酸钠 12 克 / 升、青霉素 1000 单位 / 毫升并添加 20% 的卵黄）按 5 倍稀释，他们发现在常温保存条件下能精子活力维持 30% 以上的最长保存时间为 49.7 小时。使用 V 号稀释液在低温 5℃ 条件下山羊精子活力维持 30％以上的最长保存时间为 58.0 小时，精液受胎率为 81.4％。目前山羊精液液态保存要到达 80％以上的受胎率的时间很短，一般不超过 72 小时（Eppleston et al.,1994）。这个结果要低于其它动物的精液保存结果，因此有必要做进一步研究，提高保存效果。

9.1.4 精液质量检测

精子检测技术发展很快，从常规检查发展到精子生化、免疫等方面的检测，染色技术从普通染色发展到活体染色、顶体染色和 DNA 染色技术，从精子超微结构检测发展到功能的检测。精液的常规检测包括精液的体积、精液的 pH 值、精子的密度、精子的运动力和精子的形态等的检测（Jasko et al.,1990；Malmgren et al.,1992）。

9.1.4.1 精子活力

精子的运动能力是射出精子的一个重要功能。这种功能保证了精子在受精过程中与卵子相遇和精子对卵膜的机械穿透作用，因此正确分析精子的运动能力具有重要意义（岳焕勋，1993）。通常精子的运动能力用精子活力（Sperm motility）来评价，它是直线运动精子数与精子总数的比例。

正常运动精子在普通光学显微镜下可直接观察计数（张秀成,1993）。虽然这种方法不可避免地带有一定人为误差，但这种方法操作简便快捷，不需要昂贵仪器，特别适于临床和现场应用，而且此法测得结果与其它方法测得结果具有显著的相关性，如人的精子活力与穿卵实验结果的相关系数为 r = 0.7153（P<0.01）（刘金荣等,1992），绵羊的精子活力与穿卵实验结果的相关系数为 r = 0.76 ～ 0.90（P<0.01）（Suttiyotin et al.,1995）。这说明光镜直接观察测定精子的活力较可靠，仍是其它方法不可替代的。

近年来出现了一种应用计算机图象分析系统，用于精子运动状态的检测。这种系统可以自动、快速和客观的检测精子的运动状态。这种计算机精子图象分析不仅可以判断运动精子和直线运动精子的百分率，还可以检测精子运动特定参数如直线速率、曲线速率、平均速率、线性比率、直率、圆周运动精子、摆头位移、尾部鞭打交叉率（Amann et al.,1993）。利用计算机图象分析系统根据获能精子和未获能精子的运动状态来判断精子获能情况。缺点是仪器昂贵，不同动物精子获能运动水平有差异，所以需要仪器校正，这样操作就变的复杂繁琐（Malmgren et al.,1997）。

9.1.4.2 质膜完整性

一般通过常规的染料如地衣红染液或伊红染液检测精子的质膜完整性。但是在常规染色过程中，精子容易受到损伤而质膜破裂，使质膜完整性低于实际情况。因此，这种方法具有一定的局限性。随着染色技术地发展，活体荧光染色技术弥补了这一缺陷。活体荧光染料对细胞损害很小，因此用活体荧光染色得到的结果是比较准确的。例如 Hoechst33258 染色检测精子（Wang et al.,1995）。

低渗肿胀实验也是评价精子脂膜完整性的常用方法。主要是通过检测弯尾率来判定子脂膜完整性。Drevius 和 Eriksson 在 1966 年曾描述过哺乳动物精子弯尾现象（Tail coiling）（Drevius,1966）。当精子被放置到低渗条件下时，水会进入精子内部并要达到一个平衡，这种内流的水会使精子体积增大、顶体肿胀、尾部弯曲，尾部弯曲这一特征比较明显。因此可以以弯尾率作为评价精子脂膜完整的标志。近些年的研究表明，低渗肿胀实验的确有助于预测精子对卵子受精的能力（Correa et al., 1994）。Kumi-diaka （1993）的研究也证实肿胀弯尾率与精子获能率、穿卵率和精子活力显著相关。Rogers 和 Parker 发现精子低渗肿胀法的检测结果与精子穿透率的检测结果差异不显著（Rogers et al., 1991）。据报道，低渗肿胀实验在人精子中应用的很有效，可育组精子肿胀弯尾率（69.13%）明显高于不育组（54.27%，$P<0.01$）（Jeyendran et al., 1984），并且受胎率与精子活力、精子活率及正常形态精子百分率呈明显正相关。

9.1.4.3 精子顶体完整性检测

顶体为精子头部帽状结构，内含与穿卵有关的水解酶类。顶体反应是受精过程中重要的一步。发生在活精子中的顶体反应称为真顶体反应，这种精子获得了穿透卵子透明带并与卵质膜融合的能力。而当精子死亡时可能失去顶体，这称为假顶体反应（Bedford,1970）。顶体反应时，顶体释放出酶，消化卵丘细胞基质，溶解透明带使精子通过质膜，完成受精过程。如果精子的顶体肿胀或脱落，顶体中的酶类丢失，上述的受精过程就不能进行。

考马斯亮蓝染色法，Moller（Moller,1990）和 Aarons（Aarons et al.,1991; Aarons et al.,1992）报道采用考马斯亮蓝 R 250 来检测小鼠精子状态，江等人已将此法移用于人精子顶体反应的检测上（江一平 等，1998）并推广到多种哺乳动物精子顶体的检测中。Larson 报道采用考马斯亮蓝 G 250 来检测包括人，牛，猪，兔和小鼠等精子的顶体反应（Larson,1999），二者都采用经典的荧光亲和技术 PSA 法证明其可靠性。

电子显微镜具有很高分辨力。通过透射电镜可在超薄切片上观察顶体反应的精子详细超微结构变化，扫描电镜可以大视野地观察顶体反应前后精子表面的变化，因此成为最准确的经典方法。不论透射电镜还是扫描电镜，在实际应用中观察精子数目有限，而且电镜技术复杂、设备昂贵、费用较高。

荧光显微技术是精子顶体反应检测中应用最广、发展最快、种类最为丰富的适用技术。金霉素染色荧光显微技术：金霉素（chlorteracycline, CTC）是常用抗菌素之一，本身具有一定的荧光特性，活精子或戊二醛固定后的精子均可结合 CTC 并发出较强荧光，可检测获能与顶体反应。近年来，CTC 技术越来越受到人们的青睐，已广泛应用在小鼠（Ward et al.，1984）、牛、猪、猴和狗（Hewitt ,1998）等动物和人（Perryr et al.，1995）顶体反应机理研究中。

凝集素亲和荧光技术：精子顶体膜内含有大量糖蛋白，能与植物凝集素特性结合。顶体反应后顶体内容物丢失，该结合活性降低或消失，故利用异硫氢酸荧光素（FITC）或四甲基异硫氰酸罗丹明（TRITC）标记的凝集素可用于检测顶体反应。其中最为常用的是豌豆凝集素 PSA。

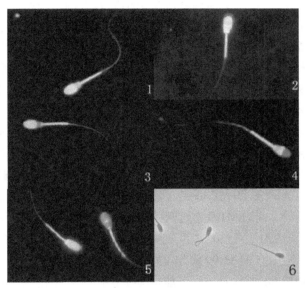

图 9-1　Hoechst33258 和 CTC 染色精子的获能和顶体状态以及低渗处理后精子

Figure 9-1 Hoechst33258-CTC stained spermatozoa and Bent tail spermatozoa

1. CTC-Hoechst33258 荧光染色未发生获能并且顶体完整的精子。（1000 倍荧光油镜）

2. CTC-Hoechst33258 荧光染色死精子（顶体完整）。（1000 倍荧光油镜）

3. CTC-Hoechst33258 荧光染色获能活精子。（1000 倍荧光油镜）

4. CTC-Hoechst33258 荧光染色未发生获能的顶体丢失的活精子。（1000 倍荧光油镜）

5. CTC-Hoechst33258 荧光染色获能发生后发生顶体反应的精子（右侧），顶体丢失的死精子（左侧）。（1000 倍荧光油镜）

6. 低渗弯尾精子弯尾精子（中间）和未发生弯尾精子。（400 倍相差光镜）（周佳勃，2003）

9.1.5 精子液态保存的相关因素

9.1.5.1 稀释液对液态精液保存的影响

液态精液保存所用的稀释液是由早期人工输精的精液稀释液发展而来的。最初在生产实践中为了扩大精液容量，提高一次射精量可配母畜的数量，所以将精液稀释。精液稀释处理后能够有效的保存和运输。由于稀释处理的精液不能每次都全部用掉，所以人们尝试将精液保存起来。因为冷冻保存方法复杂成本高，除了牛以外对于大多数动物效果不十分理想，所以精液液态保存受到了人们的重视。

我们在实验中比较了 mDPBS、M2、mTyrode's、H-M199 这四种稀释液的精液保存效果。其中 mDPBS 的保存效果最差。这可能因为其不含 HEPES 的液体，因而对精子这种代谢强度高的细胞的 pH 缓冲能力不够造成的。M2 和 mTyrode's 液这种专为精子体外操液的保存能力没有显著差异。而 H-M199 在这四种液体中保存效果最出色。精子有效保存时间（活力大于 30%）接近 5 天。H-TCM199 是添加 HEPES 的 TCM-199，另外 TCM-M199 成分较为复杂的液体（如图 9-2），其中细胞代谢所需物质的比较全面。这可能是其维持精子活力的主要原因。

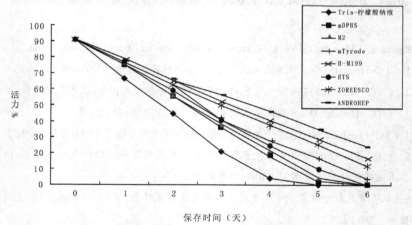

图 9-2　不同稀释液在 15℃保存的精子活力变化

新型的液态保存稀释液主要基于两性有机离子缓冲液，尤其是 TES 和 HEPES （Crabo et al., 1972, Weitze, 1990），它们可以控制 pH 值。乙二氨四乙酸（EDTA）是一种螯合物。它能够俘获二价金属离子，尤其是 Ca2+ ，从而抑制获能和顶体反应（Watson, 1990）。研究发现，在保存稀释液中添加 EDTA 可以显著延长精液的保存时间。这一发现使液态精液在人工输精中的广泛使用迈出了重要的一步。更广泛研究的稀释液是 Beltsville-TS （BTS），它由 Pursel 和 Johnson （1975）研制。用作猪颗粒冷冻精液的解冻液，并在后来用于液态保存精液（Johnson et al., 1988）。这种稀释液包含了一种低浓度的钾离子并在保存时维持细胞内这种离子的的内外平衡。后来 BTS 又被广泛用牛的人工输精精液稀释液。一般 BTS 室温保存液态牛精液的有效时间为 3 天。在本实验中，用 BTS 室温保存山羊精液，在第三天时的活力为 39.9％，第 4 天的活力下降到 24.1％。这一结果与牛精液保存的结果近似。

ZORLESCO 稀释液是一种相对复杂的稀释液（含有 Tris 缓冲盐、柠檬酸、BSA、半胱氨酸和葡萄糖）。在猪的常规人工输精中这种稀释液可以将精液有效保存 5 天，因此被称为长效稀释液。但是从本实验室的研究结果看，应用 ZORLESCO 稀释液保存山羊精液，仅能有效保存 4 天。这可能是因为动物的种类造成的这种差异。

ANDROHEP 稀释液在猪精液保存中被广泛的使用并且效果很好（Weitze, 1990）。我们的研究结果表明，ANDROHEP 稀释液的保存效果优于 ZORLESCO 稀释液，ANDROHEP 稀释液的保存效果最好。可能与其渗透压较高有关（渗透压为 330mOsm）。山羊精子适宜的渗透压范围从 280 － 340mOsm，而且高渗液比低渗液更有利于保存受精能力。牛树理等（1994）在进行山羊精液保存研究时也证明，渗透压在 339mOsm 和 341mOsm 时要比 263mOsm 和 280mOsm 时的保存效果更好。而 ZORLESCO 稀释液的渗透压为 287mOsm。此外 ZORLESCO 稀释液中不含有 Hepes，其对 pH 的维持能力也低于 ANDROHEP。这也可能 ANDROHEP 稀释液的保存效果优于 ZORLESCO 稀释液的主要原因。

精子也和一般生物相似，在其生活期间通常并不中断它的生理机能，特别是新陈代谢和活力，只是在不同条件下有程度上的差异，即使在冷冻状态下，精子活动虽然停止，但其代谢并不绝对停止。精子代谢产生的物质有乳酸，水，二氧化碳等，还会产生 ROS（活性氧自由基）。其中代谢产生的适量乳酸能可逆抑制精子的代谢，减缓精子的代谢速率，延长精子的保存时间，但是如果产生的乳酸过量时，会使保存液的 pH 过低，也会造成精子死亡。精子质膜富含不饱和脂肪酸，容易受到过氧化物的危害（Jones et a1.,1979）。正常状态的精子产生活性氧簇（ROS）的量很少，但是当有钙离子存在的情况下用钙离子载体例如 A23187 或 ionomycin 处理精子后，ROS 的产量会骤然剧增（Aitken and Clarkson,1987）。适量的 ROS 的产生（主要是超氧负离子和过氧化氢）可能和精子的获能（Bize et a1.,1991）与顶体反应（De Jong et a1.,1991）等精子的正常成熟过程有关。然而，过量的 ROS 会损害精子的活力和受精能力。过量的 ROS 也是造成保存精子活力和受精能力降低的原因，不过可以通过向保存液中加入抗氧化剂例如超氧化物歧化酶和过氧化氢酶来提高保存精子的质量（Stojanov et a1.,1994）。这类有益的抗氧化剂可以延迟与精子老化有关的精子膜的不稳定。Pomares 等（1994）用以三羟基氨基甲烷为基础的稀释液 5℃保存山羊精液时发现加入 1 unit/ml 的谷胱甘肽过氧化物酶后提高了保存 12 天时山羊精子的存活能力。加入其他的抗氧化剂如过氧化氢酶，超氧化物歧化酶，细胞色素 C 等也提高了 5℃保存 6 天时山羊精子的存活能力（Stojanov et a1.,1994;Pomares et a1.,1995。我们通过保存过程中对稀释液进行处理可以除掉部分代谢产生的乳酸，以及 ROS，可能就是保存效果好的原因，另外如果在 mZAP 稀释液中添加抗氧化剂可能会获得更好的效果。

9.1.5.2 稀释倍数的影响

射精时精子被附性腺液体稀释，活力能维持几个小时。为了延长精子的体外存活时间，可以加入化学抑制剂或降低温度来降低精子的代谢活性，但都需要对精液进行稀释。虽然稀释能够延长精子的存活时间，但是稀释后首先精子的活动更剧烈，接下来活力会降低，质膜损伤增加。如果过分稀释，尤其是用纯电解质稀释液，精子的活力会大大降低。究竟是如何造成这种所谓的稀释效应的，迄今仍然还没有明确的解释，但是 Watson （1995）认为可能是由于胞内成分的损失或是精浆中保护成分被稀释而造成了细胞的损伤。

精液液态保存中，精浆对维持精子活力也起着重要作用。绵羊精子在没有精浆的稀释液中很快死亡。当稀释液中含有 10% 的精浆时，精子的活力就不会受到影响，说明精浆中的某些物质有助于维持精子活力（Ashworth et al., 1994）。因此在保存精液时，如果稀释倍数过高就会降低精浆中活性物质的含量，所以必须按照一定稀释倍数进行稀释，才可获得较好的保存效果。笔者的实验结果和他们略有不同。在 5℃ 下保存时，2 倍稀释保存效果显著低于 5 ～ 10 倍稀释，100、50、20 倍稀释的保存效果相对较差，5 和 10 倍效果最好。这说明精浆中的物质只有在一定的浓度下才能发挥作用（如图 9-3）。

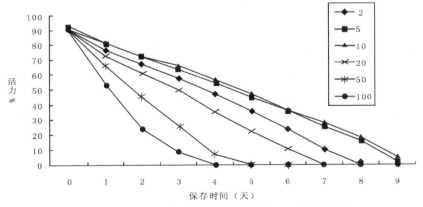

图 9-3　稀释倍数对液态精液保存精子活力的影响

李助南等（2001）使用 V 号稀释液保存山羊精液，稀释倍数为 2～5 倍时山羊精液保存效果较佳。我们认为这种差异可能是因为保存温度不同造成的。我们是在 5℃下保存，而他们是在 15～20℃进行的保存。

9.1.5.3 不同含量卵黄的 mZAP 稀释液对山羊精液液态保存的影响

液态保存精子过程中，随时间的延长会降低精子的活力、破坏质膜的完整性并导致受精能力下降。一般认为造成这些破坏的原因是精浆中的大分子物质的破坏作用和细胞外的氧化压力和外源自由基产物。卵黄的低温保护作用是众所周知的，在牛的精液冷冻中最常用。在其它一些家畜常用的液态精液保存的稀释液中也含有卵黄。在精液的液态保存过程中，卵黄中的成分（很可能主要是高分子量的低密度脂蛋白），除了保护精子防止发生冷体克外，也能够减少顶体酶的损失和顶体的退化性变化（Salamon et al., 2000）。笔者在实验中采用含有 2%、5%、20% 的卵黄稀释液，及不添加卵黄的 mZAP 稀释液不对精液进行离心处理直接 1:10 稀释，结果发现在秋季时含 2% 卵黄时保存效果最好，而在春季的实验中，所有添加卵黄组的保存精液在保存 5 天时精子已经全部死亡了。说明在秋季时可以加入适量的卵黄，而在春季添加 2% 卵黄已经是过量了（表9-1）。说明春季精浆中卵黄凝集酶的活性太高或者是浓度较高。Ritar and Salamon （1991）等也发现对某些公羊来说，添加 1.5% 的卵黄就能显著降低精子活力，尤其是繁殖季节的后期。这与他们早期（1982）的试验结果，即非繁殖季节用以 Tris 为基础的稀释液不离心直接稀释山羊精液时添加 1.5% 的卵黄是最大的安全添加剂量。他们认为卵黄对不洗涤精子造成的明显的季节差异的原因是因为繁殖季节转向非繁殖季节的过程中精浆中卵黄凝集酶的浓度会增加。但是，Iritani 等（1964）认为卵黄凝集酶的活性繁殖季节是最高的。Corteel （1973）把含卵黄的稀释液保存山羊精液时能否成功归因于两个方面 :1) 不同季节不同公羊个体精浆中卵黄凝集酶的浓度会存在差异，2）卵黄成分也存在差异，主要是由于母鸡的品种不同造成的，保存山羊精液时重型鸡的卵黄要比轻型鸡的卵黄好。总之，我们认为造成春季添加卵黄保存效果不好的原因可能是由于春季精浆中卵黄凝集酶的浓度比较高，而秋季卵黄凝集酶浓度低些。

表 9-1　卵黄含量对保存效果的影响（秋季）

保存时间（天）	卵黄含量（%）	活力	质膜完整率	顶体完整率
5	0	52.5 ± 0.7^a	52.1 ± 0.9^a	52.6 ± 0.9^a
	2	74.7 ± 0.2^b	74.7 ± 1.0^b	75.3 ± 2.9^b
	5	70.1 ± 0.5^c	69.4 ± 2.0^c	70.5 ± 2.0^c
	20	60.8 ± 0.1^d	63.7 ± 3.3^d	62.6 ± 1.7^d
7	0	45.6 ± 0.6^a	46.4 ± 0.6^a	48.3 ± 1.1^a
	2	72.8 ± 0.4^{ab}	72.1 ± 1.4^b	72.9 ± 1.3^b
	5	61.4 ± 1.2^c	62.3 ± 2.4^c	61.9 ± 1.7^c
	20	54.0 ± 2.9^d	54.3 ± 2.2^d	50.9 ± 4.0^d
9	0	33.0 ± 0.7^a	34.0 ± 0.2^a	33.7 ± 1.0^a
	2	60.6 ± 0.7^b	63.1 ± 1.1^b	61.1 ± 0.3^b
	5	51.5 ± 0.6^c	54.4 ± 2.2^c	54.3 ± 1.0^c
	20	21.9 ± 1.9^d	22.9 ± 3.0^d	20.6 ± 3.6^d
11	0	17.5 ± 1.7^a	20.9 ± 1.5^a	19.9 ± 1.8^a
	2	49.6 ± 1.6^b	55.6 ± 0.5^b	53.2 ± 1.0^b
	5	8.4 ± 0.8^c	38.4 ± 0.5^c	39.3 ± 0.7^c
	20	1.5 ± 1.0^d	43.1 ± 1.4^d	37.0 ± 0.6^c
13	0	14.7 ± 1.5^a	13.5 ± 1.2^a	14.3 ± 3.0^a
	2	38.0 ± 2.0^b	42.2 ± 1.0^b	43.6 ± 0.4^b
	5	0.0 ± 0.0^c	0.0 ± 0.0^c	7.4 ± 1.4^c
	20	0.0 ± 0.0^c	0.1 ± 0.1^c	6.2 ± 0.9^c

注：同列中含不同字母的各项之间差异显著（$p < 0.05$）

9.1.5.4 不同 pH 值 mZAP 稀释液包被后对山羊精液液态保存的影响

笔者在采精时分别用 1 毫升 pH6.6 和 pH6.04 含 20% 卵黄的 mZAP 稀释液对山羊精液进行包被，结果发现两种 pH 值包被后的保存效果都好于不包被的。De Pauw 等（2003）认为卵黄中的水溶性阳离子成分能保护精子质膜和顶体膜，防止精浆成分的有害影响。卵黄和精浆成分竞争结合到精子质膜上，阻止磷脂胆碱和胆固醇的流出，从而稳定精子质膜。另外，低密度脂蛋白的保护作用也能通过稳定精子质膜抵抗降温的不利影响，提高保存后精子的活力。笔者在 2003 采用 pH6.6 的含 20% 卵黄的 Androhep 稀释液包被山羊精子后提高了保存效果。笔者在实验中该进了实验方法采用两种 pH 值的 mZAP 作为替代稀释液包被山羊精液，取得了较好的实验结果，从而进一步说明 pH 值对精子活力是存在影响的。

9.1.5.5 降温速率对山羊精液液态保存的影响

众所周知，精子对降温非常敏感，容易发生冷休克。Waston（1996）的综述报道，冷休克与质膜双层脂类组成有关，由于温度的下降限制了质膜上的磷脂的双侧运动，使其由液态变为胶体状态 De Leeuw et al.,1990）。

笔者通过模拟 50 毫升水降温，手动 0.1℃ / 分钟匀速降温和 200 毫升水降温三种降温方法对用 mZAP 稀释液 1:10 稀释后的山羊精液活力，质膜完整，顶体完整的影响。结果发现模拟 50 毫升水的降温方式降到 5℃后的精子活力低于 0.1℃ / 分钟匀速降温后的精子活力和 200 毫升水浴降温后的精子活力。通过对降温速率分段分析，发现 50 毫升水降温时从 30℃降到 15℃，降温速率都在 0.33℃ / 分钟以上，而 15℃到 5℃过程，降温速率在都低于 0.33℃ / 分钟。笔者（2003）用 Androhep 稀释液研究降温对山羊精子的影响时发现，降温速率在 0.33℃ /min 和 0.04℃ /min 之间时，不会降低精子活力，而降温速率如果快于 0.33℃ /min 则会降低精子活力。这样看来，模拟 50 毫升水降温这种降温方式在从 30℃降到 15℃时会影响精子活力，而 15℃到 5℃并不会影响精子活力。也就是说 15℃降到 5℃并不是造成精子活力下降的区间，而 30℃降到 15℃降温速率太快才是造成精子活力降低的原因。Halangk 等（1982）研究降温对牛精子的影响时发现，当射出的牛精子比较快地降到 16℃以下时，精子会发生冷体克。这也和我们的结果还是基本一致的。但戈新等（2006）研究绵羊精液从 30℃降到 5℃时的降温曲线和敏感温度时发现，20℃到 10℃是绵羊精子对降温比较敏感的区域，其中 15 到 10℃最为敏感。不过他们也指出敏感温度区域还与稀释液有关，好的稀释液对精子有很好的保护作用，能减轻较快的降温速度造成的冷打击程度。众所周知，精子对降温非常敏感，容易发生冷休克。Waston（1996）的综述报道，冷休克与质膜双层脂类组成有关，由于温度的下降限制了质膜上的磷脂的双侧运动，使其由液态变为胶体状态 De Leeuw et al.,1990）。虽然降温速度（1.5 分钟/℃）对山羊精子活力、质膜和顶体完整性影响不大，但是对山羊精子活力有显著影响。这个结果说明降温过快也会导致山羊精子发生冷休克。可见控制降温速度对精液稀释和保存有重要意义。

9.1.5.6 保存精液的体外受精

在山羊用体外受精的方法检测精子质量的报道还不多。在其他动物如牛，Pauw 等（2003）检测了液态保存的牛精子的体外受精能力，不过他们只检测了保存后精子穿透牛卵母细胞使卵母细胞受精的能力，并没有检测受精后的发育能力，他们发现保存 6 天的牛精子经过 Percoll 离心处理后穿卵率仍在 60% 以上。因此 Leboeuf 等（2000）建议将在检测其它动物精子质量如精子形态，功能完整性，最重要的是体外受精也用到山羊精子质量检测上。我们检测了保存不同时间的山羊精液的体外受精能力，结果发现保存到第 9 天时，卵裂率和桑囊胚率都没有降低，而保存到 13 天时，卵裂率和桑囊胚率有所降低。虽然我们在受精前对精子进行了上游处理，筛选出活力好的精子并且用相同的精子密度进行体外受精，但是显示

13 天的精子在使卵母细胞受精后的卵裂和胚胎发育率有所降低，可能还是因为精子的某些机能发生了改变所致。笔者（2003）也检测了保存山羊精液的体外受精能力。他用含 20% 卵黄的 Androhep 稀释液对山羊精子进行包被后又重新用不含卵黄的 Androhep 稀释液稀释。体外受精结果发现，在他的保存条件下保存 9 天后精子的受精率和卵裂率及桑囊胚发育率都显著低于鲜精的。笔者认为精子质量下降的原因是由于精子发生了老化，9 天可能是液态保存的极限。长期以来精子活力的降低一直是判断精子受精能力降低的主要参数，精子 ATP 和 cAMP 的损失，钙离子摄取能力的降低，导致了精子活力的降低。另外保存的精子受精能力降低也可能和精子超微结构的完整性发生了变化有关（Smagulov and Martynov,1966; Jones and Martin,1973。保存过程中精子膜也发生损伤，导致精子膜的通透性改变，例如精子膜对染料的通透性增加，胞内成分的释出。这可能是由精子质膜的脂质过氧化造成的，脂质过氧化造成精子质膜的损伤（Johnson et al.,2000）。因此笔者的实验室通过采用含 20% 卵黄的 mZAP 稀释液包被后离心，精子重新用 mZAP 稀释液 1:20 稀释等处理手段，使精子的老化时间得到推迟，维持了精子活力，也减少了质膜的损伤及质膜脂质的过氧化，保存 9 天的精子经过上游处理后使卵母细胞受精后的卵裂率和其后的胚胎发育率并没有下降，但是到 13 天时精子可能还是无法避免地发生了老化（表 9-2）。

表 9-2 保存不同时间山羊精液的体外受精

保存时间（天）	授精卵数	卵裂数	卵裂率（%）	桑囊胚数	桑囊胚率（%）
0	126	87	68.9 ± 2.6^a	24	18.9 ± 0.4^a
7	89	54	68.0 ± 3.6^a	16	19.7 ± 1.9^a
9	90	56	63.1 ± 2.6^{ab}	16	17.6 ± 1.2^a
13	74	42	56.5 ± 0.9^b	10	13.6 ± 0.7^b

注：同列中含不同字母的各项之间差异显著（$p < 0.05$）

9.1.6 精子液态保存实验方案

9.1.6.1 mZAP 溶液配制

葡萄糖 1.15 克、果糖 1.45 克、柠檬酸钠 1.17 克、乙二胺四乙酸 0.23 克、碳酸氢钠 0.125 克 .、羟乙基哌嗪乙磺酸 0.9 克、聚乙烯醇 0.25 克、青霉素 5000IU、链霉素 0.1 克溶于 100 毫升蒸馏水中，调整溶液 pH 为 6.04。

9.1.6.2 山羊精液采集

在繁殖季节，应用假阴道法，采集山羊的精液。精液保存于 30℃水浴的集精杯中。

9.1.6.3 精液质量检测

（1））检测采集的精液体积和精子密度。

（2）精子活力检测：在显微镜下检查精子的活力，只有活力超过 85% 的精子，才能应用。

9.1.6.4 精液稀释

精液质量检测后，用 30℃的 mZAP 溶液进行稀释。

9.1.6.5 稀释的山羊精液质量检测

（1）精子活力检测：在显微镜下检查精子的活力，只有活力超过 30% 的精子，才能应用。

（2）精子脂膜完整性检测将精液置于低渗溶液中，38℃孵育 45 分钟，加入 2% 戊二醛，在显微镜下检测精子的弯尾率。

9.1.6.6 稀释的山羊精液保存

稀释后的精液置于 1.5 毫升的离心管中（0.5 毫升 / 管）降温，降温速率为 -0.11 ~ 0.17℃ / min，降至 5℃，保存备用。

9.1.6.7 保存的山羊精液质量检测

（1）精子活力检测从保存精液的离心管中取出 10 微升，置于显微镜下检测精子的活力。只有活力超过 30% 的精子，才能应用。

（2）精子脂膜完整性检测将保存的精液置于低渗溶液中，38 ℃孵育 45 分钟，加入 2% 戊二醛，在显微镜下检测精子的弯尾率。

（3）精子顶体完整性和获能检测利用金霉素（CTC）及 Hoechst33258 染色，在显微镜下观察，确定保存的精子顶体完整性和获能情况。当精子头部末被 Hoechst 33258 着色时被视作质膜完整。质膜完整的精子在用 CTC 染色时分为二种类型：F 型，整个精子头部有均一荧光；B 型，精子头部顶体后区无荧光；AR 型，整个精子头部无荧光或赤道段有非常弱的荧光。其中 F 型和 B 型顶体完整，并且 B 型已获能。

9.1.6.8 人工授精

应用保存的精子活力超过 30% 的精液，对发情正常的鲁北白山羊进行人工授精。25 天后进行妊娠检查，将妊娠羊隔离饲养直至分娩。

图 9-4　纯种波尔种公羊和其的保存精液输精后所生的杂交山羊
（许常龙，2005）

9.2 山羊精液冷冻保存

9.2.1 家畜精液冷冻保存技术研究历史与现状

家畜精液的冷冻保存是人工授精技术的一项重大革新。为了动物遗传育种的需要，以及动物基因库的保存，我们经常需要将一些重要的动物遗传资源和优良的种畜的遗传资料通过冷冻精液的方式加以保存，以便在我们需要的时候利用。应用细管精液冷冻技术比采用常温人工授精种公羊利用率可提高 3 倍以上，比本交授精种公羊利用率提高 30 倍以上；同时用此技术改良操作，可以不用占用饲养场所面积。

直接在母羊发情期可随时应用羊冷冻精液进行配种，大量减少使用种公羊，并可以节省种公羊饲养管理费用。进行冻精生产的种公羊使用数量少，可以选用最优秀的种公羊进行冻精生产。哺乳动物精液的冷冻保存技术最早可以追溯到 1787 年，意大利的科学家 Spallazani 在 -17℃ 的雪地中首次进行狗精液冷冻尝试，解冻后发现有极少数精子仍然存活。随着科学技术的不断发展，Krzhyshkouski 等在 20 世纪 30 年代将蟑螂的精液与哺乳动物的精液放在雪和乙醇混合物中，使温度降到 -23℃，解冻后观察到一部分活动的精子。1938 年，科学家在蛙的精液中加入高渗溶液使精子脱水，然后在盖玻片上涂抹成薄片迅速冻结，快速解冻后发现有活精子。1956 年，Polge 等在牛精液保存液中添加了甘油，冻后精子的复苏率可达 70% ～ 80%，并用 -79℃ 下冷冻保存 2h 至 8d 后的精液对 38 头母牛人工授精，其中 30 头妊娠，受胎率达 79%。由此发现了甘油的添加一定的克服了冷冻过程对精子的损害。家畜精液的成功冷冻为充分扩大优秀种公畜的利用率奠定了基础，同时为人工授精和低温生物学的发展提供了广阔的发展空间。许多科技工作者就冷冻精液稀释液配方、稀释方法、甘油浓度、精液平衡温度和时间、降温速度、解冻方法等进行了大量研究，取得了显著成效。20世纪60年代中期，奶牛业使用了冷冻精液后，逐渐代替了原来的液态保存精液，牛的人工授精头数大大增加。到70年代，牛精液冷冻技术在世界各国迅速发展并应用于生产。我国20世纪50年代末开始家畜冷冻精液的研究，至今在牛的精液冷冻保存技术已经形成了一整套规范化的工艺流程，并制定了牛冷冻授精生产使用的国家标准。奶牛冷胚总受胎率达85%～95%，肉牛受胎率达70%～75%。20世纪60年代以来，由于生物化学与细胞生物学的相互渗透和结合，随着分子生物学与低温生物学的快速发展，人们对精子结构与功能的研究达到了前所未有的高度，为精液的冷冻保存奠定了扎实的理论基础。到70年代，牛精液冷冻技术在世界各国迅速发展并应用于生产。据第九届国际繁殖和人工授精会议统计，38个国家牛冷冻精液的普及率达到90%以上的有31个国家。

9.2.2 山羊精液冷冻保存技术的进展

山羊精液冷冻保存技术的研究远较其它家畜冷冻精液的发展缓慢，从上世纪60年代起，才有一些国家应用山羊冷冻精液输精。现今山羊精液冷冻保存方法一直是以牛精液的保存技术为模式。70年代到80年代，有关山羊冷冻精液输精试验的报道逐渐增多，实验研究工作也进行的更加细致。特别是在对稀释液的选择、精液冷冻解冻方法的选择和温度的控制、精液的品质检测方法的探索、人工授精技术的改进、受精机理的研究等各个方面，学者们都做了艰辛的研究和探索，冷冻精液输精受胎率同时也有所提高。Corteel用除精清法冷冻山羊精液，情期受胎率达到69.0%。1980年第九届国际家畜繁殖和人工授精会议A.Iritani报导综合9个国家资料，常用稀释液为：三基 + 柠檬酸钠 + 葡萄糖或果糖 +20% 卵黄 +6 ～ 8% 甘油：脱脂奶 +3 ～ 7% 甘油。37 ～ 40℃解冻。其中 7 个国家用 0.25 ～ 0.5 毫升细管，2 个国家用颗粒冷冻方法。每个情期配 1 ～ 2 次，每次 0.25 ～ 0.5 毫升，总精子数 1 ～ 2×108，平均受胎率 61%（50 ～ 74%）。据新西兰 Tervit 等（1983）报导：用不稀释的鲜精、稀释的鲜精和冷冻精液给自然发情的母山羊输精，其情期受胎率分别为 70 ～ 80%，60 ～ 70% 和 65%；给同期发情母羊输精，其情期受胎率分别为 60 ～ 70%，55 ～ 65% 和 60%。说明山羊冻精受胎率虽然比绵羊稍高，但也未达到鲜精的受胎水平。山羊冷冻精液发展速度较慢，是与其品种特异性分不开的，已有报道指出，精子膜的组成对抗冻力有较大影响，而公山羊精子对冷冻有高度敏感性是因为顶体膜组织中聚合不饱和的二十六碳六烯酸的含量低的缘故。也有报道指出向精液中添加磷脂和脂蛋白有稳定细胞质膜的作用，这种作用可能是细胞质膜的结构发生变化的结果。郑云胜分析了山羊精液冷冻后精子中胆固醇和磷脂的变化，在此基础上，用低密度脂蛋白代替卵黄，添加了胆固醇硫酸脂（PCS），结果在卵黄稀释液中添加胆固醇硫酸脂可提高山羊精子冷冻后磷脂含量，避免山羊精子在冷冻过程中胆固醇的流失，维持冷冻过程中精子胆固醇与磷脂的比例，有利于提高山羊精液的冷冻保存效果。由于山羊精子和其他家畜相比，细胞膜磷脂中含有高浓度的不饱和脂肪酸，容易在冷冻过程中产生氧化应激。而多不饱和脂肪酸的代谢产物在精子的顶体反应中起重要作用，所以维持精子质膜脂质稳定就显得尤为重要。在山羊冷冻精液制作过程中，为防止精子发生冷休克必须在稀释液中加入含有卵磷脂的卵黄或脱脂乳。Roy 在 1957 年发现山羊考伯（Comper）腺体能分泌一种卵黄凝集酶，这种酶在钙离子存在下可以水解卵黄中的卵磷脂成为脂肪酸和溶血卵磷脂。在以卵黄为主的稀释液中，由于这种酶的作用，导致溶血卵磷脂被大量释放而对精子产生毒害作用。另一方面，卵黄凝集酶可以作用于酰基基团和卵黄磷脂的脂键，从而释放饱和脂肪酸（柠檬酸和硬脂酸）和不饱和脂肪酸（油酸和亚油酸），导致 pH 值快速下降到 6.0 左右，这种环境下精子呼吸率明显降低。这两方面综合作用的结果导致精子质量降低。Iritani 等人（1961）证明这种酶包含一种和蛇毒相似的磷脂酶 A，从而破坏精子顶体膜，使受精能力降低因此，这些特点使山羊精子较其它家畜的耐冻性更差。由于精浆中含有大量对精子品质有重要影响的物质，近年来国外相继展开了除去精浆（或部分除去）后精子冷冻性能的研究，以期提取质量佳的精子，增加精子的运动能力和穿透能力，除去精液中有害物质，改善精子获能，提高解冻后精子品质。Tris、柠檬液、果糖、卵黄和甘油是山羊精液冷冻较好的稀释液。邵桂芝等对绒山羊精液进行冷冻研究，发现用 三羟基氨基甲烷、葡萄糖、柠檬酸钠为稀释液、甘油浓度以 4～6% 为宜，而且还发现不同季节输精对受胎率影响较大。王超等对山羊精液冷冻过程中影响因素进行了分析，以 6% 的甘油浓度，以柠檬酸、果糖、Tris 为稀释液冷冻效果较佳，受胎率达 97%，胚胎发育率达 87.9%。目前，山羊冷冻精液的研究主要集中于科研方面。在实际生产上的运用也主要是出于科研试验的考虑，例如优秀种公羊的遗传物质的保存，加快育种工作的进度等。而在实际生产方面却应用甚少，这主要是一方面受冷冻效果的影响，即人工授精效果与鲜精相比还有一定差距；另一方面受到山羊饲养模式的制约，一般而言山羊人工授精及冷冻精液的实际应用只有在规模化、集约化生产的条件才有可行性，而目前山羊养殖还远远未达到集约化生产的程度。随着科研技术的提高以及山羊养殖业的兴起，山羊冷冻精液技术将会得到更广泛的应用。目前山羊精液在冻前和冻后损伤较大，这需要改进冷冻程序以及稀释液配方。因此，就降低精子损伤率而言，我们有必要对冷冻精液的稀释液配方和冷冻程序进行研究和改进。

9.2.3 精液冷冻保存的原理和方法

9.2.3.1 精液冷冻保存原理

精液的冷冻保存是将精子经过适当的处理，利用超低温（液氮-196℃）使精子细胞的代谢完全停止，再升温后又恢复活性以达到长期保存的目的。温度低于-130℃时，水分子完全停止运动，而完全呈现均匀的玻璃样超微粒结晶，该现象称为"玻璃化"，这使精子无明显脱水，细胞结构受到保护。当精子在温度降至-10℃～-25℃时，会结冰形成冰晶而死亡，是冷冻过程中最危险的温度区，冰晶的形成可造成细胞的不可逆损伤。当使用一定的防冻保护剂，按程序降温，防止冰晶形成，解冻后精子仍能复苏。在冷冻和解冻时要快速升温或降温，快速通过危险温度区，精液在低温（-196℃）冷冻保存中，抑制了精子的代谢活动，可保存几十年甚至更长时间，需要使用时，快速升温能使精子复苏，而且解冻后精子仍具有受精能力。

9.2.3.2 精子冷冻损伤

（1）物理性损伤

在细胞冷冻降温过程中，由于细胞外水分形成冰体积增大以及冰晶块的增大和移动，使膜受到损伤，最终导致精子细胞死亡，这种机械性的损伤叫物理性伤害。

（2）化学性损伤

精子细胞要经历一段细胞外的水分，也就是冷冻稀释液的水分开始形成冰晶。而冰晶的形成使未结冰的那部分溶质浓度增高，以致细胞内外形成高渗透压，迫使细胞内部的水分经过细胞膜向细胞外渗透（结冰速度越慢，细胞内部水分向外的渗透性越强），引起精子细胞内发现一系列的化学变化，如酸碱度变化等，电解质浓度增高等。这种引起化学性变化而对精子造成的损伤就叫化学性伤害。

（3）氧化性损伤

由于精子呼吸代谢能产生活性氧族（ROS），具有很强氧化性的氧自由基，能氧化精子质膜的不饱和脂肪酸，导致膜脂的流动性降低，使细胞膜丧失其正常的生理功能、终止了精子的正常代谢，造成过氧化损伤。而过氧化物的产生对精子来说的是有毒的，因为这种过氧化物会降低精子质膜中的磷脂，即在各种金属物质的氧化反应过程中电子被转移到氧化态的氧原子上了。这个电子传到氧上就会产生一个负电荷和一个不稳定的分子同时产生，逐步形成氧的自由基和氧的阴离子。随着过氧化物歧化酶和氢分子的增加氧的自由基就会生成过氧化物。在铁离子减少的同时，过氧化物转移到自由的羟基（OH-）上了。在羟基的存在质膜的下不饱和脂肪酸（LH）失去氢而变成游离脂类。在有氧的条件下类脂就会发生级连分解。细胞为了减少积聚的过氧化物就会应用过氧化物酶把过氧化物分解成水。这样精子细胞的各种蛋白酶水平就会下降。这样就会降低深低温保存精子的受精能力。

9.2.3.3 冷冻保存的方法

精液冷冻保存形式有细管、颗粒、铝箔袋和安瓿法

（1）细管法

细管冷冻法是目前应用最多的冷冻保存法，其优点是容积小，受冷均匀，冷冻快，不容易受到污染，受胎率高。目前使用的一般是口径为 2.0mm ～ 5.0mm 的塑料细管。现在已发展为全部自动化进行灌封操作。因为它具有壁薄、管径细、便于传热适于快速冷冻和便于机械化操作等特点，精液冷冻解冻后效果较好。

（2）颗粒法

用铜板、铝板、聚四氟乙烯板等作为冷冻板，置于液氮面上 1 ～ 3 厘米 的距离，控制温度。在 -80℃ ～ -100℃ 下滴冻，冻结形成颗粒状，停 2 ～ 4 分钟即可装袋。聚四氟乙稀板有一定的厚度和重量，增加了热容量，温度变化慢，而且绝热性能好，冷冻效果相对好。

（3）铝箔袋法

将稀释后的精液 3 ～ 4 毫升放入铝箔袋内，封印后并排放在特别的铝架内，用液氮进行冷冻。铝箔法具有操作简单的特点，但冷冻效果相对差一些。

（4）安瓿法

冷冻精液最初是以安瓿的形式保存。它具有冻精剂量大，精子数量多，操作简单，便于保存等优点。但是采用这种方法冷冻时达到热平衡的时间较长，精液冷冻容易造成冰晶期的损伤，冻后精子活率不高，因此现在的冷冻保存中以基本不使用后两种方法。

9.2.3.4 稀释液的主要成分和生理作用

（1）甘油

甘油浓缩和结合细胞内水的性能是保护精子的关键所在。与甘油效果类似的冷冻保护剂还有二甲基亚砜、乙二醇、丙二醇、木糖醇、乙酰胺等。这类抗冻剂属于低分子中性物质，在溶液中易与水分子结合，发生水合作用，使溶液增加了粘性，从而弱化了水的结晶过程，对精子可起到有效的保护作用。冷冻稀释液中加入此类物质时将发生以下变化：（1）替代部分盐类物质，冲淡了溶液中的盐浓度，使细胞摄入的盐量减少，减少了因电解质浓度增加而引起的不良影响；（2）抗冻剂进入细胞内，改变了胞内过冷状态，使胞内压接近胞外压，降低了细胞脱水皱缩程度和速度；（3）此类物质进入细胞，降低了精子渗透性肿胀引起的损伤。甘油有很强的亲水性，在精液冷冻降温的过程中可抑制精子内冰晶的形成，对精液冷冻起到有效的保护作用；同时甘油具有杀菌作用，还是很好的溶剂。但是甘油本身对精子具有毒害作用。陈亚明在绵羊冷冻精液稀释液研究结果表明甘油浓度大于 7.5% 时将产生不利影响。因此在冷冻研究中不断尝试使用其它冷冻保护剂如乙二醇、丙二醇、二甲基亚砜、木糖醇等来替代甘油。在众多的冷冻保护剂中没有发现那一种的冷冻保护效果能优于甘油。

（2）糖类

糖类能给精子提供营养外也是非渗透性冷冻保护剂。其特点是能溶于水，但不能进入精子细胞内。因此使细胞外形成高渗透压，引起水分外渗，导致精子皱缩，在冷冻过程避免了冰晶的形成，从而有效的保护了精子细胞免受冷冻损伤。果糖、葡萄糖、乳糖、海藻糖（Trehalase）、葡聚糖（Dextran）、聚蔗糖（Ficoll）、蔗糖（Sucrose）、红景天多糖、褐藻胶、海带多糖等是常用的糖类冻保护剂。高浓度的糖类可减少甘油对精子细胞的毒害作用，提高精子的活率和顶体完整率。葡萄糖可充当精子的能源，抑制磷脂酶 A 活性，防止精液中溶血卵磷脂积累的阻氧剂。近几年在国内外动物精液冷冻稀释液中果糖几乎是必不可少的添加物。果糖是牛和人的精液中存在的唯一的还原糖。果糖实际上比葡萄糖更容易被代谢，因为它可以绕过糖酵解途径的限速酶，6- 磷酸果糖激酶 -I。可以快速的给精子提供能量和营养。海藻糖能在细胞表面能形成独特的保护膜，有效地保护蛋白质分子不变性失活，从而维持生命体的生命过程和生物特征。红景天多糖具有抗氧化、抗细胞凋亡等多种生物活性。张树山等研究结果表明在稀释液中添加适量的乳糖、蔗糖和海藻糖，均能提高精液的冷冻保存效果。田亚丽在波尔山羊冷冻稀释液中添加海藻糖，结果能有效提高冷冻保存效果。

（3）卵黄

自从 Phillip（1939）等证实卵黄对精子具有保护作用之后，卵黄便成为精液稀释的主要成分。它能为精子细胞提供能量和营养物质，保护精子顶体膜，保证了精子正常的生理功能，还具有渗透性缓冲剂的功效，使精子在低渗和高渗状态下维持活率，它的使用能起到有效保护精子冷冻效果的作用。有研究表明卵黄对精子的保护作用主要在于其中的有效成分低密度脂蛋白（LDL）和磷脂。但是不同禽类的卵黄所含的脂肪酸，磷脂和胆固醇的成分是有差异的。在精液冷冻试验中通常卵黄的添加量为 15 ～ 25％。Watson 等认为卵黄有维持精子活力、保护精子顶体和线粒体膜的作用，这些保护性能是由于其脂蛋白浓度较低的缘故。卵黄被认为具有保护精子免受冷休克的影响，还具有防止精子内部液相转变的作用。冷冻引起精子体积变化的同时使精子膜发生改变，卵黄的脂蛋白通过参与膜的修补、加固和扩增等过程起到防止顶体外膜破裂的作用 Jacobs 认为卵黄还通过促进精子与卵细胞透明带的结合而使顶体反应率提高。卵黄被广泛的应用于稀释液中，其保护作用可能通过卵黄中的低密度脂蛋白直接渗入精子原生质膜而引起稳定质膜的作用. 宏伟等发现在绵羊精液冷冻稀释液中用低密度脂蛋白（LDL）替代卵黄，冻后活率及精子顶体完整率得到明显改善。Platovetal（1967）认为卵黄对牛精子的保护作用大于对绵羊精子的保护作用。卵黄对精子的低温保护作用与其在稀释液中的含量有关。

（4）乳类

乳类内含多种有利于维持精子活力的成分，因而较早用于绵羊冻精稀释液中。乳类能够保护精子可能是因为它属于高分子聚合物，不能穿入细胞内，在冷冻过程中可以降低溶液中低分子溶质的浓度，本身浓度也可提高。Maxwell 和 Salamon 在对比试验中，对灭菌的全奶或脱脂奶 - 柠檬酸盐 - 卵黄稀释液、奶 - 葡萄糖 - 卵黄稀释液和柠檬酸盐 - 葡萄糖 - 卵黄稀释液的冷冻效果进行研究，发现加脱脂乳的冻精存活率较高。因此较早就有使用其乳类作为冷冻稀释液中的成分。

（5）抑菌物质

在采精过程、精液稀释等过程中精液难免遭受细菌的污染，为了防止有害微生物或某些细菌直接影响精子的品质，添加抑菌物质是尤为重要的。为此有必要在稀释液中加入适当的抑菌物质。试验中常用的抑菌物质有：青霉素，每一百毫升稀释液中添加 5～10 万单位；链霉素，每一百毫升稀释液中添加 5～10 万单位。也有添加白霉素、土霉素、氨苄青霉素、卡那霉素、林肯霉素和多粘菌素等的。这些抑菌物质能起到抑菌作用，对精子应无害处。

（6）超氧化物歧化酶对精液冷冻保存的作用

氧在参与生命活动的同时也产生氧自由基，引起细胞损伤，导致疾病发生。氧本身就是一种自由基，因为氧分子的轨道上有两个未成对的电子，很容易转变为自由基和活性氧。超氧阴离子自由基（O2）是基态氧接受一个电子形成的第一个氧自由基。而超氧化物歧化酶是体内清除超氧阴离子自由基的一个抗氧化酶。为了抑制精子细胞膜上的饱和脂肪酸等物质被氧化，在稀释液中添加一些抗氧化物质可有效的保护细胞膜的通透性和生物学功能，提高冷冻效果。研究证明，哺乳动物精子本身含有抗氧化酶，主要有超氧化物歧化酶。超氧化物歧化酶（SOD）是一种源于生命体的活性物质，是机体内天然存在的超氧自由基清除因子，能消除生物体在新陈代谢过程中产生的有害物质。由于精子对冷冻的耐受性较差，在精液冷冻 - 解冻过程诱导精子抗氧化酶的活性降低，因此在冷冻稀释液中加入 SOD，以补充受损的抗氧化剂，它可对抗与阻断因氧自由基对细胞造成的损害，并及时修复受损细胞，复原因自由基造成的对细胞伤害。国内外对 SOD 的毒性进行了广泛的研究，大量资料表明 SOD 无毒、无副作用。

（7）维生素 E 对精液冷冻保存的作用

维生素 E（Vitamin E）是一种高效抗氧化剂，它能减少过氧化脂质的生成，保护机体细胞免受自由基的毒害，充分发挥被保护物质的特定生理功能。ROS 造成的脂质过氧化物反应可能改变精子质膜在跨膜反应，而维生素 E 对膜的磷脂有特殊的亲合性，在这些膜的特定部位，能预防或阻止诱发的脂质过氧化，使作为老化因子的过氧化脂质无法生成，保护精子细胞膜防止氧化反应的发生，从而提高了精子的完整性。罗海玲等的研究结果表明，在添加维生素 E 后可以极显著地减缓绵羊冷冻精子顶体畸形率的发生，精子冷冻解冻后的活率极显著高于对照组（ P<0.01）。赵晓娥在波尔山羊

冻精的稀释液添加维生素 E, 解冻后精子活力与对照组相比明显升高。Yousef 等证明, 补饲维生素 E 能有效减少兔子精液中活性氧（ROS）的产物, 有效改善精液品质。Massaeli 和 Sonmez 等的研究结果表明, 在精液稀释液中添加维生素 E 可以提高精浆中抗氧化物酶的活性。Pena 等证明了冷冻稀释液中添加 VE 可以改善冷冻解冻后的精子质量。

（8）其它成分

为保证精子的存活、结构和功能的完整性, 需要向稀释液中添加各种成分, 添加物的种类和剂量主要是从精液渗透压、酸碱度、离子的种类和强度、过氧化损伤和微生物污染等因素考虑。正常山羊精液呈弱酸性或中性, pH 在 $6.8 \sim 7.0$ 之间。稀释液中的柠檬酸、柠檬酸钠、碳酸氢钠等缓冲剂可以平衡精子和细菌的代谢产物, 将稀释液的酸碱度维持在一个相对稳定的范围内, 可以起到维持精子生存环境相对稳定, 防止过度酸化而导致精子死亡。稀释液中采用缓冲能力更强的三羟基氨基甲烷有利于精子的长期保存。HEPES 等两性有机物的缓冲能力很强, 可以螯合有害金属离子。较低浓度的氯化钾可以维持精子膜上钠钾泵运转, 防止细胞外 K+ 耗尽而使精子丧失活力。还有一些离子不利精子的存活。有缓冲作用的碳酸氢根离子过量会导致精子质膜结构的改变并诱发获能, 因此添加量的控制对精液冷冻也很关键。钙离子跨膜流入细胞会启动精子获能, 引起顶体反应, 使精子无法正常受精。因此, 稀释液的配制要用双蒸水, 同时加入乙二胺四乙酸可以螯合钙离子和一些有害金属离子。

9.2.4 山羊精子冷冻实验方案

方案一

（1）稀释液配制:

基础液: 取乳糖 5.1 克, 葡萄糖 3.5 克, 两水柠檬酸钠 1.4 克,三羟基氨基甲烷 0.12 克，乙二胺四乙酸 0.03 克，然后加双蒸馏水 100 毫升，溶液煮沸消毒，降温至 37℃；

I 液：取基础液 80 毫升，加入新鲜卵黄 20 毫升，青霉素 10 万单位，链霉素 0.1 克；

II 液：取 I 液 22 毫升，加入乙二醇 4.2 毫升，睾丸酮 5-10 毫克，葡萄糖 130 毫克，1 毫升:0.5 毫克的 VB12 12～24 毫升；

I 液和 II 液分别用精密滤纸过滤，取其滤过液；将配制好的 I 液和 II 液，分装于玻璃试管或其它玻璃容器，然后在 -1～20℃下冻结；每次处理精液时，取出一定量的 I 液和 II 在 37℃ 以下温度回温溶化，即可使用。

（2）精液处理：

采用的精液，首先用 2.9% 的柠檬酸钠溶液等温稀释，然后离心 10 分钟转速为 1000～1500 转／分，转速逐步渐上升。然后弃去上清液，按 1:2 加入等温的 I 液；

精液加入 I 液后，以 0.2～0.3℃／分钟降温至 0.4℃，降温时间为 1.5～2.0 小时，然后加入等温的 II 液等倍稀释，再平衡 0.5～1 小时，在该温度下分装无菌塑料细管内；

（3）冷冻：

将 0～4℃ 温区中的试管移入 -100℃ ±5℃ 的液氮网面上，冷冻 2～3 分钟，至细管表面全部呈现白色后浸入液氮保存。

方案二

（1）稀释液配制

第一步，用电子天平称取果糖 0.85 克、蔗糖 3.10 克、乳糖 3.75 克、海藻糖 0.58 克、乙二胺四乙酸 1.80 克、三羟甲基胺基甲烷 2.45 克，氮一三羟甲基氨基乙烷磺酸 0.015 克，醋酸铬 0.003 克、磷酸盐缓冲液 2.0 毫升、磷酸盐缓冲液 3.0 毫升、半胱氨酸 0.05 克、乙二醇或丙二醇或二者的组合共 6.0 毫升、赤藓糖醇 0.50 毫升、甘露醇 0.50 毫升、胆固醇 0.30 毫升；加入双蒸馏水 3.0 毫升后将上述物质充分混合，加热煮沸后立即冷却，再加入双蒸馏水，使原有物质保持加热煮沸前的体积；

第二步，将上述物质充分混匀后，向通过上述过程获得的混合液中再加入以下物质：磷脂酰丝氨酸 2.18 克、可溶性大豆蛋白 2.00 克、大豆卵磷脂 0.5 克，VB10.18 克，VB12 0.09 克、咖啡因 0.01 克、青霉素 10 万单位、链霉素 0.1 克；

第三步，将上述物质加入后充分混合，然后放入 5℃～10℃的避光环境中静置 20 小时以上，取其上清液，弃去容器底部的不溶成份，在温度为 2℃～8℃、排出空气、避光的条件下密封保存。

（2）山羊冷冻精液的制作方法

第一步，将山羊的精子和稀释液充分混合均匀，稀释倍数为 1：1～1：20，稀释是精液及稀释液的温度范围要求是 30～35℃；

第二步，将用稀释液稀释好的精液以 1.5～2.0℃ / 分钟的降温速度进行降温直至 12～18℃，然后将稀释好的精液以 0.5～1.5℃ / 分钟的速度进行降温至 8～10℃；再将稀释好的精液从 8～10℃开始以 0.1～1℃ / 分钟的速度降温至 0℃～4℃并在此温度下平衡 0.5～2 小时；

第三步，在 -100℃ ±5℃的条件下降温冷冻 3 分钟～8 分钟后，然后将盛放动物冷冻精液的容器浸入液氮中包装或 / 和保存。

9.2.5 精液品质的测定

（1）精子活率测定

取一滴待检查精液稀释后，置于载玻片上，上覆盖玻片，借助光学显微镜放大 200～400 倍，用基础稀释液作为稀释剂，以保持正常运动，计数四角及中央五个方格中的非直线运动精子数（包括死精子，摆动旋转运动的精子），然后把计数板放入 90℃保温箱内大约 3～5 分钟，杀死全部精子后在显微镜下计出全部精子数。活率 =（总精子数 - 非直线运动的精子数）/ 总精子数 ×100%。

（2）质膜完整率的检测

采用低渗膨胀法（hypo-osmotic sperm swelling test, HOST）进行检测。取 20 微升精子样品用 200 微升的低渗溶液中混匀，在 37℃恒温下孵育 60 分钟。400× 显微镜下观察，计算弯尾精子百分率。每次至少数 200 个精子，重复 5 次以上。在低渗溶液中精子尾巴发生膨胀弯曲，说明精子质膜功能完整。

（3）顶体完整率的检测

用异硫氰酸荧光素豌豆凝集素（Fluorescein lectin staining assay FITC-PSA）来染色测定，20 微升稀释的精子样品用 500 微升的 PBS 重悬细胞，以及 1500 克 离心 20 分钟弃去上清液，精子样品用 250 微升的 PBS 重悬，取一滴悬液涂在载玻片上，空气中自然干燥，干燥的样品片子用丙酮在 4～8℃下固定 10 微升，然后片子用 FITC-PSA（以 50 毫克 / 毫升溶解在 PBS 溶液中）在黑盒子里盖染 30 分钟。着完色后样本片子在 PBS 溶液中洗涤，片子用甘油浸盖，混匀后盖上盖玻片，迅速地在荧光显微镜下检测，每个片子至少数 200 个精子来评价顶体完整率（本实验所用载玻片预先用多聚赖氨浸泡处理）。用 FITC-PSA 染色后，正常精子在荧光显微镜下可清晰观察到精子头部顶体呈帽状半球型绿色荧光，异常精子头部无完整的帽状半球型荧光或着色不均呈大头、尖头状、或顶体中有空泡，显示出顶体缺陷。在每张抹片上观察 300 个精子，并统计出顶体完整率。

（4）线粒体活性的检测

PI（碘化丙啶）和罗丹明 123 联合染色。精液解冻后放入离心管用 PBS 离心洗涤一次，加入 1 微升罗丹明 123，避光孵育 30 分钟 后加入 1 微升 碘化丙啶 避光孵育 10 分钟，取 10 微升 精子均匀涂抹在载玻片上，加入少量增光剂混匀后盖上盖玻片，400× 倒置显微镜下观察。死精子在波长 488 纳米 紫外光激发下头部核区发红色荧光。活精子和有活性线粒体的精子头部不发光，而尾巴线粒体部分有绿色荧光。计算活精子百分率。每次至少数 200 个精子，重复 5 次以上。

【参考文献】

[1] 易康乐，谢英，黄卫红．2005.水牛冷冻精液稀释液中添加 SOD、GSH 对精子品质的影响.广西畜牧兽医，21（5）:201-204

[2] 毛凤显.2001.波尔山羊精液冷冻稀释液及冷冻解冻方法的研究.兰州：甘肃农业大学硕士学位论文．

[3] 罗海玲，贾志海，朱士恩.2004,维生素 E 对绵羊鲜精及冻精精液品质的影响.中国草食动物，24（5）,14-16

[4] 赵晓娥.1999,布尔山羊精液保存条件研究，动物医学进展，20（2）:31-33.

[5] 许常龙 2005,山羊精液液态保存的研究.哈尔滨：东北农业大学硕士论文．

[6] 周佳勃 2003,山羊精液室温保存和体外受精、显微受精及相关问题研究 哈尔滨：东北农业大学博士论文

[7] 赵本田 2007 改进山羊精液液态保存方法提高受精能力的研究 泰安：山东农业大学硕士学位论文

[8] 胡建宏.2006.猪精液冷冻保存研究.杨陵：西北农林科技大学博士学位论文．

[9] 龚宏智 1997,牛精液低温保存时间长短对受胎率的影响 黄牛杂志 23（3）:51

[10] 苏才旦，朝本加，逯来章 1999,维生素 B12 注射液在绵羊人工授精中的应用 青海畜牧兽医杂志 29（5）:31-32

[11] Memon AA, Wahid H, Rosnina Y, Goh YM, Ebrahimi M, Nadia FM, Audrey G. 2011, Effect of butylated hydroxytoluene on cryopreservation of Boer goat semen in Tris egg yolk extender. Anim

Reprod Sci. 129（1-2）:44-49.

[12] Barbas JP, Mascarenhas RD. 2009, Cryopreservation of domestic animal sperm cells. Cell Tissue Bank. 10（1）:49-62.

[13] Leboeuf B, Restall B, Salamon S. 2000, Production and storage of goat semen for artificial insemination. Anim Reprod Sci. 18;62（1-3）:113-41.

[14] Chemineau P, Baril G, Leboeuf B, Maurel MC, Roy F, Pellicer-Rubio M, Malpaux B, Cognie Y. 1999, Implications of recent advances in reproductive physiology for reproductive management of goats. J Reprod Fertil Suppl. 54:129-142.

[15] Bayarad, Esther, Kathleen. 1998, Comparison of glycerol, other polyols, trehalose, and raffinose to provide a defined cryoprotectant medium formouse sperm cryopreservation. Cryobiology, 37:46-58.

[16] Dalimata, Graham. 1997, Cryopreservation on rabbit spermatozoa using acetamide in combination with trehalose and methylcellulose. The-riogenology, 48:831-841.

[17] Woelders, Matthijs, Engel. Effects of trehalose and sucrose, osmolality of the freezing medium, and cooling rate on viability and intactness of bull sperm after freezing and thawing. Cryobiology,1997, 35:93-105.

[18] Elman,Aboagla,Terada. 2003, Trehalose-enhanced fluidity of the goat sperm memebrane and its protection during freezing.Biology of Reproduction, 69:1245-1250.

[19] Eiman,Takato. 2004, Effects of the supplementation of trehalose extender containing egg yolk with sodium dodecy sulfate on the freezabilityof goat spermatozoa. Theriogenology, 62:809-818.

[20] Yousef M I, Abdallah G A, Kamel K I. 2003, Effect of ascorbic acid and Vitamin E supplementation on semen quality and biochemical parameters of male rabbits. Anim Reprod Sci, 76（1-2）:99-111.

[21] Massaelih, Sobrattees, Piercegn. 1999, The importance of lipid solubility in antioxidants and free radical generating systems for determining lipoprotein peroxidation. Free Radic Biol Med, 26（11-12）:1524-1530.

[22] Sonmez M, Yuce A, Turk G. 2007, The protective effects of melatonin and Vitamin E on antioxidant enzyme activities and epididymal sperm characteristics of homocysteine treated male rats. Reproductive Toxicology, 23（2）:226-231.

[23] Chyr S.C., Wu M.C., Su Y.M., Tsai J.Y. The study of semen extenders and some reproductive performance of boar. J. Chinese Soc. Anim.Sci. 1980, 9 （3,4）:133-143.

[24] Correa J.R., Zavos P.M. 1994, The hypo-osmotic swelling test : its employment as an assay to evaluate the functional integrity of the frozen-thawed bovine sperm membrane .Theriogenology 42:351-360

[25] Cox J.F., Saravia F. 1992, Use of a multiple sperm penetration assay in ovines. Proc.XVII Annual Meeting of the Chilean Society of Animal Production Ref 61.

[26] De Leeuw F.E., Colenbrander B., Verklcij A.J. 1990, The role membrane damage plays in cold shock and freezing injury. Reprod. Domcst. Anim. （Suppl. 1）, 95-104

[27] Drevius L.O., Eriksson H. 1966, Osmotic swelling of mammalian spermatozoa Expl Cell Res 42:136-156

[28] Ehrenwald E., Foote R.H., Parks J.E. 1990, Bovine oviductl fluid components and their potential role in sperm cholesterol efflux. Mol Reprod Dev 25:195-204

[29] Ellington J.E., Ball B.A., Yang X. 1993, Binding of stallion spermatozoa to the equine zona pellucida after coculture with oviductal epithelial cell. J Reprod Fertil, 98:203-208b

[30] Ellington J.E., Ignotz G.G., Ball B.A., Mevers-Wallen VN, Currie WB. 1993, De novo protein synthesis by bovine uterine tube（Oviduct）epithelial cells changes during coculture with bull spermatozoa. Biol Reprod,48:851-856

[31] Ellington J.E., Padilla A.W., Vredenburgh W.L., Dougherty E.P., Foote R.H. 1991, Behavior of bull spermatozoa in bovine uterine tube epithelial cell coculture:an in vitro model for studying the cell interactions of reproduction. Theriogenology,35:977-989

[32] Ellington,J.E., Vredenburgh, W.L., Padilla, A.W. and Foote, R.H. 1989, Acrosome reaction of sperm in bovine oviduct cell coculture. J. Reprod Fertil, 86:46 Abstr. Series No 3

[33] Eppleston J., Pomares C.C., Stojanov T.,Maxwell W.M.E. 1994, In vitro and in vivo fertility of liquid store goat spermatozoa.Proc. Aust.Soc.Reprod.Biol. 26,111.（Abstact）

[34] Fukui Y., Shakuma Y. 1980, Maturation of ovarian activity follicular size and the presence of absence of cumulus cells. Biol Reprod. 22:669-673.

[35] Fuller S.J., Whittingham D.G. 1997,Capacitation-like changes occur in mouse spermatozoa cooled to low temperature. Mol Reprod Dev. 46（3）: 318-324.

[36] Gillan L., Evans G., Maxwell W.M.C. 1997, Capacitation status and fertility of fresh and froze-thawed ram spermatozoa Reproduction,-Fertility-and-Development. 9: 5, 481-487

[37] Gordon JW, Grunfeld L, Garrisi GJ, Talansky BE, Richards C, Laufer N. 1998. Fertilization of human oocytes by sperm from infertile males after zona pellucida drilling. Fertile steril, 50:68-73

[38] Gottardi L., Brunei L., Zanelli L. 1980, New dilution media for artificial insemination in the pig. 9th Intern. Congr. Anim. Reprod.,

Madrid 5, 49-53.

[39] Gutierrez A., Garde J., Garcia- Artiga C., Vazquez I. 1993, Ram spermatozoa cocultured with epithelial cell monolayers:an in vitro model for the study of capacitation and the acrosome reaction. Mol Reprod Dev, 36:338-345.

[40] Guyader C., Chupin D. 1991, Capacitation of fresh bovine spermatozoa on bovine epithelial oviduct cell monolayers. Theriogenology 36:505-512

[41] Guyader C., Procureur R., Chupin D. 1989, Capacitation of fresh bovine sperm on oviductal cell monolayer.5th Scientific Meeting AETE,（Lyon）156

[42] Harayama H., Kusunoki H., Kato S. 1993, Capacity of goat epididymal spermatozoa to undergo the acrosome reaction and subsequent fusion with the egg plasma membrane. Reprod Fertil Dev 5（3）:239-46

[43] Hawk H.K., Nel N.D., Waterman R.A., Wall R.J. 1992, Investigation of means to improve rates of fetilization in vitro fetilization bovine oocytes. Theriogenology. 38:989-998.

[44] Heiko P., Lennart S., Rosaura P.P., Kjell Andersen B. Effect of different extenders and srorage temperatures on sperm viability of liquid ram semen. Theriogenology, 2002,57, 823-836.

[45] Hewitt D.A., Englandg C. 1998, An investigation of capacitation and the acrosome reaction in dog spermatozoa using adult fluorescent staining technique Anim Reprod Sci., 51（4）:321

[46] Holt W.V., North R.D. 1986, Thermotroic phase transition in the plasm membrane of spermatozoa. J Reprod Fertil, 78:447-457

[47] Hunter R.H..F, Nichol R. 1983, Transport of spermatozoa in sheep oviduct: preovulatory sequestering of cells in the caudal isthmus. J Exp Zool, 228:121-128

[48] Hunter R.H.F. The fallopian tubes :their role in fertility and infertility. Springer-verlag: Berlin 1988

[49] Hunter R.H.F., Barwise L., King R. 1982, Sperm Transport storage and release in sheep oviduct in relation to the time of ovulation. Br vet J 138:225-232

[50] Hunter R.H.F., Flechon B., Flechon J.E. 1987, Pre- and peri-ovulatory redistribution of viable spermatozoa in the oviduct : a scaning electron microscope study. Tissue&Cell, 19:423-436

[51] Hunter R.H.F., 1984, Pre-ovulatory arrest and peri-ovulatory redistribution of competent spermatozoa in the isthmus of pig oviduct. J Reprod Fertile, 24,72:203a

[52] Ijaz A., Hunter A.G. 1989, Induction of bovine sperm capacitation by TEST-yolk semen extender. Journal-of-Dairy-Science. 72: 10, 2683-2690

[53] Itagaki Y., Toyoda Y. 1991, Factor affecting fertilization in vitro of mouse egg after removal of cumulus oophorus.J Mammal Ova Res, 8:126-34

[54] Jasko D.J., Lein D.H., Foote R.H. 1990, Determination between sperm morphological classifications and fertility in stauions 166 cases,1987-1988. JAVMA 197: 389.

[55] Jeyendran R.S. ,Van der Ven H.H., Perez-Pelaez M., Grabo B.G., Zaneveld L.J.D. 1984 Development of an assay to assess the functional integrity of the human sperm membrane and its relationship to other semen charicteristics .J Reprod Fertil, 70;219-225

[56] Johnson L.A., Aalbers, J.G., Grooten, H.J.G. 1988, Artificial insemination of swine: Fecundity of boar semen stored in Beltsville TS BTS., Modified Modena （MM）, or MR-A and inseminated on one, three and four days after collection. Zuchthygiene 23, 49-55

[57] Johnson L.A., Garner D.L. 1984, Evaluation of cryopreserved porcine spermatozoa using flow cytomctry. Prod. Soc. Anal. Cytol., Analytical cytology X Supplcmtent, A-12.

[58] Johnson L.A., Weitze K.F., Fiser P., 2000, Maxwell W.M.C. Storage of boar semen. Anim Reprod Sci. 62（1-3）: 143-172

[59] Kumi-Diaka J. 1993, Subjecting canine semen to the hypo-osmotic test. Theriogenology, 39: 1279-1289

[60] Lalrintluanga K., Deka B.C., Borgohain B.N., Sarmah B.C. 2002, Study on preservation of boar semen at 5 ℃ and 15 ℃. Indian-Veterinary-Journal. 79（9）:920-923

[61] Larson J.L., Miler D.J. 1999, Simple histochemical stain for acrosomes on sperm from several species. Mol Reprod Dev, 52（4）:445

[62] Leboeuf B., Restall B., Salamon S. 2000, Production and storage of goat semen for artificial insemination Animal reprod science 62, 113-141

[63] Lippes J., Wagh P.V. 1989, Human oviductal fluid（hOF）proteins. IV. Evidence for hOF Proteins binding too human sperm. Fertil steril 51:89-94

[64] Magier S., van der Ven H.H., Diedrich K., Krebs D. 1990, Significance of cumulus oophorus in in vitro fertilization and oocyte viability and fertility.Hum Reprod. 5（7）:847-852

[65] Mahi C.A., Yanagimachi R. 1973, The effect of temperature,osmolaty and hydrogen ion concentration on the activation and acrosome reaction of golden hamster spermatozoa. J Reprod Fertile 35:55-56

[66] Malmgren L. 1997, Assessing the quality of raw semen: a review .Theriogenology. 48:523-530

[67] Malmgren L. 1992, Sperm morphology in stallion in relation to fertility. Acta VetScand 88（suppl）,39-47

[68] Maxwell W.M.C., 1996, Watson P.F. Recent progress in the preservation of ram semen. Anim.Reprod. Sci. 42（1-4）55-65

[69] McNutt T., Rogowsski L., Killian G. 1991, Uptake of oviduct fluid proteins by bovine sperm menbrane during in vitro capacitation. J Androl Suppl 12: 41

[70] Meizel S. 1997, Amino acid neurotransmitter receptor/chloride channels of mammalian sperm and the acrosome reaction. Biol. Reprod. 56（3）:569-574.

[71] Mogas T., Palomo M.J., Izquierdo M.D., Paramino M.T. 1997, Morphological events during in vitro fertilization of prepubertal goat oocytes matured in vitro. Theriogenology. 48 （5） 815-829

[72] Overstreet J.W., Cooper G.W. 1978, Sperm transport in the reproductive tract of rabbit: II The sustained phase of transport. Biol Reprod, 19:115-132

[73] Parrish J.J., Susko-Parrish J.L., Handrow RR, Sims MM, First N.L. 1989, Capacitation of bovine spermatozoa by oviduct fluid fluid. Biol reprod, 40:1020-1025

[74] Parrish J.J., Susko-Parrish, J.L. First, N.L. 1986, Capacitation of bovine sperm by oviduct fluid or hepair is inhibited by glucose. J. Androl. 7:22

[75] Perez L.J., Valcarcel A, Heras-MA-de-las., Moses D , Baldassarre H., De-las-Heras-MA. 1997, The storage of pure ram semen at room temperature results in capacitation of a subpopulation of spermatozoa. Theriogenology. 47: 2, 549-558

[76] Perry RL, Naeeni M, Barratt CL, Warren MA, Cooke ID., 1995, A time course study of capacitation and the acrosome reaction in human spermatozoa using a revised chlortetracycline pattern classification Fertil.Steril., 64（1）:150

[77] Pursel V.G., Johnson L.A., 1975, Freezing of boar

spermatozoa: Fertilizing capacity with concentrated semen and a new thawing procedure. J. Anim. Sci. 40, 99-102

[78] Revell S.G., Mrode R.A. 1994, An osmotic resistance test for bovine semen. Anim Reprod Sci 36:77-86.

[79] Ritar A.J., Ball P.D., O' May, 1990, Artificial insemination of Cashmere goat: effects on fertility and fecundity of intravaginal treatment ,method and time of insemination, semen freezing process, number of motile spermatozoa and age of females. Reprod. Fertil. Dev. 2:377-384.

[80] Ritar A.J., Salamon S. 1991, Effects of month of collection, method of processing, concentration of egg yolk and duration of frozen storage on viability of Angora goat spermatozoa. Small-Ruminant-Res. 4（1）:29-37

[81] Rogers B.J., Park R.A. 1991, Relationship between the human sperm hypo-osmotic swelling test and sperm penetration assay.J. Androl. l.12:152-158

[82] Roy N., Majumder G.C. 1989, Purification and characterization of an anti-sticking factor from goat epididymal plasma that inhibits sperm-glass and sperm-sperm adhesions. Biochim-Biophys-Acta-Int-J-Biochem-Biophys. 991（1）:114-122.

[83] Smith T.T., Koyanagi F., Yanagimachi R. 1987, Distribution and number of spermatozoa in the oviduct of golden hamster after natural mating and artificial insemination. Biol Reprod. 37:225-234.

[84] Smith T.T., Yanagimachi R. 1991, Attachment and release of spermatozoa from the caudal isthmus of the hamster oviduct. J reprod Fertil, 91:567-573.

[85] Soede N.M., Wetzels C.C.H., Zondag W., de Koning M.A.I., Kemp B.. Effect of time of insemination relative to ovulation, as determined by ultrasonography, on fertilization rate and accessory sperm count in sows. J. Reprod. Fert. 1995,104, 99-106

[86] Van den., Bergh M., Bertrand E., Biramane J., Englert Y. 1995, Importance of breaking a spermatozoon's tail. Hum. Reprod. 10:2819-2820

[87] Waberski D., Weitze K.F., Lietrnann C., Lübbert zur Lage, W., Bortolozzo F., Willmen T., Petzoldt, R. 1994, The initial fertilizing capacity of long term-stored liquid boar semen following pre-and postovulatory insemination. Theriogenology 41,1367-1377

[88] Wang W.H., Abeydeera L.R., Fraser L.R., Niwa K. 1995, Functional analysis using chlortetracycline fluorescence and in vitro fertilization of frozen-thawed ejaculated boar spermatozoa incubated in a protein-free chemically defined medium J Reprod Fertil 104,305-313

[89] Ward C.R , Storey B.T. 1984, Determination of the time course of capacitation in mouse spermatozoa using a chlortetracycline fluorescence assay. Dev Biol. 104（2）:287-296.

[90] Ward C.R., Storeyb T. 1984, Determination of the time course of capacitation in mouse spermatozoa using a chlortetracycline fluorescence assay Dev. Biol., 104:287

[91] Weitze. K.F. 1990, The use of long-term extender in pig AI - a view of the international situation. Pig News Information 11 （1）:23-26

[92] Williams R.M., Graham J.K., Hammerstedt R.H. 1991, Determination of the capacity of ram epididymal and ejaculated sperm to undergo the acrosome reaction and penetrate ova. Biol Reprod. 44(6) :1080-1091.

[93] Yanagimachi R., Mahi C.A. 1976, The sperm acrosome reaction and fertilization in the guinea-pig: a study in vivo. J. Reprod. Fertil. 46:49-54

第 10 章　山羊卵母细胞的保存

随着胚胎与转基因工程技术的迅速发展，科研工作者已开始将研究对象从小鼠等实验动物转为能为人类直接提供优良食用产品和可能生产大量药用蛋白的家畜。山羊作为重要的家畜品种，是应用生物高科技进行转基因乳腺生物反应器的研制与开发和品种改良的首选对象。诸多相关的科学研究已经开始或即将开展。鉴于此，依靠动物自然生殖周期和／或超数排卵获取的卵母细胞已不能满足科学研究与开发的需要。卵母细胞冷冻保存可以充分有效地利用卵母细胞资源，为体外受精、核移植、转基因动物等领域的研究提供大量而又便宜的实验材料，使之不再受时间、地域和季节等因素的限制，而根据实验需要随时随地地进行。卵母细胞的冷冻保存与精子冷冻保存、胚胎冷冻保存一起可使优良品种、珍稀濒危动物或任何个体的基因库得以长期保存，保存和维护生物多样性，也为优良畜种和珍稀濒危野生动物保护提供新的途径。同时，它还是实现哺乳动物体外受精实用化、商业化的重要保证。因此，冷冻保存卵母细胞具有潜在的应用价值。

10.1 卵母细胞冷冻保存原理

卵母细胞超低温冷冻保存是采取特殊的保护措施和降温程序，使细胞在超低温（-196℃）条件下停止代谢，而升温后又不失去代谢能力的一种长期保存技术。卵母细胞的水分含量达 80% 以上，在冷冻过程中，在 90% 的水分形成游离水而冻结成冰晶。细胞内冰晶的形成，使蛋白质结构发生不可逆转的变化，导致卵母细胞死亡。卵母细胞的超低温冷冻保存实际上是一个脱水过程，最关键的是如何减少因细胞内冰晶形成而引起的损伤。事实上，冷冻伤害并不是来自暴露于超低温本身，而是来自于降温或复温的温度转换过程。在低温生物学发展早期，人们就认识到冷冻或融化过程中在卵母细胞内部形成冰晶而导致细胞死亡。当标本降到一定温度时，首先在细胞外部形成冰晶，细胞内部尚未结冰而处于超冷状态。随着细胞外部冰晶逐渐增大，细胞外液渗透压升高，且有较高的化学能。如果冷冻速度很慢，细胞膜两侧的渗透压差和化学能差导致细胞质水分跨膜向细胞外渗透并继续结冰，引起细胞内进行性脱水，因此细胞内不能形成冰晶。相反，如果冷冻速度过快，细胞内水分不能及时渗透，达不到胞内外化学势能平衡，当温度下降至某一临界点时就会导致细胞内形成胞内冰晶而致死细胞。解冻过程中，如果缓慢升温，在 -15℃～ -50℃致死温区时，胞内也可形成冰晶而致死细胞。冷冻过程中，细胞内形成冰晶是不可避免的，关键是冰晶的大小，只要不形成对细胞造成物理性损伤的大冰晶，而是维持在微晶状态，细胞将不会受到损伤。Mazur 等提出冷冻损伤两因素假说，他认为造成冷冻损伤有两个因素：一是细胞内冰晶形成，这是冷冻速度过快造成的，由于水分来不及渗出，细胞内形成大量冰晶，可对细胞造成致死性损伤；二是溶液效应，这是由过慢冷冻所产生的，它使细胞在高浓度的深夜中暴露的时间过长而遭损伤。

程序冷冻中，在 -5℃～ 15℃时，细胞内处于超冷状态，如细胞尚未充分脱水，冰晶将会迅速集聚而引起温度瞬间剧增，细胞将会在这温度的剧烈变化过程中遭受致命的损伤。为避免出现过度超冷的现象，一般在 -5℃～ 7℃采用人工诱导结晶方法，及时启动脱水过程。这样，在较高零下温度时强制形成结晶并逐渐扩散至整个溶液，避免冰晶的突然形成。

10.2 冷冻保护剂

冷冻保护剂的作用是稀释溶液中的溶质浓度，减少冷冻和解冻过程中细胞渗透性损伤和阻止冰晶形成。根据能否渗透进入细胞，可将冷冻保护剂分为渗透型和非渗透型两种。此外，近年来采用了一些新的防冻剂，如乙酰胺、海藻糖、抗冻蛋白、植物类抗冻因子等。

10.2.1 渗透性冷冻保护剂

一般为小分子物质，可通过细胞膜进入细胞内，常用的渗透性保护剂为甘油（GL）、乙二醇（EG）、二甲基亚砜（二甲基亚砜）和1，2-丙二醇（PROH）等。渗透性保护剂的主要作用机制是与水结合后，使溶液的冰点下降，使之不易形成冰晶；此类保护剂可稀释溶液中的溶质浓度，减少细胞摄取盐量，由保护剂替代；冷冻保护剂进入细胞，改变了细胞内过冷状态，使细胞内压接近外压，降低了细胞脱水引起的皱缩程度和速度；此类保护剂进入细胞，缓解了复温时渗透性膨胀引起的损伤，从而起到冷冻保护作用。

10.2.2 非渗透性冷冻保护剂

又称细胞外冷冻保护剂，一般为高分子物质，能溶于水，但不能进入细胞。主要通过改变渗透压引起细胞脱水，发挥非特异性保护作用。在冷冻时，主要与渗透型保护剂联合使用，促使细胞完全脱水；解冻时，解冻液中含有该类保护剂，提供一个高渗环境，防止水分进入细胞太快而引起细胞膨胀破坏。常用的非渗透型保护剂包括单糖（如葡萄糖）、双糖（如蔗糖、海藻糖）、三糖（如棉子糖）、聚乙烯吡咯烷酮（PVP）、白蛋白和蛋黄等。其中蔗糖最常用，它在快、慢速冷冻中都起保护作用，而 PVP、白蛋白只可在慢速冷冻中起保护作用。血清作为蛋白质可以增加细胞的稳定性，修复包括脂蛋白复合物在内的膜损伤，并作为大分子物质发挥着降低电解质浓度的作用。血清不仅在冷冻过程，而且在解冻期间对胚胎也有保护作用。

最初的研究通常单独使用渗透性防冻剂，后来逐渐发现，在添加渗透性防冻剂的同时，结合使用非渗透性保护剂，能有效地提高胚胎冷冻存活率及移植受胎率。蔗糖是一种常用的非渗透性保护剂，主要与渗透性保护剂联合使用，可维持细胞外稳定的渗透压，促使细胞完全脱水，在解冻时产生足够的渗透压，以防止水分过快地进入细胞而造成细胞的过度膨胀，即克服渗透性休克（osmotic shock）。

10.2.3 抗冻蛋白

抗冻蛋白最早发现于极地海洋鱼类，它是一种具有特殊功能的蛋白质，在低温（4℃）和超低温（-30 ～ -196℃）下，能与细胞膜相互作用，封闭离子通道，阻止溶质渗透，从而保护膜的完整性。Rubiasky 等在冷冻液中，加入抗冻蛋白对小鼠 2- 细胞阶段胚胎进行冷冻保存，解冻后囊胚发育率高达 82.5%。一般认为抗冻蛋白的冷冻保护功能，是由于它的结构可抑制重结晶。抗冻蛋白的优点是在高浓度下对细胞无毒副作用，分子量大，不影响细胞的渗透压，且可以溶解在缓冲液或玻璃化液中。不同冷冻程序使用的浓度不同，对不同类型的抗冻蛋白和不同冷冻方法所需的浓度，需要用实验来确定。一般玻璃化液中 AFP 的浓度为 40 毫克/ 毫升，常规冷冻为 0.1 ～ 0.5 毫克 / 毫升，而普通低温（4℃）下为 1 毫克 / 毫升。

10.3 卵母细胞的冷冻方法

卵母细胞的超低温冻存方法，是借鉴胚胎冻存方法建立起来的，有慢速冷冻法、快速冷冻法、一步冷冻法、超快速冷冻法和玻璃化冷冻法等。

10.3.1 慢速冷冻法

卵母细胞用冷冻保护剂平衡处理后，开始降温，在 -6 ～ -7℃ 植冰，再以缓慢的速度（0.1-1℃ / 分钟）降温至 -80℃后，直接投入液氮中保存。该法因费时，冷冻保护剂处理的时间又较长，现在一般都不再采用。

10.3.2 快速冷冻法

卵母细胞用冷冻保护剂平衡处理后，以 1℃ / 分钟的速度降温至 -5 ～ -7℃，诱发结晶，然后以 0.1-1℃ / 分钟的速度降温至 -30℃ ～ 40℃，投入液氮保存。牛的卵母细胞冷冻基本都采用此法，人和小鼠也应用较多，效果较好。

10.3.3 一步冷冻法

室温下，将卵母细胞移入低于最终浓度或将近最终浓度的保护液中，平衡 5 ～ 10 分钟，10 分钟后再移入 4℃预冷的最终浓度的保护液中，装管并在 4℃下平衡 10 ～ 15 分钟，直接投入液氮。

10.3.4 超快速冷冻法

现在常用的冷冻方法有程序降温法和玻璃化法两种。程序降温法是利用程序降温仪，按照预先设计的降温程序将卵母细胞所处的环境降至一定温度，然后将其放入液氮中保存。这是一种慢速降温冷冻模式。过慢的冷冻过程使深夜的电解质浓度逐渐增高，而卵母细胞在高浓度的溶液中暴露时间过长时，会导致卵母细胞膜脂蛋白复合体被破坏和膜被分解。当细胞膜脱水收缩达到临界最小体积时，又会使细胞膜的渗透性产生不可逆的损伤，原来不能透过膜的溶质变成可渗透的，进而造成细胞损伤或死亡。冷冻速度越慢，由电解质浓度增高所引起的渗透压损伤就越大；如果提高降温速度，则可造成细胞内冰晶的形成而引起损伤。冷冻速度越快，冰晶形成的数量越多，损伤就越大。所以，根据卵母细胞的具体情况，尽力调和渗透压损伤和冰晶损伤这一矛盾，选择最佳的降温速率，还需选择适当的冻前处理，和合适的冷冻保护剂组合，是利用程序降温法获得卵母细胞冷冻保存最佳效果的关键。在慢速冷冻过程中，对胚胎造成的损伤主要是由于透明带与细胞膜是一个半透膜，水可以自由通过。当温度降至冰点细胞外的液体首先结冰，细胞内的水处于最初的过冷状态。随着卵母细胞外冰晶的不断扩展，未结冰的液体中溶质浓度越来越高，造成细胞内外渗透压不平衡，使得细胞内的水不断向外渗出，直到冷却到足够低的温度，细胞内才冻结。在这个过程中，水结冰时所产生的高浓度电解质作用于细胞膜，引起膜脂蛋白复合物的变性和部分类脂质的丢失，增加了细胞膜对阳离子的通透性，在细胞上形成一些小孔，解冻时水大量进入细胞造成渗透性休克。这一变化称为溶质效应。其次，由于细胞内形成大冰晶，对细胞造成机械性损伤，一般是物理损伤，尤其是解冻过程中冰晶在细胞内的结冰，更是一种致命损伤。在冷冻过程中，冰晶损伤和溶质损伤同时发生，而后者是主要的。

采用介于快速冷冻和玻璃化冷冻两种方法之间的浓度（4～4.5摩尔/升溶质），并选用对细胞毒性较低的细胞内保护剂（如乙二醇），配合细胞外冷冻保护剂（聚乙二醇或蔗糖等），在0℃以上作短暂处理后直接投入液氮中。用该法以电子显微镜铜砂网作载体，冷冻保存山羊体外成熟卵母细胞，解冻后成熟率为 27.2%，受精率为 15.7%。

10.3.5 玻璃化冷冻法

玻璃化冷冻法是近年来建立的种简便、快速而有效的方法。玻璃化是指利用物理原理将高浓度保护剂降温后由液态转化为形状类似玻璃的稳定而透明的非晶体化固体物质状态。它是超快速降低细胞温度的一种冷冻模式，一般是将经过不同防冻剂浓度平衡后的卵母细胞直接由零度以上温度浸入液氮中保存。含高浓度防冻剂的溶质在快速降温过程中，由液态转变为一种类似于玻璃的非晶体状态，而不是形成冰晶，避免了细胞内冰晶形成所致化学、物理损伤，同时缩短了冷冻处理所需的时间，简化了步骤，也不需要昂贵的程序降温仪。由 Rall 等首次将玻璃化技术用于小鼠胚胎的冷冻保存后，该方法用于牛等多种动物卵母细胞冷冻保存，都取得了成功。但是，高浓度的防冻剂也会对卵母细胞造成剧烈损伤。因此，玻璃化法研究的重点是寻找容易实现玻璃化并且对卵母细胞损伤较小的防冻剂，或者是更进一步的提高冷冻速率。

在以上五种冷冻方法中，快速冷冻法和慢速冷冻法都属于程序冷冻法。目前，卵母细胞冷冻保存常用方法有程序冷冻法和玻璃化冷冻法。

10.4 影响卵母细胞冷冻效果的因素

卵细胞体积比较大，水分含量高，结构和组分也较复杂，其抗冻能力也较低。所以，动物卵母细胞的冷冻保存仍不尽人意。卵母细胞冷冻的最初报道见于 1977 年 Whittingham 对小鼠卵母细胞的超低温保存也进行了探索，虽然已获得了来自人、牛和兔冷冻解冻卵母细胞的后代，但由于卵母细胞的冷冻技术尚处于探索阶段，所受影响因素较多，各实验室间的实验结果有很大的差异。影响卵母细胞冷冻的因素很多，如冷冻保护剂的选择、浓度、冷冻温度、解冻方法、玻璃化液的组合等，下面仅就主要的几种影响因素的研究进展情况作一下介绍。

10.4.1 卵母细胞外围结构对冷冻效果的影响

卵母细胞的外围结构特别是透明带，对卵母细胞起着极为重要的保护作用，Quinn 等（1982）证明透明带完整的卵母细胞冻后存活率和受精率分别为 71.0% 和 17.5%；而透明带不完整的卵母细胞分别为 31.0% 和 14.5%。关于卵丘对卵母细胞的冷冻效果，结果不一。有人认为有无卵丘细胞对冷冻效果没有明显影响；而 Im 等在冷冻牛 GV 期卵母细胞时，保留和去除卵丘细胞的卵母细胞冷冻解冻后成熟率分别为 44.0% 和 30.0%，致密的 COC 比裸卵具有较高的成熟率，表明卵丘细胞的存在对卵母细胞的冷冻效果有益。研究结果证明卵丘细胞的存在对人卵母细胞冷冻解冻后的发育有良好作用。

10.4.2 卵母细胞的不同发育时期对冷冻效果的影响

从小鼠到牛等动物及人卵母细胞的冷冻试验发现，成熟卵母细胞（体外成熟或体内成熟）的冷冻效果最好，且从生发泡期到成熟期，随着卵母细胞成熟时间的增加其冷冻效果也呈上升趋势。刘海军对山羊卵母细胞冷冻的研究，从生发泡期、体外成熟培养 9 小时、24 小时，冷冻解冻后的卵母细胞形态正常率、体外受精率、卵裂率都逐渐增加。

孙青原等用平衡冷冻法和玻璃化法冷冻牛未成熟卵母细胞，研究卵母细胞解冻后细微结构的变化。发现冷冻解冻后存活的卵母细胞表现了不同程度的亚细胞结构的损伤，主要表现为细胞膜的破坏和微绒毛的减少或消失，各种细胞器和内含物如线粒体、微管、高尔基复合体、内质网及囊泡的损伤，冷冻后卵丘细胞与透明带分离甚至脱落。这些结构的损伤是未成熟细胞不能继续成熟、受精和发育的原因。不同种动物的试验表明，未成熟卵母细胞与成熟卵母细胞相比其对冷冻及冷冻保护剂更敏感，结构损伤更为严重。

10.4.3 卵母细胞脂肪含量对冷冻效果的影响

细胞内脂质是造成细胞冷冻敏感性的重要原因。猪的胚胎因其含脂肪较高而对低温耐受性低，降温至 -15℃时，即可导致胚胎死亡。直到 1995 年，Nagashima 等采用去除胞质中的脂滴进行玻璃化冷冻才获得成功。他们将实验分为三组，第一组卵母细胞用 7.5 微克 / 毫升细胞松弛素 B 预处理 10 分钟后再以 12500 克离心 10 分钟；第二组用显微操作法去除脂滴；对照组未经任何处理。将 3 组玻璃化冷冻后形态正常率分别为 46.0%、58.0% 和 60.0%，组间无统计差异；带下精子注射受精率分别为 40.0%、44.0% 和 0.0%；受精卵发育为 8 细胞和桑椹胚的比率分别为 0.0%、100.0% 和 0.0%。结果表明，去除脂滴可明显提高猪卵母细胞的冷冻效果。Hiroshi 等在猪卵母细胞冷冻上也取得了类似结果。Diez 等报道从牛的合子中去除近 90% 的脂肪可提高胚胎在囊胚阶段的冷冻耐受性。而 Otoi 等在设想通过离心处理，使细胞内脂滴极化，来提高牛体外成熟卵母细胞对冷冻保存的耐受性时，离心处理的牛卵母细胞受精率（26.7%VS38.6%）和卵裂率（29.9%VS 36.2%），前者均低于后者，该结果表明，极化牛卵母细胞的脂滴并未改善卵母细胞对冷冻的耐受性，反而产生了负作用。

10.4.4 冷冻保护剂对冷冻效果的影响

在常用的四种渗透性保护剂中，乙二醇的渗透性最强，毒性最低；丙二醇的毒性比二甲基亚砜小，甘油毒性较丙二醇和二甲基亚砜都小，但因其膜渗透性最低，其保护作用也最弱。应用程序冷冻法时，甘油和二甲基亚砜的有效浓度一般为 1.0～1.5 毫升 / 升，乙二醇为 1.5～1.8 毫升 / 升，丙二醇为 1.6 毫升 / 升。由于乙二醇、丙二醇、二甲基亚砜和甘油的化学性质不同，保护作用有所差异。在实验研究中，人们使用这四种冷冻保护剂的冷冻效果也存在差异。Trounson 比较了二甲基亚砜和丙二醇对人卵母细胞的冷冻效果，结果用二甲基亚砜冷冻解冻后卵母细胞没有存活（0/3），而用 PROH，4/6 存活，存活的 4 个卵母细胞全部受精，此结果表 PROH 的保护效果优于二甲基亚砜。Hunter 等（1991）比较了甘油和二甲基亚砜的保护效果，在 0℃分别用甘油和二甲基亚砜作为保护剂处理人卵母细胞，解冻后甘油保护的 8/13 形态正常，3/8 受精（两个原核期），但没有进一步发育的；用二甲基亚砜，获得 11/15 形态正常，5/11 受精和 1/5 卵裂。在牛上也进行了类似的研究。Lim 等分别用 1.0ml/L 甘油、1.0ml/L 二甲基亚砜和 1.0ml/L 丙二醇慢速冷冻 MII 期卵母细胞，解冻后形态正常率二甲基亚砜（86%）、丙二醇（83%）显著高于甘油（62%）（P<0.05），体外受精后发育到 2-细胞期的比率，二甲基亚砜（51%）、丙二醇（54%）显著高于甘油（33%），8- 细胞胚胎发育率和桑椹胚发育率均为丙二醇（46%、14%）显著高于二甲基亚砜（21%、6%）和甘油（26%、8%）。所以从解冻后形态正常率、体外受精卵裂率及 8- 细胞、桑椹胚发育率综合来看，三种保护剂的保护效果依次为丙二醇＞二甲基亚砜＞甘油。Otoi 等比较了丙二醇、甘油和二甲基亚砜（浓度均为 1.6ml/L）对冷冻的牛体外成熟卵母细胞的受精率和发育能力的影响，也得了同样的结果。Schlander 等比较了上述三种冷冻保护剂对牛生发泡期和第二次减数分裂中期卵母细胞的冷冻效果的影响（浓度均为 1.5 毫升 / 升）；结果，对于生发泡期卵母细胞，甘油和丙二醇的卵裂率（10.7%、12.7%）和发育至 4- 细胞的比率（6.4%、8.2%）均高于二甲基亚砜的相应结果（5.1%、1.9%）；而发育至 6～8 细

胞比率（2.4%、2.7% 和 0.6%）差异不显著；对于第二次减数分裂中期卵母细胞，甘油、二甲基亚砜和丙二醇三者之间的卵裂率（12.6%、14.6% 和 13.5%），4- 细胞比率（6.9%、8.1% 和 5.7%）和 6~8 细胞比率（1.0%、1.6% 和 1.1%）均无差异。该结果表明，这三种保护剂对不同发育阶段牛卵母细胞的冷冻效果也不尽相同，对于生发泡期卵母细胞，甘油和丙二醇比二甲基亚砜具有明显良好的保护作用，而对于第二次减数分裂中期卵母细胞，三者之间的冷冻效果无明显差异。Im 等（1997）对不同成熟时期的牛卵母细胞用丙二醇和二甲基亚砜分别进行程序冷冻，结果表明，除个别实验条件下二甲基亚砜效果好于丙二醇外，二甲基亚砜与丙二醇对牛卵母细胞的冷冻效果无显著差异。Hochi 等报道采用慢速冷冻方法冷冻保存马未成熟卵母细胞，冷冻保护剂分别是 10%（V/V）的乙二醇、丙二醇和甘油，结果表明乙二醇、丙二醇的效果优于甘油。Suzuki 等用 1.8 毫升 / 升 乙二醇和 1.6 毫升 / 升 丙二醇冷冻牛体外受精胚胎，孵化率分别为 74% 和 40%，乙二醇优于丙二醇。不同冷冻保护剂的效果受不同物种，不同的卵母细胞发育阶段、保护剂浓度与组合以及作用时间等多种因素共同影响，不同实验室、不同研究者得出的结论也不尽相同，总的冷冻效果可认为是乙二醇 > 丙二醇 > 二甲基亚砜 > 甘油。

10.4.5 不同发育阶段卵母细胞对冷冻效果的影响

　　卵母细胞处于不同的发育阶段，冷冻造成的损伤也不同。Herrler 等报道，与成熟卵细胞相比，未成熟卵母细胞对冷冻保护剂处理更敏感。以二甲基亚砜为冷冻保护剂冷冻了小鼠生发泡期及第二次减数分裂中期期卵母细胞，形态正常率分别为 69% 和 81%。受精后发育至 2- 细胞的比例分别为 9% 和 17%，前者无一发育为胚泡，而后者有 8% 发育为胚泡，结果表明：MII 期卵母细胞比生发泡期卵母细胞具有更好的抗冻性。Lim 等提出，牛未成熟卵母细胞冷冻解冻后的成熟率及发育潜力比正在成熟或已经成熟的牛卵母细胞：生发泡期（未成熟）、生发泡破裂-中期 I（正在成熟）和第二次减数分裂中期（成熟）。将体外成熟培养 0、6、12、18、24 小时的牛卵母细胞冷冻，解冻后再相应培养 24、18、12、6、0 小时，总计培养 24h。解冻后的形态正常率分别为 21.8%、46.2%、58.5%、58.3%、52.9%，卵裂率分别为 5.5%、19.2%、24.5%、25.0%、52.9%，均是生发泡期低于其它组，差异显著。上述结果表明，未成熟卵母细胞比正在成熟或已经成熟的卵母细胞受到的冷冻担任损伤更为严重。Im 等也进行了类似的研究，同样表明未成熟卵母细胞比成熟卵母细胞对冷冻耐受性低。卵母细胞不同发育阶段冷冻效果表现出的差异，主要由其超微结构的冷冻损伤的差异决定。孙青原对用程序冷冻和玻璃化法冷冻的牛卵母细胞进行超微观察发现，与牛生发泡期卵母细胞相比，体外成熟的卵母细胞解冻后超微结构损伤较轻，表现为细胞膜完整，微绒毛保存较好或减少不多，囊泡不发生融合或较少发生融合。

卵巢组织冷冻是卵母细胞冷冻保存的另外一种方法。考虑到限制从排卵前卵母细胞采集用于冷冻保存卵母细胞成功的因素，近来的研究焦点集中在早期卵泡（原始卵泡）的卵母细胞保存的策略方面。许多观点都用于原始卵泡核卵母细胞的冷冻。它们包括（1）保存从原始卵泡中分离出的无卵丘的初级卵母细胞。（2）保存完整的原始卵泡（3）保存卵巢皮质切片。根据采集组织的体积和母体的年龄，通过腹腔镜进行活组织切片、剖腹手术或者卵巢切除术可以产生数百个原始卵泡和初级卵泡。与保存复杂组织表现出困难不同的是，保存卵巢组织被证明是非常成功并且大量的报道证实人类的原始卵泡在液氮中降温到－196℃下时仍能存活。此外，将解冻后的组织通过自体移植给同位或者异位返还身体，可以实现用原位保存原始卵泡来恢复自然的生殖能力。卵巢组织对冷冻的适宜性提高了作为卵巢的组织发育的可塑性，即使时因为年龄老化，部分切除或者受损伤后造成卵泡数量严重下降还能保持功能。与分离细胞的保存不同，冷冻保存组织存在一个新的问题，因为组织结构的复杂性和冷冻保存方法必须打破用于不同细胞类型冷冻的最佳条件之间的一种平衡。

10.4.6 冷冻方法对冷冻效果的影响

程序冷冻即慢速冷冻、快速解冻法，是通过慢速降温，尽可能地使水分从细胞中脱除，避免了细胞内冰晶形成对细胞造成的伤害。玻璃化法是通过使用高浓度的冷冻保护剂而使液体在快速降温过程中形成非晶体的玻璃态，从而避免了细胞内冰晶形成。程序冷冻中，卵母细胞必须经历低于 10℃ 的一段时间，低温对卵母细胞的发育能力很有影响。早期的研究表明，快速冷冻兔卵母细胞移植后仍可存活。快速冷冻小鼠卵母细胞，在 0℃ 保存 6 小时，受精后也获得仔鼠。这些结果表明兔和小鼠卵母细胞对低温的耐受力较强。然而牛卵母细胞对低温非常敏感。Martino 等报道，冷却牛卵母细胞至 10℃ 和 0℃，体外成熟率分别为 63% 和 68%，与对照组的 74% 差异不显著；但冷却至 0℃ 的卵母细胞，只有 8% 卵裂，囊胚率不到 1%，均显著低于对照组的 61% 和 25%。冷却 IVM 卵母细胞的结果与冷却生发泡期卵母细胞非常相似，冷却至 10℃ 发育率明显下降，卵裂率 36%，囊胚率 8%，至 0℃ 更为严重，卵裂率 19%，囊胚率 3%，均与对照组的 56% 和 26% 差异显著，表明牛卵母细胞冷却的影响在 20℃ ～ 10℃ 开始出现，在 0℃ 冷却影响更为严重。绵羊卵母细胞在 20℃ 冷却，与未冷却的对照组相比（44%），具有较低的囊胚率（6% ～ 11%）。玻璃化冷冻法因其快速的冷却速率可有效地克服程序冷冻中低温对卵母细胞的负面影响。但玻璃化法的高浓度防冻剂会造成对卵母细胞的细胞毒性和渗透损伤。Hochi 等对牛体外成熟培养 0、6、12、18、24 小时的卵母细胞，先用 20% 乙二醇溶液处理再移入 40% 乙二醇

+0.3mol/L 蔗糖 +18%Ficoll 的玻璃化液体中（20℃）中处理后，将经玻璃化处理的卵母细胞继续培养满 24 小时，进行体外受精和体外培养。结果表明牛卵母细胞所处的发育阶段影响玻璃化冷冻保存的效果，玻璃化冷冻液损伤卵母细胞并降低卵母细胞的卵裂率和囊胚发育率。

在实践或实验研究中，不同研究者采取相同的冷冻方法，选用不同冷冻保护剂、不同浓度及不同的组合，对不同品种的动物，得出的结果也各不相同。

小鼠：Carroll（1993）用慢速冷冻（-80℃）、慢速解冻法冷冻小鼠成熟卵母细胞，解冻后将形态正常的卵母细胞进行受精，发育为 2- 细胞胚胎的比例比对照组低，分别为 84% 和 93%，但胚胎附植率（81% 和 75%）以及妊娠 15 天时活仔率（42% 和 40%）之间没有区别。李翠兰（1991）用慢速冷冻（-40℃）快速解冻法冷冻小鼠 GV 期卵母细胞，形态正常卵母细胞的成熟率、受精率和 2- 细胞卵裂率与对照组间（43.2%vs.48.6%、25.4%vs.26.4%、17.3%vs.20.0%）无区别。Carrol 等用此法冷冻保存小鼠成熟卵母细胞受精后 2- 细胞胚胎比例 82%，胚胎移植后附植率为 73%，活仔率 55%（妊娠 15 天），与对照组（85%、76% 和 62%）无显著差异。

Nakagata 用玻璃化法冷冻小鼠成熟卵母细胞，解冻后形态正常率达 86.7%，受精后达到原核期及 2- 细胞的比例分别为 81.6% 和 78.4%，胚胎移植后，45.8% 发育成幼仔。Shaw 等用该法冷冻小鼠成熟卵母细胞，体外受精率达 84-94%，其中 80-87% 为正常受精，后者培养后 69~78% 发育为胚泡。Hao 等用超快速冷冻法冷冻小鼠卵泡卵母细胞，解冻后形态正常率达 58.1%，形态正常的卵母细胞体外成熟率为 22.7%。用该法冷冻小鼠成熟卵母细胞的存活率、受精率分别为 80～95% 和 56%，46% 的受精卵体外发育为胚泡。

以上研究结果表明，无论采取哪种冷冻方法，小鼠成熟卵母细胞的冷冻保存都取得了较为理想的结果，但从解冻后发育率及移植后的产仔率、存活率来看，玻璃化法更优。

Fuku 等用玻璃化法冷冻牛未成熟和体外成熟的卵母细胞效果不理想，形态正常率、受精率及卵裂率均低于慢速冷冻组。冯怀亮用 6 种不同冷冻方法冷冻保存牛 IVM 卵母细胞，解冻后形态多数正常，但受精率、卵裂率均低于对照组。在所用的 6 种方法中，用 1.6 摩尔 / 升 丙二醇 +0.2 摩尔 / 升蔗糖进行分步平衡的程序冷冻效果最好，其卵裂率、受精率均高于玻璃化法，但因所用卵母细胞较少而无统计学差异。孙青原用 3 种不同方法，1.0 摩尔 / 升程序冷冻，1.6 摩尔 / 升 丙二醇 +0.1 摩尔 / 升蔗糖程序冷冻和玻璃化法冷冻牛生发泡期卵母细胞，结果玻璃化法冷冻的卵母细胞形态正常率高于程序冷冻法的卵母细胞，体外成熟培养后卵丘扩展率是玻璃化组最高，但成熟率、受精率 3 组间均无差异。Martino 等采用电子显微镜铜砂网作为卵母细胞的冷冻载体，以非常快的冷却速率，将牛第二次减数分裂中期卵母细胞（5.5 摩尔 / 升 乙二醇 +0.5 摩尔 / 升蔗糖）短暂处理后，以非常小的体积（<1 微升）转移至铜砂网上，随即浸入液氮，从保护剂处理至投入液氮时间为 30 秒，解冻后体外受精的卵裂率为 30%、囊胚率为 15%。Vajta 等用一种叫 OPS（Open Pulled Straw，OPS）的新的玻璃化方法冷冻牛卵母细胞，解冻后移植给 14 头受体，出生了三头牛犊。从以上的结果分析表明，由于牛卵母细胞对低温较敏感，而改进的超快速冷冻和玻璃化冷冻特别是后者则可有效地克服牛卵母细胞的冷却敏感性，较传统的平衡冷冻方法越来越显示出其优势。

来自冷冻解冻的人卵母细胞首例妊娠（1987）就是采用了慢速冷冻，快速解冻法。用 1.5 摩尔 / 升 二甲基亚砜在 0℃ 预冷，比较了慢速解冻和快速解冻的效果，当采用慢速冷冻、慢速解冻时，只有 1/12 的卵母细胞存活；而采用慢速冷冻，快速解冻时，32/40 存活，25/30 受精，18/25 达到 6~8 细胞，表明在慢速冷冻条件下，快速解冻明显优于慢速解冻。近年来，玻璃化冷冻法被应用于人卵母细胞的冷冻上，并获得了较好的效果。以电子显微镜铜砂网作载体，对未成熟人卵母细胞用 5.5 摩尔 / 升乙二醇 +1.0 摩尔 / 升蔗糖进行玻璃化冷冻，解冻后的存活率、成熟率、受精率和 2- 细胞胚胎发育率与对照组间无明显差异。

对山羊卵母细胞的冷冻研究得较少。郝志明用五步平衡、五步脱除防冻剂的程序冷冻法对山羊卵泡卵母细胞进行冷冻，成熟率为 16.6%。Le Gal 报道，采用慢速冷冻、快速解冻法，以 1.5 摩尔 / 升丙二醇为冷冻保护剂，结果冷冻组、保护剂处理组和对照组卵母细胞体外成熟率分别为 23.7%、71% 和 82.1%，冷冻组明显低于其余两组，后两组间差异不显著；各组体外成熟的卵母细胞的受精率分别是 23.1%、40.0% 和 72.2%，对照组高于冷冻组和丙二醇处理组。表明只用丙二醇处理不影响卵母细胞成熟率，但显著降低成熟卵母细胞的受精率；冷冻卵母细胞的成熟率的降低主要由冷冻损伤引起。刘海军用程序冷冻和 OPS 玻璃化冷冻山羊生发泡期、培养 9 小时和第二次减数分裂中期卵母细胞，程序冷冻的生发泡期、9 小时和第二次减数分裂中期卵母细胞的形态正常率分别为 84.1%、83.0% 和 83.8%，差异均不显著；但玻璃化冷冻各期卵母细胞的成熟率、受精率和卵裂率均高于程序冷冻法，证明玻璃化冷冻山羊卵母细胞效果较好。

提高玻璃化冻存效果的关键在玻璃化溶液的组合、冷冻及解冻速度。石德顺等以 TCM199+10% 绵羊血清 +20% 乙二醇 +20% 二甲基亚砜 +0.3% 蔗糖为玻璃化液用 OPS 管或玻璃毛细管冷冻卵母细胞体外受精后 22 ~ 24 小时检测受精率时，发现如液柱长度大于 32 毫米，并在室温下解冻时，冻后卵裂率为 1.6%，无一发育到囊胚阶段；如将液柱长度控制在 3 毫米以内，38℃水浴解冻，则冻后卵裂率达 46.8%，囊胚发育率达 16.7%；如果用直径更小的玻璃化毛细管（0.5 毫米）作冷冻容器，则冻存卵母细胞的受精率达 53.7%，囊胚发育率达 44.4%，与对照组（66.7% 和 52.8%）无显著差异。故他们认为冷冻保存技术的关键是冷冻和解冻速率。

以上结果说明，不同的研究者用不同的保护剂及不同的保护剂浓度组合，比较程序冷冻和玻璃化冷冻的效果也不同，但可以看出，通过提高玻璃化冷却速率，可使溶液的毒性和渗透性损伤在为减少，从而提高了玻璃化冷冻的效果。冷冻对卵母细胞的损伤作用有两个方面，溶质损伤和冰晶损伤。而玻璃化冷冻造成的损伤主要是高浓度冷冻保护剂对卵母细胞的毒性和渗透损伤。减少玻璃化损伤的途径是选择低毒性的保护剂或使用混合防冻剂，降低防冻剂的浓度，配合使用非渗透性防冻剂，提高冷冻速率，缩短与防冻剂的接触时间，在 0 ～ 4℃低温下操作等。Fabbri 等也提出，在卵母细胞的各种冷冻方法的冷冻过程中，其冷冻效果是受多种因素共同影响的。但无论怎样，玻璃化法因其快速、简便、省时等诸多优点，越来越引起人们的兴趣，并受到人们的重视，不失为一种很有研究潜力的冻存方法。在选用适当的玻璃化液后，如果用传热更快、管径更细的金属毛细管作为冷冻容器或能象颗粒冻精那样直接浸入液氮，也许会有效地提高卵母细胞的玻璃化冷冻效果。

随着对卵母细胞的低温生物学特征不断深入研究，开发选择更适当的保护剂，进一步完善冷冻及解冻方法，无论玻璃化冷冻法还是程序冷冻法都将会大大提高冷冻后卵母细胞的发育潜力，使进而建立"卵子库"是可行的，为胚胎工程的研究提供充足的卵母细胞来源。

10.5 山羊卵母细胞保存常用的方法

10.5.1 卵母细胞玻璃化冷冻和解冻

10.5.1.1 主要操作液

（1）集卵液：mPBS+6%BSA+0.05 毫克 / 升的肝素

（2）卵母细胞成熟基础液：TCM199+ 卡那霉素（1 微克 / 毫升）

（3）卵母细胞冷冻与解冻溶液

基础液：TCM199+20% 胎牛血清 + 卡那霉素（1 微克 / 毫升）

预冷基础液：基础液 +0.3 摩尔 / 升蔗糖

冷冻基础液：基础液 +0.3 摩尔 / 升蔗糖

解冻液：基础液 +0.1 摩尔 / 升蔗糖

10.5.1.2 卵母细胞的采集与筛选

（1）卵巢采集和卵泡卵母细胞的回收

山羊杀死剥皮后立即开腹取出卵巢，卵巢放入装有适量约 38.5 ℃灭菌生理盐水（含适量抗生素）的保温瓶中，3 小时内送回实验室。卵巢组织用预热 38.5℃的灭菌生理盐水冲洗 3 次，除尽周围脂肪组织。用预先吸有少量预热 38.5℃集卵液的 5 毫升空针缓慢抽吸卵巢表面 Φ>2 毫米卵泡中的卵泡液，将卵泡液移入培养皿中，于体视镜下回收卵母细胞。

（2）卵母细胞的分类和筛选

按照 Pawshe 等建立的分类标准，将卵母细胞分为 4 级：A：卵丘在三层或以上、包裹致密，卵母细胞胞质黑色均一；B 级：卵丘为 1-2 层、包裹较为致密，胞质黑色均一；C 级：卵丘疏松扩展，胞质较均一；D 级：裸卵。可用卵母细胞（A 级 +B 级）作为试验材料。

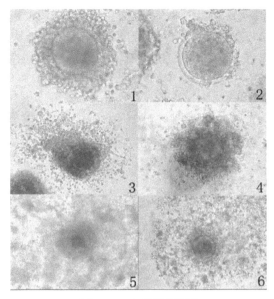

图 10-1　山羊卵母细胞

1. 成熟前卵丘致密的卵母细胞。（200 倍相差显微镜）

2. 成熟前裸卵。（200 倍相差显微镜）

3. 成熟 27 小时卵丘 0 级扩展的卵母细胞。（100 倍相差显微镜）

4. 成熟 27 小时卵丘 1 级扩展的卵母细胞。（100 倍相差显微镜）

5. 成熟 27 小时卵丘 2 级扩展的卵母细胞。（100 倍相差显微镜）

6. 成熟 27 小时卵丘 3 级扩展的卵母细胞。（100 倍相差显微镜）（周佳勃，2003）

10.5.1.3 卵母细胞玻璃化冷冻和解冻步骤

（1）OPS 管的制作

将直径为 0.5 毫米的毛细玻璃管（长 9 厘米）拉至直径和管壁厚度均为原来的一半，中间切断，备用。

（2）冷冻

卵母细胞先在预冷液中平衡一定时间，然后移入预先准备好的冷冻液微滴（1-2 微升），每微滴含 5～8 枚卵子。用 OPS 管尖端接触冷冻液微滴，卵母细胞随即被吸入，尽快投入液氮中（卵母细胞从接触冷冻液到投入液氮的玻璃化时间按不同试验要求而定）。

（4）解冻

从液氮中取出已冻存 3 周以上 OPS 管，OPS 管尖端插入室温下解冻液中，停留 1 分钟后，转移到基础液中，停留 5 分钟，最后用培养液洗涤 3 次。

10.5.1.4 冻存效果评估

解冻后透明带完整（生发泡期卵丘卵母细胞复合体的卵丘细胞未完全脱落），胞质均匀的卵母细胞，判定为形态正常。冷冻解冻后的第二次减数分裂周期卵细胞（生发泡器期卵母细胞需先培养成熟）经体外受精和受精卵培养，间隔 24 小时观察统计成熟率、受精率、卵裂率和胚胎发育状况。

10.5.2 山羊卵巢组织冷冻和解冻

10.5.2.1 主要操作液

冷冻液：磷酸盐缓冲液（PBS, Irvine Scientific, 美国）+15%（v/v）小牛血清（FBS, Sigma, 美国）+40%（v/v）乙二醇（EG,Sigma, 美国）+0.35 摩尔 / 升蔗糖（Sigma, 美国）＋ 10% （v/v）卵黄

消化液：TCM-199（Earle's salts,Gibco, 美国）+1 毫克 / 毫升胶原酶 IA（Sigma, 美国）+10%（v/v）胎牛血清

10.5.2.2 山羊卵巢组织的采集

选择发育状况较好、体型相似的性成熟母山羊，屠宰后立即剖腹采集卵巢，用加有双抗的 33℃～ 38℃生理盐水冲洗 2～3 遍，再用不加双抗的生理盐水冲洗，然后将卵巢组织置于含 5% 胎牛血清操作液的培养皿中，将卵巢皮质剪成 1 毫米 ×1 毫米 ×1 毫米碎块（在室温下操作），1 小时内切割完后组织碎块

10.5.2.3 卵巢组织冷冻、解冻

（1）冷冻

将卵巢组织碎块浸入 4℃卵巢组织冷冻液中历时 6 分钟，轻轻摇晃，然后立即将卵巢组织碎块吸入 0.25 ml 塑料细管中，每管吸 3 个样，塑料细管采用热封法封口，然后立即投入到液氮中保存。

（2）解冻

将含卵巢组织碎块的塑料细管置于空气中 6 秒后直接投入 40℃水浴中至完全溶解，溶解后将卵巢组织碎块依次用 40℃含 0.5、0.25、0.15 摩尔 / 升蔗糖的 PBS 洗涤，每次 10 分钟，轻轻摇晃。洗涤后在 37℃下用含 15%（v/v）胎牛血清的 PBS 液洗涤 3 次，每次 10 分钟，解冻后各组中部分组织碎块用于消化。

（3）卵母细胞收集

将解冻后的卵巢组织碎块转移至消化液中，在 37℃孵育 1 小时，轻轻摇晃。再用含 10%（v/v）FCS 的 TCM-199 冲洗两次，卵母细胞使用 27 号针头在无菌条件下分离，分离后收集带有颗粒细胞的卵母细胞置于 100 单位 / 毫升透明质酸酶（Sigma，美国）中，去除颗粒细胞，选择细胞质结构正常、透明带完整、卵细胞周围间隙小的生殖泡（第一次减数分裂前期的卵母细胞内的一完整球形核）期卵母细胞进行体外培养。

10.5.2.4 冻存效果评估（同上）

10.6 卵母细胞冷冻保存的前景与展望

提高程序冷冻法效果的方法是选择低毒或无毒、高效的防冻剂，与适当浓度的非渗透性保护剂配合使用，选用适宜的冷冻解冻程序，可有效降低程序冷冻中由溶质效应和冰晶所致的损伤。玻璃

化冷冻法是一种新兴的冷冻技术，能简便、快速并可有效地避免形成冰晶所致的物理、化学损伤，但高浓度的防冻剂会对卵母细胞造成剧烈损伤，玻璃化冷冻造成的损伤主要是高浓度冷冻保护剂以卵母细胞的毒性和渗透损伤。减少玻璃化损伤的途径是选择低毒性的保护剂或使用混合防冻剂，降低防冻剂的浓度，配合使用非渗性防冻剂，缩短与防冻剂的接触时间等。目前，对玻璃化冷冻研究的主要方向是寻找容易实现玻璃化并具有低或无细胞毒性的防冻剂，以更进一步提高冷冻速率。当前，一些学者研究开发了多种新型防冻剂——植物抗冻因子、从鱼或昆虫体内提取的特殊蛋白等天然抗冻因子，以及从卷心菜中提取的冷冻保护因子等成分，能与氢原子结合后附着在冰核的表面，阻止水分子形成冰晶而起到保护作用。如果这些新型的无毒抗冻剂被用于卵母细胞的冻存，卵母细胞的冷冻保存将进入一个新阶段。

随着现代分子生物学的进展，研究者们对超低温生物学的研究必将不断深入，冷冻对生物体的保护和损伤机理将被揭露。在卵母细胞的冷冻保存研究与实践中，低毒或无毒的冷冻保护剂将会选择出并被采用，加上进一步完善冷冻解冻方法，卵母细胞的冷冻技术将日趋完善。冷冻卵母细胞的发育潜能将会得到极大的提高，进而建立"卵子库"，为胚胎与转基因工程的研究提供充足的卵母细胞来源，具有十分重要的科学意义和商业应用价值。

【参考文献】

[1] 冯怀亮，孙青原，李子义 . 1995，牛体外成熟卵母细胞冷冻保存的研究 . 畜牧兽医学报，26（6）：481-486.

[2] 付永论，严敬明 . 1996，人类卵母细胞的冷冻保存 . 生殖与避孕，16（3）：163-166.

[3] 郝志明，张涌，钱菊汾 . 1992，山羊卵泡卵母细胞低温冷冻

保存研究. 西北农业大学学报. 20（增刊）：121-124.

[4] 李广武，郑丛义，唐兵. 1998，低温生物学. 长沙：湖南科学技术出版社，

[5] 李善国，邵敬於. 1997，人类胚胎和卵子的冷冻保存. 生殖与避孕. 17（1）:3-7.

[6] 李喜龙，季维智. 2000，动物种子细胞的超低温冷冻保存. 动物学研究. 21（5）:407-411.

[7] 刘海军，侯蓉，张美佳，张志和，王基山，兰景超，钱菊汾，张安居. 2004，山羊卵母细胞冷冻保存及其对发育效果的影响. 畜牧兽医学报. 34（1）,28-32.

[8] 石德顺，杨素芳，谭世俭. 2002 牛受精卵玻璃化冷冻保存的研究. 第十届全国动物繁殖学术交流论文.

[9] 孙青原，刘国艺，徐立滨. 1994，牛卵泡卵母细胞冷冻保存后发育潜力的研究. 中国兽医学报. 14（4）:342-345.

[10] 王君晖，黄纯农. 1996，抗冻蛋白与细胞的低温和超低温保存. 细胞生物学杂志，8（3）：107-111.

[11] 王新庄，窦忠英. 1996，影响哺乳动物胚胎冷冻效果的因素分析. 黄牛杂志. 22（2）：40-42.

[12] Al-aghbari AM, Menino AR. 2002, Survival of oocytes recovered from vitrified sheep ovarian tissues. Anim Reprod Sci., 71（1-2）:101-110.

[13] B.Behr A, Le C, Khoury B, Boostanfar B, Feinman M, Frederick J. 2005, Comparison between two different human oocyte cryopreservation protocols on survival, fertilization and embryo development. Fertility and Sterility. 83（5）:S19-S20.

[14] Baka SG, Toth TL, Veeck LL, Jones HW Jr, Muasher SJ, Lanzendorf SE. 1995, Evaluation of the spindles apparatus of in-vitro matured human oocytes following cryoperservation. Hum.Reprod.,1995,

10:1816-1820. Hum Reprod. 10（7）:1816-1820.

[15] Begin I, Bhatia B, Baldassarre H, Dinnyes A, Keefer CL. 2003, Cryopreservation of goat oocytes and in vivo derived 2- to 4-cell embryos using the cryoloop（CLV）and solid-surface vitrification（SSV）methods. Theriogenology. 15;59（8）:1839-1850.

[16] Carrol J, Depypere H, Matthews. 1990, Freeze-thaw-induced changes of the zona pellucida explains decreased rates of fertilization in frozen-thawed mouse oocytes. J. Reprod. Fertil., 90:547-553.

[17] Carroll J, Whittingham DG, Wood MJ, Telfer E, Gosden RG. 1990, Extra-ovarian production of mature viable mouse oocytes from frozen primary follicles. J Reprod Fertil. 90（1）:321-327.

[18] Cha KY, Chung HM, Lim JM, Ko JJ, Han SY, Choi DH, Yoon TK. 2000, Freezing immature oocytes. Mol Cell Endocrinol. 27;169（1-2）:43-47.

[19] Chang MC. 1953, Storage of unfertilized rabbit ova:subsequent fertilization and the probability of normal development. Nature, 172:353.

[20] Chen,Zi Jiang, Li,Mei, Ma,Jin Long, Li,Yuan, Ma,Shui Ying, Gao Xuan. 2004, The cryopreservation of human oocytes at different maturity stages. Journal Of Peking University Health Sciences, 36（6）:571-574.

[21] Chung HM, Hong SW, Lim JM, Lee SH, Cha WT, Ko JJ, Han SY, Choi DH, Cha KY. 2000, In vitro blastocyst formation of human oocytes obtained from unstimulated and stimulated cycles after vitrification at various maturational stages. Fertil Steril. 73（3）:545-551.

[22] Coticchio G, Bonu MA, Borini A, Flamigni C. 2004, Oocyte cryopreservation: a biological perspective. Eur J Obstet Gynecol Reprod Biol. 115 Suppl 1:S2-7. Review.

[23] Diez C, Heyman Y, Le Bourhis D, Guyader-Joly C, Degrouard J, Renard JP. 2001, Delipidating in vitro-produced bovine zygotes: effect on further development and consequences for freezability.

Theriogenology. 55（4）:923-936.

[24] Eroglu A, Toner M, Toth TL. 1995, Cryopreservation of human oocytes: the prophase I oocytes as an alternative approach. Assisted Reproduction Review. 5:241.

[25] Esaki R, Ueda H, Kurome M, Hirakawa K, Tomii R, Yoshioka H, Ushijima H, Kuwayama M, Nagashima H. 2004, Cryopreservation of porcine embryos derived from in vitro-matured oocytes. Biol Reprod. 71（2）:432-437.

[26] Fabbri R, Porcu E, Marsella T, Primavera MR, Rocchetta G, Ciotti PM, Magrini O, Seracchioli R, Venturoli S, Flamigni C. 2000, Technical aspects of oocyte cryopreservation. Mol Cell Endocrinol. 169（1-2）:39-42.

[27] Fabbri R, Porcu E, Marsella T, Primavera MR, Rocchetta G, Ciotti PM, Magrini O, Seracchioli R, Venturoli S, Flamigni C. 2000, Technical aspects of oocytes cryopreservation. Mol Cell Endocrinol, 169:39-42.

[28] Fuku E, Fiser PS, Marcus GJ, Sasada H, Downey BR. 1992, The effect of supercooling on the developmental capacity of mouse embryos. Cryobiology. 29（3）:428-432.

[29] Fuller BJ, Hunter JE, Bernard AG. 1992, The permeability of unfertilized oocytes to 1,2-propanediol:a comparison of mouse and human cells. Cryo-lett., 13:287-292.

[30] Herrler A, Rath D, Niemann H. 1991, Effects of cryoprotectants on fertilization and cleavage of bovine oocyte in vitro. Theriogenology. 35:212.

[31] Hiroshi N,Ranald DAC,Masashige K, Mary Y, Luke B, Alan W. B Mark N. 1999, Survival of porcine delipated oocytes and embryos after cryopreservation by freezing or vitrification. J.Reprod.Dev., 45（2）:1676.

[32] Hochi S, Fujimoto T, Choi YH, Braun J, Oguri N. 1994, Cryopreservation of equine oocytes by 2-step freezing.Theriogenology, Theriogenology. 42（7）:1085-1094.

[33] Hochi S, Ito K, Hirabayashi M, Ueda M, Kimura K, Hanada A. 1998, Effect of nuclear stages during IVM on the survival of vitrified-warmed bovine oocytes. Theriogenology. 49（4）:787-796.

[34] Im KS, Kang JK, Kim HS. 1997, Effects of cumulus cells, different cryoprotectants, various maturation stages and pre-incubation before insemination on developmental capacity of frozen-thawed bovine oocytes. Theriogenology, 47:881-891.

[35] Imoedemhe GG, Sigue AB. 1992, Survival of human oocytes cryopreserved with or without the cumulus in 1,2-propandeiol.J.Assist. Reprod.Genet, 323-327.

[36] Isachenko V, Soler C, Isachenko E, Perez-Sanchez F, Grishchenko V. 1998, Vitrification of immature porcine oocytes: effects of lipid droplets, temperature, cytoskeleton, and addition and removal of cryoprotectant. Cryobiology. 36（3）:250-253.

[37] Kathryn M, Sauders, John E P. 1999, Effects of cryopreservation procedures on the cytologyand fertilization rate of in vitro-matured bovine oocytes. Biol Reprod, 61:178.

[38] Le Gal F. 1996, In vitro maturaion and fertilization of goat oocytes frozen at the germinal vesicle stage. Theriogenology, 45:1177-1185.

[39] Leboeuf B, Maxwell, Evans G. 1997, Survival of mouse morulae vitrified in media containing antifreeze protein I. Theriogenology, 47:349（Abstr.）

[40] Lim JM, Ko JJ, Hwang WS, Chung HM, Niwa K. 1999, Development of in vitro matured bovine oocytes after cryopreservation with different cryoprotectants. Theriogenology. 51（7）:1303-1310.

[41] Lovelock JE. 1954. The protective action of neutral solutions against haemolysis by freezing and thawing.Biochem.J., 56:265

[42] Marina F, Marina S. 2003, Comments on oocyte cryopreservation. Reprod Biomed Online. 6（4）:401-402.

[43] Martino A, Songsasen N, Leibo SP. 1996, Development into blastocysts of bovine oocytes. cryopreserved by ultra-rapid cooling.Biol. Reprod., 54:1059-1069.

[44] Massip, Alban. 2003, Cryopreservation of bovine oocytes: current status and recent developments. Reproduction Nutrition Development. 43（4）:325-330.

[45] Mavrides A, Morroll D . 2002, Cryopreservation of bovine oocytes: is cryoloop vitrification the future to preserving the female gamete. Reproduction, Nutrition, Development. 42（1）:73-80.

[46] Mazur P, Leibo SP, Chu EH,A. 1972, Two factor hypothesis of freezing injury evidence from freezing in mouse ova. Cell Biophys, 71:345-355.

[47] Mazur P. Slow freezing injury in mammalian cells. 1977, In the freezing of mammalian embryos. Ciba fondation symposium 52, Edited by K. Elliott, J Whelan, Amsterdam, Elsevier, 19.

[48] Nakagata N. 1989, High survival rate of unfertilized mouse oocytes after vitrification. J.Reprod.Fert., 87:479-483.

[49] Niemann H. 1991, Cryopreservation of ova and embryos from livestock: Current status and research needs. Theriogenology, 37:59.

[50] Rall WF, Fahy GM. 1985, Ice-free cryopreservation of mouse embryos at–196 degree C by vitrification. Nature. 313:573-575.

[51] Rall WF. 1992, Cryopreservation of oocytes and embryos: methods and applications. Animal Reprod. Sci., 28:237-245.

[52] Rubinsky B, Arav A, Fletcher GL. 1991, Hypotherma protection: a fundamental property of antifreeze proteins. Biochem Biophys Res Comm, 180:566-571.

[53] Sherman JK Lin TP. 1959,Temperature shock and cold-storage

of unfertilized mouse eggs. J. Reprod.Fertil., 10:384-396.

[54] Smith GD, Silva E Silva CA. 2004, Developmental consequences of cryopreservation of mammalian oocytes and embryos. Reprod Biomed Online. 9（2）:171-178.

[55] Stachecki JJ, Cohen J. 2004, An overview of oocyte cryopreservation. Reprod Biomed Online. 9（2）:152-163.

[56] Suzuki T, Nishikata Y, 1992, Fertilization and cleavage of frozen thawed bovine oocytes by one-step dilution method in vitro. Theriogenology, 37:306.

[57] Trounson A. 1986, Preservation of human eggs and embryos. Fertil.Steril. 46:1-12.

[58] Tucker MJ, Shipley S, Liebermann J. 2004, Conventional technologies for cryopreservation of human oocytes and embryos. Methods Mol Biol. 254:325-344.

[59] Vajta G, Holm P, Kuwayama M, Booth PJ, Jacobsen H, Greve T, Callesen H. 1998, Open Pulled Straw （OPS） vitrification: a new way to reduce cryo-injuries of bovine ova and embryos. Mol Reprod Dev. 51（1）:53-58.

[60] Whittingham DG. 1997, Fertilization in vitro and developments to term of unfertilized mouse oocytes previously stored at-196℃ .J.Reprod.Fertil., 49:89-94.

[61] Wu B,Tong J,Leibo SP. 1998, Effect of chilling bovine germinal vesicle-stage oocytes on formation of microtubules and the meiotic spindle. Theriogenology, 49（1）:177.

[62] Zhang YZ, Zhang SC, Liu XZ, Xu YJ, Hu JH, Xu YY, Li J, Chen SL. 2005, Toxicity and protective efficiency of cryoprotectants to flounder embryos. Theriogenology, 63（3）:763-773.

第 11 章　山羊胚胎冷冻

胚胎冷冻保存是指通过特殊的保护措施和降温程序，使胚胎在 -196℃条件下停止代谢，而升温后又恢复代谢能力的一种技术。1972 Whittingham 等首次在超低温条件下成功地冷冻保存了小鼠胚胎，此后，许多学者对哺乳动物胚胎冷冻保存进行了大量的研究，得了大量研究成果。随着胚胎冷冻保存技术研究工作的不断深入、家畜胚胎移植方法的改进和相关胚胎生物技术的发展，特别是转基因和克隆技术的日趋成熟，家畜的经济价值也将随之提高，胚胎冷冻保存技术在畜牧业中的应用将会越来越广泛，越来越深入，并发挥巨大的经济效益。

11.1 冷冻保存机理

当生物细胞在水溶液中冷却时，温度一般先降到细胞和培养液的冰点以下，然后才发生冻结，即细胞和培养液均处于过冷状态。在大多数情况下，细胞的过冷程度比周围溶液更深，细胞外溶液先结冰，使溶质浓缩，导致细胞外环境渗透压升高。如果降温足够慢，可以通过脱水来维持细胞内外环境渗透压平衡。但是如果降温过慢，细胞长时间处于高渗环境中，对细胞产生渗透休克；如果降温过快，细胞内水分又来不及转移到细胞外，而在细胞内形成冰晶，胞浆内结冰过多会破坏细胞器，刺破细胞膜，导致细胞死亡。通过冻前在稀释液中加入一定浓度的低温保护剂，细胞在保护剂中平衡并适当脱水，可将损伤降到最低限度。

11.2 冷冻保护剂的种类

为阻止冷冻时胚胎细胞内形成致死冰晶，必须在冷冻液中加入一定量的冷冻保护剂。目前应用的冷冻保护剂很多，主要有以下 3 类：

（1）低分子量渗透性冷冻保护剂

主要有甲醇、乙二醇、1,2- 丙二醇、2,3- 丁二醇、二甲基亚砜、甘油、乙酰胺等。这类冷冻保护剂不仅能够保证细胞内水分的及时脱出，而且还能降低溶液的凝固点，这样使胚胎有更多的时间把细胞内的水分脱出，避免细胞内形成冰晶。并通过与胚胎的平衡，替换出细胞内的部分水分，这样降低细胞内形成冰晶。但是它们对胚胎有毒害作用，尤其在高浓度或高温下毒害作用更大。

（2）低分子量非渗透性冷冻保护剂

低分子量非渗透性冷冻保护剂是胚胎冷冻液中的另一个关键性成分。其主要指糖类，如单糖（葡萄糖、果糖、山梨醇和甘露醇）、二糖（蔗糖、海藻糖）和多糖（棉子糖），目前应用最广泛的是蔗糖。糖类除了能通过提高渗透压来促进细胞脱水外，还能保持细胞结构的完整。同时，糖类能减少达到玻璃化所需的渗透性冷冻保护剂的浓度，这两个特性均可降低冷冻保护剂对胚胎的毒害作用。此外，糖类还可以作为渗透压缓冲物质，其通过减少解冻时细胞的膨胀速度和程度来减少渗透性损伤的发生。这类冷冻保护剂在低温下对胚胎无毒害作用，但是温度升高时却有毒害作用。

（3）大分子物质

常用的大分子物质主要有聚乙二醇（PEG）、聚蔗糖（Ficoll）、聚乙烯吡咯烷酮（PVP）、聚乙烯醇（PVA）、透明质酸钠、葡聚糖等聚合物。这类冷冻保护剂比渗透性冷冻保护剂毒性低，并且有促进玻璃化的作用，能部分替代渗透性冷冻保护剂，降低冷冻液的毒性。由于胚胎解冻时比冷冻时更易形成致死冰晶，因此克服解冻时形成致死冰晶也至关重要，据报道，许多大分子物质，如聚乙二醇、聚蔗糖、透明质酸钠等具有阻止解冻时形成冰晶的作用。

11.3 动物胚胎冷冻保存的方法

胚胎冷冻方法根据降温方法的不同，可分为缓慢降温法和快速降温法（玻璃化冷冻法）。缓慢降温法是指将用冷冻保护剂处理过的胚胎，利用由计算机控制降温速度的胚胎冷冻仪，首先从室温以 -1℃ / 分钟的速度降温至植冰温度 -7℃，保持 10 分钟，植冰后再以 -0.3℃ / 分钟的速度降温至 -30℃，然后直接投入液氮中长期保存。这种缓慢的降温方法可以防止细胞内结冰或减少冰晶的形成。植冰即诱发结晶，可以有效防止过冷现象对胚胎造成的危害。玻璃化冷冻法是将胚胎用冷冻保护剂处理后，直接投入液氮长期保存。其原理是高浓度的冷冻保护剂在冷却时粘滞性增加，当达到临界值时固化。

（1）逐步添加（脱除）冷冻保护剂冷冻法

也称为常规冷冻法，是指添加冷冻保护剂从低浓度到高浓度逐步添加，解冻溶解后，由高浓度到低浓度逐步除去保护剂的方法。该方法一般以甘油为冷冻保护剂，甘油的浓度从 3% 逐渐增加至 10%，用胚胎冷冻仪常规冷冻（缓慢降温法），常规解冻（从液氮中取出装有胚胎的细管，在空气中停留 6 秒，浸入 30℃温水中融解）后，用 0.3 摩尔 / 升的蔗糖溶液或者磷酸盐缓冲液，逐步除去甘油，使甘油的浓度逐步降低，最后将胚胎移入磷酸盐缓冲液中，重新装管后移植。廑洪武等报道，分别以甘油和乙二醇做冷冻保护剂，常规法冷冻、解冻后，正常胚胎率为 84.5% 和 81.2%，胚胎发育率分别为 46.2% 和 56.2%。阳年生等报道，以 0.75 摩尔 / 升甘油 +0.5 摩尔 / 升 乙二醇为冷冻保护液，常规法冷冻、解冻后，用磷酸盐缓冲液六步脱防冻剂和用 0.25 摩尔 / 升 蔗糖溶液二步脱防冻剂，胚胎孵化率分别为 70.4% 和 68.6%。说明蔗糖二步脱防冻剂效果非常好，但是由于过程复杂，不适合在农村现场操作，很难在实际生产中推广应用。

（2）一步脱除冷冻保护剂慢速冷冻法

这种方法是在细管内稀释和脱除甘油。一般在装管时同时吸入冷冻保护液（10% 甘油 +PBS）和稀释液（10% 蔗糖 +PBS），中间隔以空气层，胚胎在冷冻保护液中。解冻后，将胚胎转入稀释液中，用剪刀切除冷冻保护液后直接移植即可。这种方法首先由 Renard 等报道，解冻后胚胎存活率达 50%。张明新等报道，用该方法冷冻解冻后胚胎存活率达到 90%，培养 24 小时和 48 小时的存活率分别为 77.8% 和 51.9%。这种方法虽然简化，但在移植时需要有熟练的操作技巧，在推广方面也存在一定的障碍。

（3）直接移植冷冻法

这种方法在冷冻解冻后，不必除去或者稀释冷冻保护剂，而直接进行移植。冷冻保护剂一般是用甘油和蔗糖的混合液，也可以用乙二醇、丙二醇，或者它们与蔗糖的混合液。该方法最初由 Massip and Van Der Zwalmen 报道以 1.4 摩尔 / 升 甘油 和 0.25 摩尔 / 升蔗糖做为冷冻保护剂，冷冻、解冻后直接移植，获得了 51.8% 的高受胎率。Suzuki 等报道，以 1.8 摩尔 / 升 丙二醇做冷冻保护剂，解冻后直接移植获得了 60.6% 的受胎率。

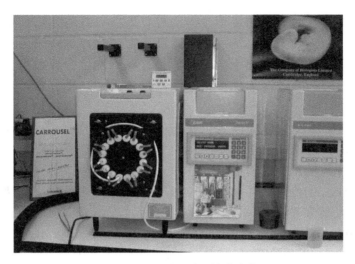

图 11-1 胚胎慢速程控冷冻仪

（4）玻璃化冷冻

玻璃化冷冻保存是指通过冷冻过程中形成玻璃样物质来减少细胞内外冰晶的形成，以保护胚胎的一种冷冻方法。这种方法采用快速降温和高浓度的冷冻保护剂，使冷冻过程中溶液变得十分黏稠和坚固，不形成冰晶。自从 1985 年 Rally 和 Fahy 首次用玻璃化法冷冻小鼠胚胎获得成功，玻璃化冷冻技术就成为学者们的研究热点。目前，玻璃化冷冻技术不仅能成功地冷冻保存多种哺乳动物的胚胎，而且还能冷冻保存对低温敏感性高的卵母细胞。

影响胚胎玻璃化冷冻保存效果的两个关键因素是冷冻保护剂和冷冻速度。只有最大冷冻速度和最低冷冻保护剂浓度之间达到平衡，才能获得好的冷冻效果。要在一定的冷冻速度下形成玻璃化状态，就需要高浓度的冷冻保护剂，但是浓度过高的冷冻保护剂又会对胚胎产生毒害。不同种冷冻保护剂形成玻璃化的能力和对胚胎的毒性也不一样。因此寻找毒性低、形成玻璃化能力强的玻璃化冷冻液成为胚胎玻璃化冷冻研究的热点之一。大量研究表明把不同种类的冷冻保护剂组合成玻璃化冷冻液，能达到降低冷冻保护剂对胚胎毒害作用，提高玻璃化冷冻效果的目的。

冷冻速度是形成玻璃化状态的另一个关键因素，提高冷冻速度可以使玻璃化溶液中冷冻保护剂的浓度降低，降低冷冻保护剂对胚胎的毒害作用。起初，胚胎的冷冻载体采用 0.25mL 或 0.5mL 的细管，直接投入液氮中。为提高胚胎的冷冻速度，研究人员发明了许多非常具有创意的冷冻载体。Vajta G 等（1998）发明了 OPS 法（open pulled straw），Lane M 等（1999）采用冷环法，Liebermann J 等（2002）发明 FDP 法（flexipet-denuding pipets），Vanderzwalmen P 等（2003）发明半管法（hemi-straw），Son W Y 等（2003）采用电镜铜网法，Bagis H 等（2005）利用金属表面法（metal surface），Niasari2Naslaji（2006）采用电泳上样吸头法（gel loading pipet tips）。这些新型冷冻载体都极大的提高了冷冻速度，不同程度地提高了玻璃化冷冻效果。在这些研究中，Vajta 发明的 OPS 法最受欢迎。OPS 法是通过将细管加热后拉长拉细，使得管壁变薄，细管体积变小来提高冷冻速度的，其冷冻速度达 20000℃ /min 以上。采用 OPS 法冷冻胚胎防止了冷冻损伤，降低了冷冻保护剂的毒性和渗透性损伤。目前，多项研究表明 OPS 法的冷冻保存结果达到或超过了常规慢速冷冻法。即使对采用常规慢速冷冻法不易成功冷冻保存的细胞或胚胎，如卵母细胞、猪胚胎、体外受精胚胎、经过显微操作的胚胎等，OPS 法也取得了较好的效果。

11.4 山羊胚胎冷冻步骤

11.4.1 常规冷冻保存

（1）主要溶液配制：

冷冻液：DPBS+ 3.0g/L BSA+ 双抗 +1.5 摩尔 / 升

抗冻保护剂：采用 EG（乙二醇）、或 GLY（甘油）、或 PG（1,2-丙二醇,Caledon）

（2）冷冻

将待冷冻的胚胎在分别含有 0.5、1.0 摩尔 / 升抗冻保护剂的冷冻液中各平衡 5 分钟，然后转入含 1.5 摩尔 / 升抗冻保护剂的冷冻液中平衡 15 分钟。将胚胎装入 0.25 毫升塑料细管，每个细管装胚胎 5 ～ 10 枚，封口后置程序降温仪内降温，先以 1.0℃ / 分钟的速率从室温（23 ～ 25℃）降至 -6.5℃，保持 10 分钟，同时进行人工植冰，再以 0.33℃ / 分钟的速率继续降温至 -35℃，停留 15 分钟后投入液氮保存。

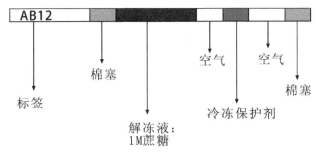

图 11-2　胚胎装管示意图

（3）解冻

将细管从液氮中取出，先在空气中停留 8 ～ 10 秒，然后放入 37℃的温水中，待细管中的冷冻液变得透明后取出，剪掉细管的两端，用吸有含 1.5 摩尔 / 升抗冻保护剂的冷冻液的注射器，将胚胎冲出。分 3 步脱除抗冻保护剂，即在分别含 1.0、0.5 摩尔 / 升抗冻保护剂的冷冻液中，以及 DPBS+3.0 克 / 升 BSA + 双抗处理液中各停留 5 分钟，用胚胎发育培养液（M199+15% 胎牛血清）洗 3 遍后，进行发育培养。培养条件：39℃，5% 二氧化碳，饱和湿度。

11.4.2 玻璃化细管法冷冻保存

（1）冷冻

将待冷冻的胚胎在冷冻液 DPBS+3.0 克 / 升 BSA+ 双抗 +10% 乙二醇处理液中平衡 30 秒，后将胚胎转移入 EFS40 中 25 秒吸入 OPS 管中后投入液氮保存。

（2）解冻

解冻时，将 OPS 管尖端直接插入 37℃解冻液（DPBS+3.0 克 / 升 BSA+0.5 摩尔 / 升蔗糖）中。用 1 毫升 注射器将胚胎吹出，停留 5 分钟后，转移至 DPBS + 3.0 克 / 升 BSA+ 双抗处理液中，停留 5 分钟，用胚胎发育培养液洗 3 遍后，进行发育培养。

11.4.3 胚胎冷冻效果的评判

把解冻后形态正常的胚胎，用 M199+15% 胎牛血清洗 3 遍后，放入上述培养液中进行发育培养，观察、记录胚胎发育情况。用冷冻 - 解冻后胚胎的回收率、胚胎形态正常率、胚胎活率和胚胎孵化率等指标评判胚胎冷冻的效果。

11.5 展望

综上所述,哺乳动物胚胎冷冻保存技术的研究在过去的十多年里取得了很大的进展,尤其是玻璃化冷冻技术有了突破性的进展。OPS 法等新型玻璃化冷冻方法的发明使玻璃化冷冻技术的商业化应用成为了可能。相信不久的将来,随着对胚胎冷冻保存技术研究的进一步深入,胚胎冷冻保存技术的应用的将会越来越广泛,将对胚胎生物工程和其他生物技术起到巨大的推动作用。

【参考文献】

[1] Morató R, Romaguera R, Izquierdo D, Paramio MT, Mogas T. 2011, Vitrification of in vitro produced goat blastocysts: effects of oocyte donor age and development stage. Cryobiology. 63（3）:240-244.

[2] Cognié Y, Baril G, Poulin N, Mermillod P. 2003, Current status of embryo technologies in sheep and goat.Theriogenology. 59（1）:171-188.

[3] Amiridis GS, Cseh S. 2012, Assisted reproductive technologies in the reproductive management of small ruminants. Anim Reprod Sci. 130（3-4）:152-161.

[4] Morató R, Romaguera R, Izquierdo D, Paramio MT, Mogas T. 2011, Vitrification of in vitro produced goat blastocysts: effects of oocyte donor age and development stage. Cryobiology. 63（3）:240-244.

[5] Youngs CR. 2011, Cryopreservation of preimplantation embryos of cattle, sheep, and goats. J Vis Exp. 5;（54）.

[6] Al Yacoub AN, Gauly M, Holtz W. 2010, Open pulled straw vitrification of goat embryos at various stages of development.

Theriogenology. 73（8）:1018-1023.

[7] Whittingham D G, Leibo S P ,Mazur P. 1972 ,Survival of mouse embryos frozen to - 196 ℃ and - 269 ℃ . Science , 178 :411-414.

[8] Kasai M , Mukaida T. 2004, Cryopreservation of animal and human embryos by vitrification. Reprod Biomed Online, 9:164-170.

[9] Zech N. 2005, Vitrification of hatching and hatched human blastocysts: Effect of an opening in the zona pellucida before vit rification. Reprod Biomed Online, 11 :355-361.

[10] Rall WF, Fahy GM. 1985, Ice-free cryopreservation of mouse embryos at -196℃ . Nature, 313:573-575.

[11] Vajta G, Kuwayama M. Improving cryopreservation systems. Theriogenology, 2006, 65:236-244.

[12] Vajta G, Holm P, Kuwayama M, Booth PJ, Jacobsen H, Greve T, Callesen H. 1998, Open pulled straw（ops） vitrification: A new way to reduce cryoinjuries of bovine ova and embryos. Mo Reprod Dev, 51:53-58.

[13] Lane M, Bavister BD, Lyons EA, Forest KT. 1999, Containerless vitrification of mamamalian oocytes and embryos . Nat Biotechnol, 17 :1234-1236.

[14] Liebermann J, Tucker MJ, Graham JR, Han T, Davis A, Levy MJ. 2002, Blastocyst development after vitrification of multipronuclaeate zygotes using the flexipet denuding pipette （FDP）. Reprod Biomed Online, 4 :146-150.

[15] Vanderzwalmen P, Bertin G, Debauche Ch, Standaert V, Bollen N, van Roosendaal E, Vandervorst M, Schoysman R, Zech N. 2003, Vitrification of human blastocyst s with the hemi-straw carrier: Application of assisted hatching after thawing. Hum Reprod, 18 :1501-1511.

[16] Son WY, Yoon SH, Yoon HJ, Lee SM, Lim JH. 2003, Pregnancy outcome following transfer of human blastocyst s vitrified on electron microscopy grids after induced collapse of the blastocoele. Hum Reprod, 18 :137-139.

第 12 章　山羊胚胎干细胞技术

12.1 胚胎干细胞的研究进展

胚胎干细胞（Embryonic stem cell，ESC）是指从附植前囊胚内细胞团或桑椹胚分离的多潜能细胞，具有自我更新、无限增殖和多向分化的潜能。ESCs 在体内外都可以被诱导分化为机体几乎所有的细胞类型。1981 年，Evans 和 Kaufman 从延迟着床的小鼠囊胚内细胞团（Inner cell mass,ICM）首次成功分离得到小鼠 ESCs 并建立稳定增殖的 ESCs 系。同年，Martin 利用畸胎瘤细胞（Embryonic carcinoma cell, EC）条件培养液分离培养小鼠囊胚内细胞团，也得到了 ESCs。1992 年，Matsui 等从小鼠原始生殖细胞（Primordial germ cell, PGC）分离得到胚胎干细胞，为了与来源于 ICM 的 ESCs 相区别，将其命名为胚胎生殖细胞（Embryonic germ cell,EGC）。EGCs 与 ESCs 在形态、组化染色特征、多能性以及生殖系传递能力等方面都十分相似，因而，也有学者将他们统称为胚胎干细胞。1998 年，Thomson 等首次获得了人 ESCs 系。至此，人们对小鼠和人 ESCs 的分类培养方法已相当熟悉，然而在其它动物身上，ESCs 的体外长期培养和建系却严重受挫。本章分别对小鼠、人、牛和羊 ESCs 的研究进展作一阐述。

12.1.1 小鼠胚胎干细胞的研究进展

在人类建立第一个 ESCs 系以前，附植后的小鼠胚胎多能性细胞就已经发现，但还没有在体外培养成功，用来研究胚胎体外发育模型的细胞来自于体内的一些畸胎癌细胞系，如 P9 和 P10 等。一些科学家利用小鼠胚胎癌细胞作了大量研究，为以后分离培养 ESCs 提供了参考依据。这些胚胎癌细胞具有自我更新和多向分化的能力，但是已经发生癌化，在建立细胞系之前核型就已改变。1981 年，依据之前人们对畸胎癌细胞的研究经验，两组科学家分别获得了来自于小鼠的 ESCs，并建立了 129 和 C57BL/6 小鼠的 ESCs 系（见表 12-1）。由此掀起了 ESCs 研究的热潮，人们又先后获得了小鼠孤雌胚胎干细胞系和小鼠胚胎生殖细胞系，并掌握了小鼠 ESCs 向心肌、血管、神经、胰岛和生殖细胞等不同类型细胞分化的方法。同时，小鼠 ESCs 作为一项新的技术，被大量的应用于各种基础研究，包括定向分化后用于疾病的细胞治疗，细胞核移植，其他物种 ESCs 建系的参考，转基因药物的研发等。小鼠 ESCs 被用作基因突变研究的工具。1987 年，几个研究机构表明，小鼠 ESCs 可以通过基因打靶技术构建动物模型。随后，基因打靶技术成为小鼠基因组修饰的一种重要方法，遗传学特性改变的小鼠 ESCs 被注射到囊胚后，能够产生转基因的后代。这一技术发展迅速，1989 年，得到了第一只具有种系传递能力的突变鼠。随着同时代的 PCR 技术、正负双向选择技术和基因敲除技术的发展，研究者们对 ESCs 的基因打靶越来越精细，在使用了基因敲除技术之后，又引入了基因敲入技术。随后几年里，出现了大量将基因突变后的 ESCs 移植到小鼠体内，以观察一些发育相关基因作用的研究，如关于原癌基因、同源基因，某些生长因子和转录因子等。2007 年，马里奥·卡佩罗、奥利弗·史密斯和马丁·埃文斯因为建立了小鼠的 ESCs 系，并创造了一套完整的"基因敲除小鼠"方式，获得了诺贝尔医学奖。小鼠 ESCs 还用于早期胚胎发育的基因和信号通路的研究。1988 年，研究人员发现 LIF 在 ESCs 体外培养中具有抑制细胞分化和促进细胞增殖的作用。后来又发现了小鼠 ESCs 中存在 Nanog 基因，一个 ESCs 多能性的维持因子，并发现 Nanog 在维持 ESCs 自我更新时可以不依赖 LIF/Stat3 路径。

表 12-1　小鼠胚胎干细胞研究重要进展

年代	重要进展	作者
1981	小鼠胚胎干细胞系的建立	Evans et al.
1983	小鼠孤雌胚胎干细胞系的建立	Kaufman et al.
1984	小鼠胚胎癌细胞产生生殖系嵌合鼠	Bradley et al.
1988	白血病抑制因子维持小鼠胚胎干细胞的未分化状态	Smith et al.
1989	首次获得基因同源重组的嵌合体小鼠	Thompson et al.
1992	由原始生殖细胞获得胚胎生殖细胞系	Matsui et al.
2000	首次获得了小鼠核移植胚胎干细胞系（ntESCs）	Munsie et al.
2001	小鼠胚胎干细胞定向分化为血管、神经和胰岛样细胞	Yamashita et al. Lee et al.
2003	小鼠胚胎干细胞体外分化得到精子和卵子	Hubner et al.
2004	由新生鼠睾丸分离得到类胚胎干细胞系	Kanatsu-Shinohara et al.
2010	小鼠 iPS 嵌合体小鼠出生	Zhao XY et al
2011	iPS 克隆小鼠出生	Riaz A et al

12.1.2　人胚胎干细胞的研究进展

1998 年美国威斯康星大学的 Thomoson 等从受精后 5-6 天的囊胚分离得到人 ESCs，培养于小鼠胎儿成纤维细胞饲养层上，最终获得 5 株人 ESCs 系。这些 ESCs 连续培养 5～6 月后仍然保持正常核型，维持未分化状态，并且表达高水平的端粒酶活性把这些 ESCs 分别注入具有免疫缺陷的小鼠体内，能产生畸胎瘤，其中包含了内、中、外 三个胚层的组织，表明它们具有形成三个胚层的潜能。同年，Shamblott 等从受精后 5～9 周胎儿生殖嵴中分离培养出 5 个 EGCs 系，它们具有和人 ESCs 类似的生物学特性。2000 年，澳大利亚的 Monash 大学和新加坡大学生殖中心的专家合作，成功地从人胚胎分离出 2 株未分化的人 ESCs 系。2002 年，中山医科大学的研究人员从 5 个人囊胚中分离出 3 株人 ESCs 系。2004 年，Hwang 等从体细胞核移植的胚胎得到人 ESCs。近几年，英国、日本、西班牙、瑞典、韩国等国的实验室也相继建立了人 ESCs 系。

目前人 ESCs 已经成为继人类基因组计划后生命科学中最活跃的研究领域。人 ESCs 的应用是相当广泛的，在发育生物学、动物和人类疾病模型的构建、药物的发现和筛选，特别是在人类疾病治疗方面的应用，如利用人 ESCs 修复或替代治疗人体组织器官缺损和功能障碍，受到世人的密切关注。用于细胞治疗的人 ESCs 必须具备安全性、有效性和免疫豁免性三大特点，因而很多人 ESCs 的研究集中于这些课题，如纯化人 ESCs 的培养体系，避免动物源物质的污染，诱导人 ESCs 向各种成体细胞分化并进行移植，体细胞核移植和治疗性克隆，以及 ESCs 的遗传修饰等研究。

最初建立的人 ESCs 都是以小鼠的胎儿成纤维细胞作为饲养层，这容易引起动物源性病原体的污染。一些研究小组用多种人源细胞直接作为饲养层来植被条件培养基，如胎儿肌肉细胞、成人骨髓细胞、成人子宫内膜细胞等，但用异体来源的细胞仍存在一定的交叉污染危险。于是，有 3 个研究小组用由人 ESCs 自发分化得到的成纤维细胞作为饲养层细胞并建立了人 ESCs 系。后来，为了使人 ESCs 的培养变得更为简单，并最大可能的减少细胞交叉污染，一些研究小组尝试建立人 ESCs 的无饲养层培养体系，将人 ESCs

培养在含血清替代物并添加各种能促进人胚胎干细胞自我更新的生长因子的培养液中，发现无饲养层培养的人 ESCs 和在饲养层上培养的人 ESCs 一样高表达所有的全能性分子标记，并具有向三个胚层分化的潜能。

在人 ESCs 的诱导分化上，科学家们借鉴了小鼠 ESCs 的诱导分化研究经验，对人 ESCs 进行各种方式的诱导分化，如 Mummery 等将人 ESCs 与鼠内脏内胚层细胞 END-2 共培养，形成跳动的心肌集落。通过与小鼠 OP9 细胞共培养，诱导人 ESCs 向造血细胞分化。并用其它诱导方法先后获得了神经祖细胞、成骨细胞、黑素细胞、肝细胞、角质细胞、胰岛细胞和角膜上皮细胞等多种类型的细胞。

人 ESCs 诱导分化后进行移植，需要避免免疫排斥反应，而现有的人 ESCs 系来源于体外受精的胚胎，与接受细胞治疗的患者有不同的遗传背景，一旦进行移植便不可避免地会出现宿主对移植物的排斥反应。于是人们提出了治疗性克隆（Therapeutic cloning）的概念，治疗性克隆是指将患者的体细胞核移入去核的卵母细胞，经过电激活或化学激活使体细胞核重构，形成重构囊胚，然后分离和培养与患者的基因和主要组织相容性抗原完全一致的人 ESCs。由于治疗性克隆不可避免地要使用人的卵母细胞，而这在一些国家是不允许的。虽然有一些科学家进行了很多试验以绕开伦理学的限制，如 Chung 等用胚胎 8 细胞阶段的卵裂球建立了 ESCs 系，这样可以不破坏胚胎继续发育。Meissner 等通过核移植手段得到 Cdx-2 缺失的囊胚，并建立 ESCs 系，由于 Cdx-2 缺失的囊胚不能发生附植，从而避免了伦理问题。但是，Solter 认为，这些技术上的改进并不能得到伦理方面的认可，因为这些方法并不能完全保证不影响胚胎的进一步发育。虽然 Cowan 等通过细胞融合的方法，证明了人 ESCs 的胞质同卵母细胞的胞质一样，可以启动体细胞核的重新编程，但目前应用 ESCs 取代卵母细胞进行治疗性克隆还存在技术上的障碍。2007 年，美国科学家和日本科学家分别成功完成了由人的体细胞转染四种多能性基因后形成胚胎干细胞的实验，既四因子实验。由于这种方法可以由体细胞获得胚胎干细胞，而不需要早期胚胎作为源材料，所以体外诱导胚胎干细胞（Inducepluripotent stem cells，IPS）迅速成为全世界干细胞科研工作者的研究热点，也为 21 世纪的胚胎干细胞研究掀起了新的篇章。

目前人 ESCs 在遗传修饰方面的研究主要是利用 ESCs 在遗传上的可操作性，通过导入外源基因、加入原有基因使其发生同源重组、诱导基因突变、基因打靶等，作为发现新基因以及研究特殊基因功能的有效手段，同时可以了解胚胎的非正常发生和发育过程及其机制。

12.1.3 牛胚胎干细胞的研究进展

12.1.3.1 牛 ESCs 的研究进展

1992 年，Saito 等以 α-MEM 为基础培养液，添加 LIF 对牛 ICM 进行分离培养，得到牛类 ESCs，传 4 代后消失。该细胞具有正常的核型，能自发分化为上皮样、成纤维样和神经样细胞。White 等利用体外受精获得扩张囊胚，链蛋白酶除去透明带，从 10 个囊胚中分离得到 7 个类 ESCs 株。该细胞具有典型的集落，可形成类胚体，体外培养 5 个月维持未分化状态，但碱性磷酸酶染色呈阴性。Ito 等分析比较了牛体内和体外培养的桑椹胚卵裂球和囊胚 ICM 分离类 ESCs 的效果，结果仅在囊胚组获得了类 ESCs。Cibelli 等由 49 枚 7 日龄牛 ICM 分离得到 27 个类 ESCs 克隆（55%）。将 β-半乳糖苷酶基因导入 ESCs，选择转染的 ESCs 注入 8 ～ 16 细胞牛胚胎中，其中 18 枚胚胎移植 7 头受体，妊娠 5 周后，得到 12 个胎儿。对胎儿进行检测，6 个胎儿分别在生殖嵴或 PGCs 中检测到标记基因，表明 ESCs 参与了生殖系嵌合。Yindee 等用小鼠胎儿成纤维细胞饲养层或混合饲养层培养牛类 ESCs，发现其贴壁率高于使用牛胎儿成纤维细胞饲养层，并且大多数未分化的牛类 ESCs 碱性磷酸酶（alkaline phosphatase, AKP）染色呈阳性，可以形成类胚体。Mitalipova 等采用与前人不同的方法，从 2 细胞阶段的胚胎卵裂球分离培养，得到 1 株牛类 ESCs，体外培养传至 150 多代，该细胞表达 SSEA-1、SSEA-3、SSEA-4 及跨膜酪氨酸激酶受体 c-kit。他认为是第一例成功的牛 ESCs 系，但该细胞传代至后期核型不正常，体内分化试验也不能形成畸胎瘤。Wolf 和 Garcia 对 Knockout-DMEM 及 α-MEM 进行筛选，发现 Knockout-DMEM 较有利于牛 ESCs 的维持和培养。Wang 等报道用 21 枚克隆胚胎，238 枚体外受精胚胎，101 枚孤雌激活胚胎分离牛 ESCs，结果得到了 3 株牛类 ESCs 系，1 株来自体外受精胚胎，2 株来自牛克隆胚胎。而且，牛 ESCs 对胰蛋白酶和 IV 型胶原酶敏感，增殖缓慢，需要 5～7d 传代 1 次。国内，钱永胜等以小鼠胎儿成纤维细胞为饲养层，从牛的去带桑椹胚中分离得到类 ESCs，传至 2 代。杨奇和安立龙等在原有实验基础上，通过对培养条件进行完善，又将其分别传至 3 代和 6 代。

12.1.3.2 牛 EGCs 的研究进展

1994 年，Cherny 等从 29～35 日龄的牛胎儿生殖嵴分离得到 PGCs，接种在 SNL 饲养层（转 mLIF 基因和 neor 基因的 STO 细胞株）和同龄牛胎儿成纤维细胞饲养层上，7 天后发现大量的 EGCs 集落。冷冻解冻后，细胞生长情况良好。AKP 染色呈阳性，可形成类胚体，自发分化可形成上皮样、神经样、成纤维样细胞。将改细胞用异硫氰酸荧光素（Fluorescein Isothiocyanate, FITC）标记，注射到牛体外受精的早期囊胚中，发现标记的细胞同 ICM 嵌合，将嵌合胚胎移植给受体，未产生嵌合体。国内，刘泽隆等采用 2～3 月龄牛胎儿，分离得到 EGCs 克隆，并传至 9 代。李松等使用牛同源胎儿成纤维细胞共培养的方法，将牛 EGCs 传至 15 代。葛秀国等对影响牛 EGCs 分离与培养的因素进行了研究，发现原代培养时采用共培养的方式有利于 EGCs 的生长和增殖，消化和吹打的传代方式能够很好的保持细胞的增殖活力。

12.1.4 山羊和绵羊胚胎干细胞的研究进展

12.1.4.1 山羊和绵羊 ESCs 的研究进展

到目前为止，山羊和绵羊都没有关于建立稳定增殖的 ESCs 系的报道。1996 年，Udy 等用大鼠肝脏细胞条件培养液培养山羊 ICM，结果发现低氧浓度可以提高山羊类 ESCs 的存活，最高传至 3 代。同年，Tillmann 等分别从绵羊和山羊胚胎中分离培养类 ESCs，发现大多山羊类 ESCs 在 3 ～ 4 代即发生死亡。采用 7 ～ 8 天的内细胞团分离培养山羊类 ESCs，仅原代形成集落；用 7 ～ 8 天囊胚全胚，最高传至 7 代；用 10 天的胚盘，最高传至 9 代；11 天胚盘，最高传至 28 代。2003 年，桑润滋等和孙国杰等将山羊桑椹胚和囊胚分别培养于小鼠胎儿成纤维细胞饲养层和同源山羊胎儿成纤维细胞饲养层，发现后者更有利于山羊类 ESCs 的分离培养，最高传至 5 代。杨继建等和杨炜峰等分别将山羊类 ESCs 传至 8 代和 12 代。2006 年，Tian 等发现山羊囊胚全胚在小鼠胎儿成纤维细胞饲养层上，山羊 ICM 在同源山羊胎儿成纤维细胞饲养层上，都不能形成类 ESCs 集落，而山羊 ICM 在小鼠胎儿成纤维细胞饲养层上则适宜分离山羊类 ESCs。进一步研究发现，小鼠 ESCs 条件培养液可以促进山羊类 ESCs 自我更新，最高传至 8 代。在绵羊方面，1987 年，Handyside 等以绵羊皮肤成纤维细胞和胎儿成纤维细胞作饲养层，从 7 ～ 8 天绵羊囊胚分离 ESCs，结果得到内胚层样细胞。Piedrahita 等将绵羊 ICM 和完整胚胎培养于小鼠 STO 饲养层或同源绵羊胎儿成纤维细胞饲养层上，没有获得形态学典型的 ESCs。Tsuchiya 等用免疫外科法分离 8 ～ 9 天绵羊囊胚 ICM，培养于 STO 饲养层上，得到 2 个 ESCs，最高传至 4 代。Campbell 等用分离到的第 1 ～ 3 代 ESCs 作核供体进行核移植，得到了 4 只绵羊。Dattena 等采用免疫外科法分离培养绵羊 ICM 发现，大多 ICM 传至 2 代后即发生分化或死亡，最高传至 5 代。

12.1.4.2 山羊和绵羊 EGCs 的研究进展

有关山羊和绵羊 EGCs 分离培养的报道也较少。山羊方面，2000 年，Lee 等从 25 天山羊胎儿分离得到 PGCs，并将细胞传至 4 代，该细胞 AKP 染色呈阳性，冷冻解冻后可以存活。同年，Kuhholzer 对培养的山羊 PGCs 进行鉴定，发现该细胞对 SSEA-1 和 FMA-1（一种胚胎癌细胞表面的糖蛋白）反应呈阳性，而对 AKP 的反应却是不稳定的。国内，2002 年，韩建永等从 44 天山羊胎儿生殖嵴中分离得到 EGCs，传至 5 代。葛秀国等从 46 例山羊胎儿中分离培养 PGCs，发现胎龄在 25 ～ 38 天的胎儿适合做 EGCs 的分离培养，小鼠胎儿成纤维细胞饲养层适合 EGCs 的生长增殖，最高传至 6 代。杨炜峰等发现机械法有利于山羊 EGCs 的传代培养，最高传至 12 代。在绵羊，1996 年，Ledda 等比较了用不同的方法分离 25 ～ 35 天的绵羊 PGCs，发现胰蛋白酶和胶原酶消化均能取得大量的单个 PGCs。

12.1.5 ESCs 多能性维持和自我更新的分子机制

研究表明，ESCs 在体内外的自我更新和未分化状态的维持，是由多条信号通路和多种转录调节因子参与调节控制的。

12.1.5.1 ESCs 多能性维持和自我更新的信号通路

（1）LIF-LIFR/gp130-JAK-STAT3 路径

LIF/gp130/STAT3 路径是发现最早、了解最清楚的参与小鼠 ESCs 多能性维持的信号通路。胞外的 LIF 信号是通过激活转录因子 STAT3 而发挥作用的。首先，LIF 作用于细胞膜上的 LIF 受体 LIFR 和跨膜受体 gp130，三者结合形成的复合物激活了 JAK，依次启动 STAT3 的磷酸化，形成二聚体并入核，最终激活一系列下游基因的转录。

当培养液中撤去 LIF 或表达显性失活（dominant negative）的 STAT3，小鼠 ESCs 分化为包括中胚层和内胚层等细胞的混合体。

因此，LIF-STAT3 通路维持小鼠 ESCs 全能性的一条途径可能是抑制了 ESCs 向中胚层和内胚层细胞的分化，并且这条途径可能是通过转录因子 c-Myc 实现的。c-Myc 是 ESCs 中 STAT3 直接调控的的靶基因之一，在培养液中撤去 LIF 后，c-Myc mRNA 表达下降，c-Myc 蛋白被 GSK3b 磷酸化并降解。过表达 c-Myc 的小鼠 ESCs，在撤去 LIF 后仍维持了自我更新和细胞全能性；而 c-Myc 功能缺失后，ESCs 失去全能性并开始分化为中胚层和原始内胚层细胞。

（2）Wnt（wingless int）路径

Wnts 为分泌性糖蛋白，在人和小鼠已发现了 19 个 Wnt 家族成员，它们在进化上高度保守。Wnts 通过膜受体 Frizzled 家族成员以及辅助受体 LRP5（low-densitylipoprotein receptor-related protein 5）和 LRP6 向细胞内转导调节信号。Wnt 信号通路参与多种细胞的基因表达、增殖、分化和凋亡，在动物发育过程中起关键作用，也决定着胚胎干细胞在皮肤、神经系统、血液系统的命运，参与 ESCs 多能性和未分化状态的维持。其中 Wnt/β-catenin（连环素）通路已经研究得比较清楚，Wnt 信号蛋白结合细胞表面受体蛋白 Frizzled，受体下游信号导致糖原合成酶激酶 -3（glycogen synthasekinase-3，GSK-3）失活，造成 APC 蛋白（adenomatous polyposis coli protein）和 GSK-3 形成不稳定的蛋白复合物，最终导致核内的 β-catenin 积累，从而激活 Wnt 目标信号分子，如细胞周期蛋白 D1、c-myc、Axin2 和 BMP 等，调节细胞的增殖、分化和凋亡等功能。用 GSK-3 的特异性抑制剂 BIO（6-bromoindirubin-3′-oxime）抑制 ESCs 中 GSK-3 的活性，可以激活 Wnt 途径，从而促进 Oct4，Rex-1，Nanog 等转录因子的表达，维持 ESCs 的自我更新。Haegele 等研究表明，Wnt 途径的激活能够上调 BMP2、BMP4、BMP7 的表达，抑制 ESCs 的分化。经典 Wnt 通路的激活足以维持 ESCs 的多潜能性。在多种培养体系中，添加 BIO 以抑制 GSK-3 的活性，能激活 Wnt 通路，小鼠 ESCs 和人 ESCs 均有高水平的多潜能性标志基因，如 Oct-4，Rex1，Nanog 等的表达。即使在无饲养层、无血清和无 LIF 的培养体系中，添加重组 Wnt-3a 因子或 BIO，人 ESCs 和小鼠 ESCs 也能维持未分化状态。

（3）PI3K 路径

磷脂酰肌醇 -3- 激酶（phosphatidylinositol-3-kinase, PI3K） 是脂激酶家族成员，其分解产物 3, 4 －二磷酸磷脂酰肌醇 [PI（3，4）P2] 和 3, 4, 5 －三磷酸磷脂酰肌醇 [P I（3, 4, 5）P3] 是胞内信号转导的第二信使。PI3K 在维持 ESCs 自我更新方面有重要作用，当 LIF 作用于小鼠 ESCs 时，可以激活 PI3K 通路使细胞内 Akt 磷酸化水平升高，增强 ESCs 的自我更新并减少细胞分化。用 PI3K 可逆性抑制剂 LY294002 特异性抑制 PI3K，能削弱 LIF 维持 ESCs 自我更新的作用，使细胞出现分化。PI3K 抑制剂对 LIF 途径诱导的STAT3 磷酸化不产生效应，但导致了 PKB/Akt，GSK-3 α / β 和 S6蛋白的磷酸化水平下降及 ERKs 磷酸化水平上升，可见 PI3K 主要通过抑制 MAPK-ERK 通路维持 ESCs 的自我更新状态。

在小鼠 ESCs 中，PI3K 信号通路可以促进 ESCs 的增殖。在p85 α 缺陷型的小鼠 ESCs 中，PKB/Akt 活性降低，细胞增殖缓慢。通过腺病毒载体转染该 ESCs 系，使其重新表达 p85 α ，则可逆转缺陷的表型。Armstrong 等的研究还发现 PI3K 路径在人 ESCs 的多能性维持和增殖活性方面也有重要作用。

（4）MAPK 路径

MAPK 路径也就是细胞分裂素活化蛋白激酶（mitogen-activated protein kinase，MAPK）- 细胞外调节激酶（extracellular regulated kinase，ERK）途径，该信号路径通过促分化作用而抑制 ESCs 的自我更新。LIF-LIFR-gp130 复合体在激活 JAK-STAT3 通路的同时也激活了 MAPK 通路，经一系列磷酸化激活 RAS-RAF-MEK 而活化 ERK。活化的 ERK 进入细胞核调控一些转录调节因子的活性，促进 ESCs 的分化。因为 LIF 也能激活 PI3K 途径，所以当 LIF 作用于 ESCs 时，LIF 激活的 JAK-STAT3，ERK-MEK-RAS-RAF 和 PI3K 路径之间的相互协调对于维持 ESCs 的自我更新和分化之间的平衡具有重要作用。

（5）BMPs/Smads 路径

骨形成蛋白（bone morphogenetic proteins，BMPs）属于 TGFβ 超家族成员，主要通过 Smads 蛋白转导信号。BMPs 的膜受体为具有 Ser/Thr 激酶活性的异二聚体跨膜复合物，BMP 先与 BMPR Ⅰ 结合，与 BMPR Ⅰ 形成二聚体并引起 BMPR Ⅱ 构型变化，从而激活 BMPR Ⅱ，BMPR Ⅱ 反过来磷酸化 BMPR Ⅰ 并使之活化，活化的 BMPR Ⅰ 磷酸化 Smad1，Smad5 或 Smad8，后者与 Smad4 形成复合物并转位到核内，直接或间接激活相关基因的表达。BMPs 除激活 Smads 信号通路外，还同时激活 Ras/MAPK/ERK，p38/MAPK 等通路。研究发现 BMP4 可以抑制小鼠 ESCs 向神经系统分化，BMP4 通过 Smad 通路诱导 Id（inhibitor of differentiation）蛋白表达，而 Id 能够抑制 ESCs 向神经分化。有研究表明，LIF 维持小鼠 ESCs 自我更新中的作用也需要 BMP4 的存在。在无血清的培养条件下，LIF 不能维持小鼠 ESCs 的自我更新，而是向神经样细胞分化，这表明血清中的一些因子和 LIF 共同维持小鼠 ES 的未分化状态。但是在无血清条件下，添加 BMP4 和 LIF 却能维持小鼠 ESCs 的自我更新。单独的 BMP4 存在时能抑制小鼠 ESCs 向外胚层分化，而 LIF 可以抑制细胞向其他胚层的分化，从而共同维持 ESCs 的自我更新。还有研究发现，用 ERK 上游激酶 MEK 的抑制剂 PD98059 作用于 ESCs，阻断 ERK 的磷酸化，可以促进 ESCs 的自我更新，而 BMP4 可通过抑制 ESCs 内 ERK 的磷酸化来抑制 ESCs 分化。人 ESCs 多潜能性的维持也和 BMPs/Smads 通路的抑制相关，但研究发现，BMPs/Smads 通路的激活导致人 ESCs 的分化，如 BMP2 诱导人 ES 细胞向胚外内胚层分化，BMP4 则诱导人 ES 细胞向滋养外胚层分化，因此，BMPs/Smads 通路的抑制有助于人 ESCs 多潜能性的维持。

12.1.5.2 ESCs 多能性维持和自我更新的重要因子

在 ESCs 的多能性维持和自我更新方面，除了上述一些信号通路起关键作用外，一些内源性的转录因子同样发挥着重要的作用。这些内源性转录因子包括 Oct4、Nanog、FoxD3、Sox2、Rex1，以及上述提到的 LIF 通路的效应因子—STAT3 等。这些转录因子的表达仅存在于早期胚胎发育过程中的多能细胞中，如 ICM、Epiblast 等。随着胚胎的进一步发育，这些多能细胞逐渐分化为成熟的组织细胞类型并丧失了多能性，而此时这些多能性相关的转录因子的表达也就随之消失。另外在体外培养的细胞系中，这些转录因子也只局限在具有多能性的细胞中，如 ESCs、ECCs 等。同样，如果这些细胞由于分化而丧失了多能性，这些转录因子的表达也就随之消失。目前，这些转录因子的表达与否已经成为衡量一种细胞是否具有多能性的标志。

（1）Oct4

Oct4（又名为 Oct3，pou5f1 编码产物）是 POU 家族第五类转录因子。它是第一个被发现只在多能细胞中表达的转录因子，有是控制 ESCs 多能性的主要因子。在胚胎发育过程中，从受精卵开始到桑椹胚阶段的细胞都表达 Oct4。到了胚泡期，Oct4 仅局限在多能性的内细胞团表达。随着胚胎发育的成熟，Oct4 在各种成熟组织中都失去表达，只在具有多能性或全能性的生殖细胞中还维持一定量的表达。小鼠的 Oct4 基因被敲除后，在胚胎发育的早期由于不能形成多能性的内细胞团而最终死亡。因此，Oct4 的功能被认为是控制细胞多能性的决定性因素。Oct4 对 ESCs 全能性的维持是必须的，但这种调空作用不是"有或无"式的，而是依赖于 Oct4 的精确表达水平，只有当其表达维持在特定范围内，Oct4 才具有维持 ESCs 未分化状态和细胞全能性的功能。在对 ESCs 中 Oct4 的功能研究中，Niwa 等采用基因敲除及可诱导的表达系统在 ESCs 中表达不同量的 Oct4 后发现，当 Oct4 的量上调正常的 50% 时，ES Cs 会向内胚层（primitive endoderm）方向发生分化；而当 Oct4 的量下调正常的 50% 时，ESCs 会向滋养层（trophoblast）方向发生分化。

作为一个功能如此强大的转录因子，目前认为 Oct4 在调控下游基因表达时发挥着双重功能，它可以抑制一些促使细胞发生分化的基因表达，也能激活那些有助于维持细胞多能性的基因的表达，其调控方式也是多种多样。它可以通过结合自己的位点直接调控基因的表达，也可以通过与其他转录因子在蛋白水平的相互作用来影响基因的表达。Liu 等报道，Oct4 可以通过结合自己的位点抑制 hCG 基因的表达，而 hCG 基因正是滋养层细胞中特异性表达的基因。另一个则是 Oct4 对 IFN 基因的抑制。IFN 也是在滋养层组织中特异性表达的基因且受到转录因子 Ets-2 的激活。Yamamoto 等发现，Oct4 能够与 Ets-2 发生蛋白相互作用，从而抑制 Ets-2 对 IFN 基因的激活。这些研究表明，由于滋养层细胞的分化过程伴随着 Oct4 表达的丧失，从而解除了 Oct4 对一系列基因的抑制才使分化得以顺利进行。另一方面，在多能细胞中，Oct4 也能激活一系列有助于维持细胞多能性的基因的表达。

FGF-4 是一个干细胞特异性的生长因子，在其基因的 3' 末端有一段增强子序列对其表达特别重要。这段序列上有 Oct4 和另一个转录因子 Sox2 的结合位点。两者协同作用共同调控 FGF4 的表达。另一个干细胞因子 UTF1 也受到同样机制的调控。这些研究结果表明，正是由于 Oct4 作用方式的多样性及表达的特异性才充分保证了其维持干细胞多能性这一强大功能的发挥。它就象一种开关，控制着多能细胞在自我更新和分化两种命运之间的转变。然而迄今为止，关于 Oct4 更为进一步的作用机制，尤其所控制的下游基因网络及其本身所受到的调控还了解得远远不够。进一步解释 Oct4 结构与功能之间的关系及由其介导的下游基因网络，以及其本身的被调控机制对彻底了解 ESCs 的多能性和自我更新机制具有重要的意义。

（2）Nanog

利用数据库表达差异筛选和 cDNA 库功能差异筛选发现的 Nanog 是由 305 个氨基酸组成的含有 Homeobox 结构域的转录因子，同时也是维持 ESCs 全能性的又一重要转录因子。像 Oct4 一样，Nanog 也仅局限在多能性细胞中表达。在胚胎发育过程中，Nanog 在桑椹胚的晚期到胚泡期中期的 ICM 细胞有短暂的高表达。之后，随着胚胎的发育及细胞多能性的消失而丧失表达。另外，通过 Northern blot 实验证明，包括生殖组织在内的各种成体组织及非多能性细胞系中都没有 Nanog 的表达。Nanog 基因敲除后的鼠 ESCs 丧失了多能性并向原内胚层细胞方向（primitive endoderm）发生分化。Nanog 基因敲除后的鼠胚胎在发育过程中不能形成由多能细胞组成的原外胚层，进而不能正常发育成小鼠。Nanog 最大的特点是能够使 ESCs 不依赖于 LIF-STAT3 途径而维持其多能性的存在。过表达 Nanog 的小鼠 ESCs 在没有 LIF 的培养条件下经长时间培养后，仍具有很强的自我复制能力，而且体外诱导及嵌合体实验均证明这些 ESCs 具有和正常 ESCs 相同的多能性。虽然在小鼠 ESCs 多潜能性的维持中，Nanog 与 LIF 有协同作用，但 Nanog 不受 LIF/STAT3 通路的调控，而且同 BMP/Smad 通路无关，Nanog 通路是独立于此两条通路之外的。尽管 Nanog 的表达受到 Oct4 的调控，但 Nanog 的功能丧失表型及基因过表达表型与 Oct4 不完全相同。不表达 Nanog 的鼠胚的 ICM 也不能产生外胚层，只产生体壁和脏壁内皮细胞（parietal and visceral endoderm cells）构成的细胞团；Nanog 过表达时，ESCs 不依赖于 LIF 和其他因子的刺激能有效地维持自身的多潜能性。这说明 Nanog 是通过一条与 Oct4 通路相互联系但不同的通路参与 ESCs 多潜能性维持的。综上所述，Nanog 是独立于 LIF/STAT3 和 BMP/Smad 两条通路之外，与 Oct4 通路相互联系但又不同的的一条通路。作为两个维持 ESCs 多能性的最为重要的转录因子，研究者已经对 Oct4 的结构与功能及其介导的基因表达模式做了大量的工作，对其调控 ESCs 多能性的分子机制有一定的了解。而对于看上去比 Oct4 有着更为强大功能的 Nanog 维持 ESCs 多能性的分子机制，人们还知之甚少。因此，Nanog 通路及其在 ESCs 多潜能性维持中的作用机制还需要深入研究。

（3）Sox2

Sox2 蛋白含单一的 HMG（high-mobility-group）DNA 结合结构域，属于转录因子。许多研究表明，Sox2 是 Oct4 的辅因子，促进 Oct4 的靶基因的转录。FGF4 是早期胚胎发育中细胞特化所必需的旁分泌因子，可能促进小鼠 ESCs 增殖。最近报道，FGF4 与纤连蛋白协同促进小鼠 ESCs 的分化。在 FGF4 基因的增强子序列中，有 Sox2 和 Oct4 的共结合位点，当两者同时结合到这两个相邻位点后，启动 FGF4 基因的转录。

Sox2 与 Oct4 在功能上相互协同，参与 ICM 细胞和 ESCs 多潜能性的维持。在胚胎发育早期，Sox2 与 Oct4 的表达模式相似，差异在于 Sox2 还表达于胚外外胚层和胚胎神经干细胞。Sox2 缺陷的鼠胚 ICM 不能产生表胚层，只衍生出滋养外胚层和胚外内胚层细胞；体外培养的 Oct4 缺陷的小鼠胚胎同样不能产生表胚层，但只产生由滋养外胚层组成的细胞团。可见，Sox2 的缺陷表型与 Oct4 的缺陷表型类似。这些事实说明，Oct4 和 Sox2 在功能上是相互协同的，可能主要是通过 Oct4-Sox2 复合物发挥这种协同作用。缺少 Sox2，ICM 细胞向滋养外胚层或者胚外内胚层分化；缺少 Oct4，ICM 细胞和 ESCs 则只衍生滋养外胚层细胞。遗憾的是至今没有成功地建立 Sox2 缺陷的 ESCs 系，以充分地说明 Sox2 在 ESCs 多潜能性维持中作用。通过 RNAi 技术抑制 Sox2 的表达，也许能达到此目的。

（4）Foxd3

Foxd3（Forkhead family member D3）属 forkheak 转录因子家族成员，表达于 ESCs 和外胚层，也表达于其后的神经嵴细胞，是着床前和着床期小鼠胚胎发育所必需的因子。Foxd3 缺陷型小鼠的胚胎因表胚层缺失和近端胚外组织扩展而在着床后死亡，体外也不能建立 Foxd3 缺陷型小鼠 ESCs 系。Oct4 能与 Foxd3 的 DNA 结合结构域相互作用，而且两者可结合到靶基因的同一 DNA 调节序列。在这一结合中，Oct4 是作为辅抑制子，抑制谱系特异性基因的表达以保持适当的发育时机。因此，Foxd3 与 Oct4 协同作用，可抑制 ESCs 或多能干细胞的分化。

（5）Rex1

Rex1 为一种酸性锌指蛋白，属于转录因子。在未分化的小鼠 ESCs 中，Rex1 有高水平的表达；而在小鼠 ESCs 分化时，其表达水平显著下降。Rex1 基因是 Oct4 的靶基因之一。Rex1 基因的启动子序列中含 octamer 元件，该元件是启动子活性所必需的，也是 Oct4 的结合位点，在其邻近有 Sox2 的结合位点。在 octamer 5′端还有一正调控元件，结合蛋白 Rox-1 能识别该位点并与之结合，促进 Rex1 表达。分析表明，在 Rex1 蛋白的氨基酸顺序中，1-35 是 Oct3/4 激活结构域，61-126 是 Oct3/4 抑制结构域。因此，Oct4 即能激活也能抑制 Rex1 基因表达，这可能取决于细胞所处环境。Rex1 蛋白能抑制小鼠 ESCs 的分化，但其作用机制还不清楚。

12.1.6 家畜胚胎干细胞研究进展缓慢的原因

在农业生产领域，家畜 ESCs 具有非常大的潜在应用价值。如畜种品质改良，生产转基因动物和制作乳腺生物反应器等。然而，目前家畜 ESCs 的研究仍处于起步阶段，很少有关于家畜 ESCs 建系的报道，仅有的几篇关于牛和猪 ESCs 建系的报道，得到的细胞或者核型不正常，或者增殖缓慢，而且都没有得到具有种系传递能力的嵌合体。窦忠英等对牛 ESCs 建系研究中存在的问题进行分析，认为 ESCs 的分离传代方法、培养体系、材料来源等都是影响 ESCs 成功建系的重要因素。

总结前人的研究经验我们可以看出，ESCs 的建系程序虽然简单，但各种动物之间存在较大的差异，即使同一物种的建系效率也十分不同，如小鼠的某些品系比其它品系更易建立 ESCs 系，可见遗传背景是一个影响 ESCs 建系的重要因素。由于小鼠和人发生畸胎瘤的机率较高，ESCs 较易在体外培养成功，而其它物种发生畸胎瘤的机率较低或者根本不会形成畸胎瘤，所以这些物种很难建立 ESCs 系。目前，科研人员对 ESCs 的研究主要集中于人和模式动物小鼠上，而家畜 ESCs 的研究力度则比较小，这也是家畜 ESCs 研究进展缓慢的原因之一。

综上所述，如何针对不同的物种建立稳定的体外培养体系，以克服不同物种遗传背景的差异，进一步深入研究 ESCs 的分子机制，加大研究人员在家畜 ESCs 方面的研究力度，将是家畜 ESCs 研究领域急需解决的问题。

12.1.7 胚胎干细胞的应用前景

ESCs 一经问世就因其区别于其他培养细胞的生物学特征而引起了生物工程领域研究人员的重视。由于 ESCs 能在体外无限扩增，又能保持未分化状态，同时拥有多向性分化的潜能，使得它在生命科学的各个领域都有着重要而深远的影响，尤其在克隆动物、转基因动物生产、发育生物学、药物的发现和筛选、动物和人类疾病模型、细胞组织和器官的修复和移植治疗等方面有着极其诱人的应用前景。

12.1.7.1 生产克隆动物

从理论上讲，ESCs 可以无限传代和增殖而不失去其基因型和表现型，以其作为核供体进行核移植后，在短期内可获得大量基因型和表现型完全相同的个体。利用良种家畜胚胎或 PGCs 分离培养 ESCs，用 ESCs 进行核移植迅速扩繁良种家畜，可大大加快家畜育种工作的进程，迅速提高有利基因及其组合在群体中的比例。ESCs

与胚胎嵌合生产克隆动物，可解决哺乳动物远缘杂交的困难问题，生产珍贵动物品种。亦可使用 ESCs 进行异种动物克隆，对于保护珍稀濒危野生动物有重要意义。自克隆羊"多莉"问世至今，体细胞克隆在牛、山羊、猪、鼠等物种上均有成功的报道。仅从生产克隆动物而言，体细胞克隆具易于取材的优点，但应注意的是体细胞克隆动物的成功率仍很低，相当多的个体在出生后表现出严重的生理或免疫机能缺陷等问题，且多是致命的。法国农业研究院称 90% 克隆牛不能正常生长。另据报道"多莉"羊早衰是由于其继承了供核细胞的生理年龄，其体细胞染色体上的端粒较相应年龄正常动物短，而 ESCs 高度表达端粒酶活性，这也从侧面揭示了用 ESCs 和 PGCs 比体细胞核移植具更现实的应用前景。现在看来，体细胞克隆动物尚不能简单地替代 ESCs 克隆，ESCs 克隆研究仍很有必要，也很有前途。

12.1.7.2 生产转基因动物

近年来，已有许多关于以 ESCs 作为外源基因载体生产转基因动物的报道。通过基因打靶、基因突变和转基因等技术改造 ESCs，制备各种人类疾病的实验模型，将极大地推动肿瘤、免疫以及遗传病等问题的研究。将不同表达的外源基因转入 ESCs，经体外筛选建立带有目的基因的 ESCs 系，将筛选后带有目的基因的 ESCs 移植到着床前胚胎内，然后植入假孕母体子宫腔内使之发育为转基因动物个体。此法是研究基因分化发育过程中的表达调控，筛选良种动物，制备人类疾病动物模型的理想途径，且可用于大量生产基因工程药物。JanVilmut 等用这种方法制造出了表达人 IX 因子的羊，并从奶中获得高含量的 XI 因子。Angelika E 用转染人类 IX 因子基因的胎儿成纤维细胞进行核移植，生产出的转基因绵羊能表达人类凝血因子，这使动物生产有了新的发展领域。ESCs 在生产转基因动物方面有其独特优势：（1）打破物种间的界限，加快动物群体变异程度。（2）可进行定向变异或育种，利用同源基因重组技术对 ESCs 进行遗传操作，通过细胞核移植技术生产遗传修饰性动物，提高有利基因及其组合在群体中的比例。（3）可对胚胎进行早期选择，提高选择的准确性，缩短育种时间。

同时，ESCs 在生产转基因动物方面也存在着一些不足：研究表明，ESCs 在生殖腺中的嵌合率较低，而 ESCs 途径制备转基因动物中一个重要的环节就是 ESCs 具备向生殖系分化的能力，所以如何提高 ESCs 在生殖腺中的嵌合率是一个亟待解决的问题。

12.1.7.3 细胞、组织、器官的修复和移植治疗

人类 ESCs 系的建立是人类生物学研究的重大技术突破，可能在人类医学中掀起一场新的革命。ESCs 具有多向分化潜能，采用不同的细胞因子或化学诱导剂，ESCs 可在体外定向分化为神经细胞、心肌细胞、造血细胞、软骨细胞、胰岛细胞等各种细胞类型。而任何物理、化学或生物学等因素造成的细胞损伤或病变引起的疾病，都可以通过移植由 ESCs 定向分化而来的特异性组织细胞或器官来治疗。在实施细胞、组织的修复和移植时必须考虑免疫排斥反应问题。为了避免免疫排斥反应，可以对 ESCs 的基因做某些修改，也可以创造"万能供者细胞"，即破坏 ESCs 中表达特异性组织相容性复合体的基因，躲避受体免疫系统的监视，从而达到避免免疫排斥反应发生的目的。另一种克服免疫排斥反应的途径是结合克隆技术创建病人特异性的 ESCs 系，将病人的体细胞核移入去核的成熟受体卵母细胞得到早期胚胎，再分离 ESCs。通过基因修复，定向分化为所需组织细胞，再移植给病人。因为这种细胞来自于病人本身，所以不会产生免疫排斥反应。如果这一设想变为现实，将是人类医学史上一项划时代的成就，它将使器官培养工业化，提供病人特异性器官。人体中的任何器官和组织一旦出现故障，就可以像汽车零件一样可被随意更换和修理。研究表明，源于 ESCs 的神经细胞能恢复受损神经的功能，Dennis 等将小鼠 ESCs 产生的未成熟神经细胞移植至受损伤的大

鼠脊髓，发现大鼠脊髓恢复了部分功能，瘫痪的大鼠也恢复了行走活动。此外，也有小鼠 ESCs 来源的心肌细胞移入心脏病小鼠体内后，小鼠病情好转的报道。Gearhart 指出，在未来 10 ～ 20 年内，可用 ESCs 培养而来的健康神经细胞治疗帕金森氏症等神经系统疾病。

12.1.7.4 药学研究

目前，用于药物筛选的细胞都来源于癌细胞这样的非正常细胞，而 ESCs 可以经体外定向诱导分化，提供各种组织类型的人体细胞，这使得更多类型的细胞实验成为可能。ESCs 虽然不能完全取代药物在整个动物和人体上的实验，但会使整个药品研制开发的过程更为有效。只有当细胞实验证明药品是安全有效后，才有资格在实验室进行动物和人体的进一步实验。在药理作用和毒性实验中胚胎干细胞提供了新药的药理、药效、毒理及药代等研究的细胞水平研究手段，大大减少了药物检测所需的动物数量，降低了成本。另外，由于 ESCs 类似于早期胚胎细胞，它们还有可能用来揭示哪些药物会干扰胎儿发育和引起出生缺陷。

12.1.8 胚胎干细胞研究所面临的问题和挑战

虽然 ESCs 的研究已经取得了令人瞩目的成就，但它在研究和应用中仍有许多问题亟待解决。

12.1.8.1 ESCs 的建系

ESCs 是源于 ICM 或 PGCs，经体外抑制分化分离培养出的一种全能性细胞。由于在胚胎及机体发育过程中，分化和分裂增殖一般都同时进行，而 ESCs 的建系，要求 ESCs 既能快速无限增殖，又要呈未分化状态，抑制分化和扩增是一对矛盾，必须筛选适宜的条件培养基。目前虽然科学家已建立了小鼠的 ESCs 系，但家畜和人类仅得到了类 ESCs 系，即便是类 ESCs 系，建系成功率也不高，家畜、人类 ESCs 系建立的最佳条件仍无定论。

12.1.8.2 ESCs 的定向分化

ESCs 的定向分化是多种细胞因子相互作用引起细胞一系列复杂的生理生化反应的过程，要诱导产生某种特异类型的分化细胞，必须了解各种因子的具体作用及作用的时间，且抑制分化的因子最佳剂量和搭配也需进一步研究。目前诱导 ESCs 分化的方法很多，包括外源性生长因子诱导、转基因诱导或通过将 ESCs 与其他细胞共培养的方式诱导 ESCs 分化等。即使能够有效的诱导 ESCs 细胞分化为所需的类型，是否其中还出现其他类型的杂细胞还不能确定，无疑这也会严重影响移植的效果。细胞要用于移植，必须抑制 ESCs 向其他谱系的分化和筛选得到单一系谱的功能细胞。另外，即使在体外环境中分化的细胞在形态和细胞标志上与体内的相同，是否也保持了在体内时的特殊功能，细胞从体外再到体内是否会发生了新的变化，这都需进一步的研究。

12.1.8.3 移植排斥反应问题

在人类 ESCs 的移植过程中，由于供体与受体 ABO 血型抗原以及 MHC 组织相容性抗原的不同而诱发产生排斥反应，目前的主要解决方法有：（1）建立 ESCs 库，提供多个主要组织相容性抗原位点以供 MHC 配型的需要。（2）建立普遍适用的供体细胞系，对 MHC 进行遗传学修饰。（3）用同源重组方法，通过核移植将受体 MHC 基因导入 ESCs。（4）微囊化基因修饰细胞移植技术。通过基因转染技术将目的基因导入到靶细胞内，再将该细胞微囊化后植入受体体内。但是目前这些方法都还没有得到成功的临床应用。

12.1.8.4 ESCs 移植的致瘤问题

ESCs 高度未分化，具有形成畸胎瘤的可能性，因此在使用 ESCs 进行治疗前必须首先体外诱导 ESCs 分化产生某种特异的组织细胞或设计自杀基因，当移植的细胞向肿瘤发展时，自杀基因能启动自毁机制使其凋亡。但如何诱导 ESCs 定向分化成单一类型的细胞，是至今仍未解决的问题。

12.1.8.5 ESCs 临床应用所面临的伦理学问题

尽管具有"发育全能性"的胚胎干细胞极具应用潜力，但是由于这项技术涉及早期未着床胚胎的使用，因此，有关此研究道德伦理问题的争论一直没有停止。所涉及到的问题主要有以下几方面：（1）用于分离 ESCs 的早期胚胎也是"人"么？反对者认为，即使是只有 100 多个细胞的早期胚胎也是人，应该得到尊重，并享受人应享受的生命的权利，为了所需要的细胞而制造有生命的胚胎，"收获"那些细胞之后又毁掉或者丢弃这些胚胎，这就等同于杀人；而支持者认为，这些内细胞团细胞并不是受精卵，没有胚外组织，因而不能发育成胚胎，因此，它不是"人"，而且这是迈向新医学的关键一步，解除患者的病痛，挽救他们宝贵的生命才是对人类生命价值的最高尊重。（2）治疗性克隆还是生殖性克隆？目前，国际上一般把对人类自身的克隆分为"繁殖性克隆"（reproductive cloning）和"治疗性克隆"（therapeutic cloning）。前者是指对整个人的复制；后者通常指出于治疗目的而克隆人的胚胎。这个问题归根结底，又回到了第一个问题，就是即便是用于治疗目的，那么用于分离胚胎干细胞的早期胚胎是也是人吗？（3）嵌合体的问题。由于治疗性核移植的应用受到人卵母细胞数量的限制，有研究人员尝试应用异种哺乳动物的卵母细胞作为载体，获取核移植 ESCs。目前已经由人兔重构胚建立了 ESCs 系。这种做法也受到了伦理学的强烈挑战。从而引发出一系列的问题，如：什么是人－动物嵌合体的本性？是人还是动物？人－动物嵌合体是否有可能同时是两个不同物种的成员？道德或伦理问题：应如何对待人－动物嵌合体？如果我们相信这种存在是两个不同物种的成员我们应赋予它什么道德地位？（4）此外，对 ESCs 的人工操作，如基因操作、核移植等被反对者认为是"非自然"，"违反上帝意志"的。综上所述，尽管目前 ESCs 在基础研究和应用研究中拥有很大的潜力和优越性，但是应用于临床还需要大量的工作，在这个领域的突破将极大地推动整个生命科学的前进。随着关键性问题的解决，ESCs 在生命科学上的价值将真正得到体现。

12.2 山羊胚胎干细胞的分离与培养

到目前为止，还没有建立稳定增殖的山羊 ESCs 细胞系，但是研究人员在山羊 ESCs 体外培养方面做了大量的工作，1996 年，Udy 等用大鼠肝脏细胞条件培养液培养山羊内细胞团（Inner Cell Mass，ICM），结果发现低氧浓度有助于山羊类 ESCs 的存活，但最多只能传 3 代。Tian 等发现，山羊囊胚全胚在小鼠胎儿成纤维细胞（MEF）饲养层上培养时不能形成类 ESCs 集落，而 ICM 适宜于分离山羊类 ESCs，小鼠 ESCs 条件培养液可以促进山羊类 ESCs 自我更新，最高传至 8 代。1996 年 Meinecke-Tillmann 等分别从绵羊和山羊胚胎中分离培养类 ESCs，发现在山羊，7～8 天 ICM，仅原代形成集落；7～8 天囊胚全胚，最高传至 7 代；10 天胚盘（embryonic discs），最高传至 9 代；11 天胚盘，最高传至 28 代，但无后续报道。桑润滋等将山羊桑椹胚和囊胚分别培养于 MEF 饲养层或同源胎儿成纤维细胞饲养层，结果发现后者更有利于山羊类 ESCs 培养，最高传至 5 代。葛秀国等以 MEF 为饲养层，采用机械分割的传代方法，将山羊 ESCs 最高传至 10 代。可见，目前对山羊 ESCs 稳定增殖所需的微环境还不够清楚，缺乏有效的培养和传代方法，导致山羊 ESCs 在体外培养过程中不能稳定增殖，过早分化或死亡。本章参考了前人的研究经验，总结了适宜于山羊 ESCs 生长和传代的条件，为致力于山羊 ESCs 方面的研究者提供参考方案。

12.2.1 主要试剂配制

MEF 培养液为：含体积分数 10% 新生牛血清、100 单位 / 毫升青霉素钠和 0.1 毫克 / 毫升 硫酸链霉素的高糖 DMEM。

山羊 ESCs 培养液为：含体积分数 15% 胎牛血清、100 单位 / 毫升 青霉素钠和 0.1 毫克 / 毫升 硫酸链霉素、0.1 毫摩尔 / 升 β- 巯基乙醇、2 毫摩尔 / 升 谷氨酰胺、0.1 毫摩尔 / 升 非必须氨基酸、1000 单位 / 毫升 LIF、10 纳克 / 毫升 bFGF 的高糖 DMEM。

12.2.2 分离培养方法

12.2.2.1 小鼠胎儿成纤维细胞（MEF）饲养层的制备

在超净工作台上，从怀孕 13.5 天的昆白小鼠子宫中分离出胎儿，剥离胎膜。除去胎儿的头、尾、四肢、内脏，取肌肉组织。用无钙镁 PBS 清洗彻底去除血污，眼科剪充分剪碎组织块。在剪碎的组织中加入适量细胞消化液，37℃ 作用 10 分钟，用带有 12# 针头的注射器轻轻吹打数次。用等量的 MEF 培养液中和，终止消化。离散后的组织，用 100 目滤纱过滤，1000 转 / 分钟离心 5 分钟。弃去离心管中的上清液，用 MEF 培养液将细胞沉淀制成悬液，接种于 9 厘米的细胞培养皿，在 37℃、5% 二氧化碳、饱和湿度的条件下培养，每 24 小时换液一次。

挑取刚好铺满皿底、生长旺盛的 1 ～ 5 代 MEF，吸去培养液，用 10 微克 / 毫升丝裂霉素 C 处理 2 小时后，吸弃含丝裂霉素 C 的培养液，并用无钙镁 PBS 冲洗 4 ～ 5 次，确保丝裂霉素 C 完全除去。加入适量细胞消化液，作用 3 ～ 5 分钟后，用等量细胞培养液终止消化，并用吸管吹打成单细胞悬液。把细胞悬液移入离心管，1000 转 / 分钟离心 5 分钟。弃上清，把细胞沉淀用 MEF 培养液制成悬液，并调整细胞浓度为 $0.8 \sim 1 \times 10^5$ 个 / 毫升，接种到预先用 1 克 / 升明胶处理过的四孔板，或者制作成 100 微升的微滴，38.0℃、5% 二氧化碳和饱和湿度条件下培养 3 ～ 24 小时待用。培养液为 MEF 培养液。

12.2.2.2 兔抗山羊血清的制备

无菌取屠宰的成年关中奶山羊脾脏，用生理盐水冲洗后，去掉脾脏被膜，充分剪碎，匀浆，加生理盐水悬浮细胞，800 目滤纱过滤，1000 转 / 分钟离心 10 分钟。用生理盐水重悬细胞，调节细胞浓度为 1×10^7 个 / 毫升，于 -196℃冷冻保存。选择健康新西兰公兔 2 只，腹腔注射解冻后的脾脏细胞，每次注射量为 4×10^8 个细胞。连续注射 4 次，每次间隔 10 天，最后一次注射 10 天后心脏采血，血液分装于 250 毫升玻璃瓶中制成斜面，静置过夜使血清析出。吸取上层血清，4000 转 / 分钟离心 30 分钟，取上清液，56℃灭活 30 分钟。0.22 微米滤膜过滤后，无菌分装，-20℃保存。该抗血清用于以免疫外科法除去山羊胚胎的滋养层细胞。

12.2.2.3 山羊超数排卵及胚胎采集（参见第 8 部分）

12.2.2.4 山羊 ESCs 的原代培养（如图 12-1）

（1）全胚培养法

将超排得到的山羊囊胚和桑椹胚，不经脱带处理，直接培养 MEF 饲养层上，38.0℃、5% 二氧化碳、饱和湿度培养，由其自然孵化并贴壁增殖。培养液为山羊 ESCs 培养液。

（2）酶消化法分离囊胚 ICM

参照杨炜峰等报道的方法。在室温下，将囊胚用链蛋白酶脱带处理后，用含 0.25% 胰蛋白酶、0.04% 乙二胺四乙酸消化 5 分钟，于解剖镜下观察，若发现滋养层细胞开始脱落，迅速将其移入操作液中，在解剖镜下借助细玻璃针分离出山羊 ICM。操作液为 MEF 培养液。

（3）免疫外科法分离囊胚 ICM

将除去透明带的山羊囊胚，在无钙镁 PBS 中洗 3 遍。然后将其移入 1：10 稀释的兔抗山羊血清中作用 30 分钟。再在 PBS 中洗 3 遍，以除去可能残留的抗体，之后移入豚鼠血清中，作用 30 分钟。然后用吸胚管将胚胎转移到操作液中，轻轻吹打，除去滋养层细胞，即可得到 ICM。操作液为 MEF 培养液。

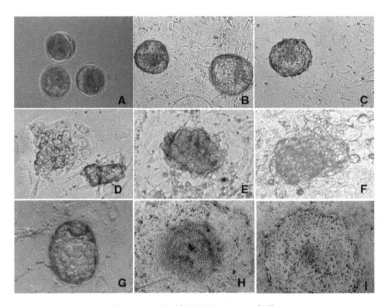

图 12-1　山羊胚胎及 ESCs 克隆

A. 山羊桑椹胚和囊胚（×100）；B. 酶消化法处理的山羊胚胎（×100）；C. 免疫外科法处理的山羊胚胎（×100）；D. 传至 5 代的山羊 ESCs 集落 E. 传至 8 代的山羊 ESCs 集落（×100）；F. 传至 14 代的山羊 ESCs 集落（×100）；G. 山羊胚胎贴壁后形成的"鸟巢"样集落（×100）；H. 山羊胚胎贴壁后形成的"煎蛋"样集落（×50）；I. 山羊胚胎贴壁后全部分化为空泡样细胞（×50）（闫龙 2008）

12.2.2.5 克隆胚胎和孤雌胚胎分离培养山羊 ESCs

28 枚克隆胚胎和 18 枚孤雌胚胎，原代培养时采用全胚培养法，传代培养时采用机械法传代，进行山羊 ESCs 的分离与培养。克隆胚胎和孤雌胚胎（见第 8 部分）（如图 12-2 克隆胚胎和孤雌胚胎分离培养山羊 ESCs）。

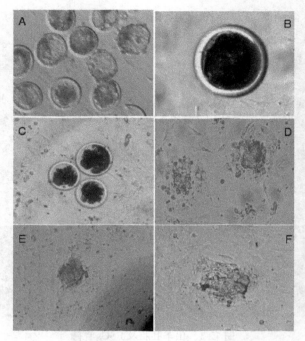

图 12-2 克隆胚胎和孤雌胚胎分离培养山羊 ESCs

A. 克隆胚胎（×100）；B. 孤雌激活胚胎（×100）；C. 死亡的克隆胚胎（×100）；D.2 代孤雌 ESCs（×100）；E. 原代克隆 ESCs 集落（×100）；F.4 代克隆 ESCs 集落（×100）（闫龙 2008）

12.2.2.6 山羊 ESCs 的传代培养

机械分割法：将 ESCs 集落用玻璃针挑出置于操作液，用胚胎切割刀将 ESCs 集落分割成 4 ～ 20 个细胞的小块，用吸胚管转移于新的饲养层培养。

酶消化法：将 ESCs 集落挑出后，放于 0.1% Ⅳ胶原酶中，38.0℃消化 30 ～ 40 分钟，期间，辅以轻柔的吹打，之后用 MEF 培养液中和。最后，将分离开的 ESCs 移至新的饲养层培养。

12.2.2.7 山羊 ESCs 的鉴定

采用形态学，碱性磷酸酶染色，分子标记检测，体外分化检测等多种方式对分离得到的 ESCs 进行鉴定。

（1）形态学检测：体积小、核大、核质比高，一个或多个突起的核仁，常染色质，胞质少、结构简单。体外培养：细胞排列紧密，集落状生长。碱性磷酸酶染色，细胞呈棕红色，周围成纤维细胞淡黄色。细胞克隆与周围界限明显，细胞克隆间界限不清、形态多样，多数呈岛状或巢状。

（2）碱性磷酸酶活性的检测——染色后呈深蓝紫色。

（3）体内分化实验：畸胎瘤。

（4）体外分化实验：囊状简单胚体或类胚体，常见多种类型细胞混杂在一起。

（5）核型分析法：二倍体正常核型。

（6）OCT 活性检测：多能性基因标志。OCT 抗血清和间接免疫荧光法检测 OCT 基因表达产物。

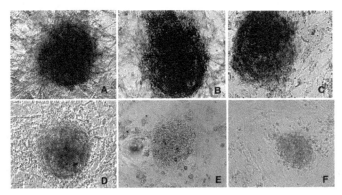

图 12-3　山羊 ESCs 免疫组化染色

A. 山羊 ESCs Nanog 染色阳性（×200）；B.Oct4 染色阳性（×200）；C.SSEA-1 染色阳性（×200）；D.SSEA-3 染色阳性（×200）；E.SSEA-4 染色阴性（×200）；F. 阴性对照组不着色（×200）（闫龙 2008）

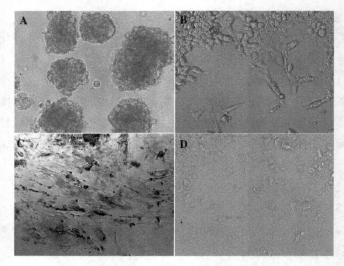

图 12-4　山羊 ESCs 体外诱导分化

A. 诱导 2 天形成的类胚体（×200）；B. 类胚体贴壁培养 5 天（×100）；C. 类胚体贴壁培养定向诱导 7 天后进行免疫组化染色（×200）；
D. 阴性对照（×200）（闫龙 2008）

【参考文献】

[1] 何志旭，黄绍良，李予 . 2002. 人胚胎干细胞系的初步建立 . 中华医学杂志 . 82（19）:1314-1318

[2] 闫龙 . 2008. 山羊胚胎干细胞的分离与培养 西北农林科技大学硕士研究生学位论文

[3] 吴白燕，冼美薇 . 1995. ES 细胞（MSEPUB）嵌合小鼠的GPI 分析 . 遗传学报 . 22（5）:336-342

[4] 丛笑倩 . 1987. 小鼠胚胎干细胞（ES-8501）建系过程的核型及特性分析 . 实验动物学报 . 20（2）:237-242

[5] 马保华，王光亚，赵晓娥 . 1998. 生产条件下安哥拉山羊胚胎徒手分割研究 . 中国兽医学报 . 18（1）:403-407

[6] 杜宪兴，施渭康 . 1996. 转染 LIF 基因的胚胎干细胞的生物学特性与分化研究 . 实验生物学报 .29（4）:413-427.

[7] 王庆忠，刘以训，韩春生 . 2005. 胚胎干细胞多潜能性维持的分子机制，科学通报 .50（15）:1156-1167.

[8] 王晓燕，刘兵，毛宁 . 2006. 小鼠胚胎干细胞自我更新的信号调控机制 . 中国实验血液学杂志 .14 （6）:1248-1252.

[9] 刘西茹，丘彦，徐红兵 . 2006. 胚胎干细胞自我更新的信号转导途径和体外培养系统的研究进展 . 重庆医科大学学报 . 31（6）:925–929.

[10] 王庆忠，刘以训，韩春生 . 2005. 胚胎干细胞多潜能性维持的分子机制 . 科学通报 . 50（15）:1156–1167

[11] 姜祖韵，袁毅君，明镇寰 . 2004. 维持胚胎干细胞自我更新分子机制的研究进展 . 生物化学与生物物理进展 31 （11）:965–969

[12] 朱江，汪燕，刁永书 . 2007, 胚胎干细胞自我更新的信号转导途径和体外培养系统的研究进展，中国修复重建外科杂志 .21（2）:188–193

[13] 窦忠英，徐晓明，华进联 . 2003. 牛胚胎干细胞建系研究进展及存在问题 . 农业生物技术学报 .11（5）:439-443

[14] 韩建永，桑润滋，孙国杰 . 2002. 山羊 PGCs 用于分离与克隆类 S 细胞 . 中国兽医学报 . 22（4）: 344-347

[15] 葛秀国，华进联 . 2005. 山羊原始生殖细胞的分离与培养 . 西北农林科技大学学报（自然科学版）.33（2）:27-38

[16] 杨炜峰 . 2006. 山羊胚胎干细胞和胚胎生殖细胞的分离培养与鉴定 . 西北农林科技大学博士研究生毕业论文，杨凌：西北农林科技大学

[17] 桑润滋，韩建永，孙国杰 . 2003. 山羊类 ES 细胞的分离与

克隆．中国兽医学报．23（4）:403-407

[18] 孙国杰，桑润滋，韩建永．2003．山羊类胚胎干细胞的分离、克隆研究．河北农业大学学报．26（3）:1-6

[19] 杨继建．2005．山羊胚胎干细胞的分离与克隆．西北农林科技大学硕士研究生毕业论文，杨凌，西北农林科技大学

[20] 杨炜峰．2006．山羊胚胎干细胞和胚胎生殖细胞的分离培养与鉴定．杨凌：西北农林科技大学西北农林科技大学博士研究生学位论文

[21] 钱永胜，窦忠英，樊敬庄．1996．牛和猪胚胎干细胞的分离与克隆．四川大学学报（自然科学版）．专辑:142-147

[22] 杨奇，窦忠英．2002．LIF 和 IGF-1 对牛胚胎干细胞分离的影响．西北农林科技大学学报（自然科学版）．30（3）:13-16

[23] 安立龙，杨奇，冯秀亮．2001．牛类胚胎干细胞的分离与克隆．中国农业科学．34（5）:465-468

[24] 刘泽隆．2000．牛原始生殖细胞的分离培养．杨凌：西北农林科技大学．西北农林科技大学博士研究生学位论文

[25] 李松．2000．从原始生殖细胞中分离克隆牛胚胎干细胞．杨凌：西北农林科技大学．西北农林科技大学硕士研究生毕业论文

[26] 葛秀国，徐晓明．2005．牛胚胎生殖细胞的分离与培养．畜牧兽医学报．36（12）:1275-1280

[27] 胡显文，陈昭烈，黄培堂．2000，人胚胎干细胞的研究．生物技术通讯．11（2）:135

[28] 杨阿聪，金颖．2006．人胚胎干细胞优化培养的进展．生命科学．18（4）:403-404

[29] 张瑞莹，周郦楠．2007．胚胎干细胞应用及其伦理学问题．中国组织工程研究与临床康复．11（15）:2919

[30] Evans M J, Kaufman M H. 1981, Establishment in culture of pluripotential cells from mouse embryos. Nature, 292（9）: 154-156

[31] Matin G R. 1981, Isolation of a pluripotent cell line from early mouse embryos cultured in medium conditioned by teratocarcinoma stem cell. Proc.Natl.Acad.Sci.USA, 78（12）: 7634-7638

[32] Matsui Y, Zsebo K and Hogan B L M. 1992, Derivation of pluripotential embryonic stem cells frommurine primordial germ cells in culture. Cell, 70: 841-847

[33] Zhao XY, Li W, Lv Z, Liu L, Tong M, Hai T, Hao J, Wang X, Wang L, Zeng F, Zhou Q. 2010, Viable fertile mice generated from fully pluripotent iPS cells derived from adult somatic cells. Stem Cell Rev. 6（3）:390-397

[34] Riaz A, Zhao X, Dai X, Li W, Liu L, Wan H, Yu Y, Wang L, Zhou Q. 2011, Mouse cloning and somatic cell reprogramming using electrofused blastomeres. Cell Res. 21（5）:770-778

[35] Thomson JA, Itskovitz-Eldor J, Shapiro SS, Waknitz MA, Swiergiel JJ, Marshall VS, Jones JM. 1998,. Embryonic stem cell lines derived from human blastocysts. Science, 282（5391）: 1145-1147

[36] Sherman MI. 1975, The culture of cells derived from mouse blastocysts. Cell, 5: 343–349

[37] Martin GR. 1980,Teratocarcinomas and mammalian embryogenesis . Science, 209: 768-776

[38] Stevens L C. 1973, A new inbred subline of mice（129-terSv）with a high incidence of spontaneouscongenital testicular teratomas. Natl Cancer Inst, 50:235–242

[39] Stevens L C. 1976, Animal model of human disease: benign cystic and malignant ovarian teratoma. Am J Pathol, 85（3）:809–813

[40] Stevens L C, Varnum DS, Eicher EM. 1977, Viable chimeras produced from normal and parthenogenetic mouse embryos. Nature, 269: 515-517

[41] Stevens L C. 1978, Totipotent cells of parthenogenetic origin in a chimaeric mouse. Nature, 276: 266–267

[42] Doetschman T C, Eistetter H, Katz M. The in vitro development of blastocyst-derived embryonic stem cell lines: formation of visceral yolk sac, blood islands and myocardium. J Embryol Exp Morphol, 1985, 87:27–45

[43] Thomas K R, Capecchi MR. 1987, Site-directed mutagenesis by gene targeting in mouse embryo-derived stem cells. Cell, 51: 503–512

[44] Thompson S, Clarke AR, Pow AM, 1989,Germ line transmission and expression of a corrected HPRT gene produced by gene targeting in embryonic stem cells. Cell, 56: 313–321

[45] Saiki R K, Scharf S, Faloona F,. 1985, Enzymatic amplification of -globin genomic sequences and restriction site analysis for diagnosis of sickle-cell anemia. Science.230: 1350–1354

[46] Mansour S L, Thomas K R, Capecchi M R. 1988, Disruption of the proto-oncogene int-2 in mouse embryo-derived stem cells: a general strategy for targeting mutations to non-selectable genes Nature （London）.336: 348–352

[47] Jasin M, Berg P.1988, Homologous integration in mammalian cells without target gene selection. Genes Develop.2: 1353–1363

[48] Chisaka O, Capecchi M R. 1991, Regionally restricted developmental defects resulting from targeted disruption of the mouse homeobox gene hox-1.5. Nature.350: 473–479

[49] Schwartzberg P L, Stall A M, Hardin J D, . 1991, Mice homozygous for the ablm1 mutation show poor viability and depletion of selected B and T cell populations. Cell. 65: 1165–1175

[50] Soriano P, Montgomery C, Geske R, . 1991,Targeted disruption of the c-src proto-oncogene leads to osteoporosis in mice.

Cell.64:693–702

[51] Tybulewicz V L J, Crawford C E, Jackson PK,. 1991, Neonatal lethality and lymphopenia in mice with a homozygous disruption of the c-abl proto-oncogene. Cell.65: 1153–1163

[52] Thomas K R, Capecchi M R. 1990, Targeted disruption of the murine int-1 proto-oncogene resulting in severe abnormalities in midbrain and cerebellar development. Nature.346: 847–850

[53] Zijlstra M, Bix M, Simister N E,.1990,2-microglobulin deficient mice lack CD4–8+ cytolytic T cells. Nature.344: 742–746

[54] Smith A G, Heath J K, Donaldson D D,. 1988, Inhibition of pluripotential embryonic stem cell differentiation by purified polypeptides. Nature.336: 688–690

[55] Chambers I, Colby D, Robertson M,. 2003,Functional expression cloning of nanog, a pluripotency sustaining factor in embryonic stem cells. Cell.113: 643–655

[56] Kaufman M H, Robertson E J, Handyside A H, 1983, Establishment of pluripotential cell lines from haploid mouse embryos. J Embryol Exp Morphol.73:249-261

[57] Bradley A, Evans M, Kaufman M H., 1984, Fromation of germ-line chimaeras from embro-derived teratocarcinoma cell lines. Nature.309: 255-256

[58] Munsie M J, Michalska A E, O' Brien C M,.2000, Isolation of pluripotent embryonic stem cells from reprogrammed adult somatic cell nuclei. Curr Biol.10（16）: 989-992

[59] Kawase E, Yamazaki Y, Yagi T,. 2000, Mouse embryonic stem （ES） cell lines established from neuronal cell- derived cloned blastocysts. Genesis.28: 156–163

[60] Yamashita J, Itoh H, Hirashima M,. 2000, Flk1-positive

cells derived from embryonic stem cells serve as vascular progenitors. Nature.408: 92-96

[61] Lee S H, Lumelsky N, Studer L, 2000, Efficient generation of midbrain and hindbrain neurons from mouse embryonic stem cells. Nat Biotechnol.18（6）: 675–679

[62] Lumelsky N, Blondel O, Laeng P, 2001, Differentiation of embryonic stem cells to insulin-secreting structures similar to pancreatic islets. Science.292: 1389-1394

[63] Hubner K, Fuhrmann G, Christenson LK,. 2003, Derivation of oocytes from mouse embryonic stem cells. Science.300: 1251–1256

[64] Toyooka Y, Tsunekawa N, Akasu R, 2003, Embryonic stem cells can form germ cells in vitro [J]. PNAS.100: 11457–11462

[65] Kanatsu-Shinohara M, Inoue K, Lee J, 2004,Generation of pluripotent stem cells from neonatal mouse testis. Cell.119 （7）: 1001–1012

[66] Thomson J A, Itskovitz-Eldor J, Shapiro SS.1998, Embryonic stem cell lines derived from human blastocysts. Science.282: 1145–1147

[67] Shamblott M J, Axelman J, Wang S, 1998,Derivation of pluripotent stem cells from cultured human primordial germ cells . Proc Natl Acad Sci. USA.95: 13726-13731

[68] Reubinoff B E, Pera M F, Fong C Y, 2000, Embryonic stem cell lines from human blastocysts: somatic differentiation in vitro . Nat Biotechnol.18（4）: 399

[69] Hwang W S, Ryu Y J, Park J H, 2004, Evidence of a pluripotent Human embryonic stem cell line derived from a cloned balstocyst. Science.303: 1669

[70] Suemori H. 2004,Establishment of human embryonic stem cell lines and their therapeutic application. Rinsho Byori.52（3）: 254

[71] Stojkovic M, Lako M, Stojkovic P,. 2004, Derivation of human

embryonic stem cells from day-8 blastocysts removered after three-stem in vitro culture. Stem Cells.22: 790-797

[72] Simon C, Escobedo C, Vabuena D, 2005, First derivation in Spain of human embryonic stem cell lines: use of long-term cryopreserved embryos and animal-free conditions. Fertil Sterl.83（1）: 246-249

[73] Cherny R A, Stokes T M, Merei J. 1994,Strategies for the isolation and characterization of bovine embryonic stem cells. Reprod Fert Dev.6（5）: 569-575

[74] Cheng L, Hammond H, Ye Z,. 2003,Human adult marrow cells support prolonged expansion of human embryonic stem cells in culture . Stem Cells.21（2）: 131-142

[75] Lee J B, Song J M, Lee J E, 2004, Available Human feeder cells for the maintenance of Human embryonic stem cells. Reproduction.128（6）: 727-729

[76] Wang Q, Fang ZF, Jin F. 2005,Derivation and growing Human embryonic stem cells on feeder derived from themselves. Stem Cells.23（9）: 1222-1224

[77] Amit M, Shariki C, Margulets V, 2004, Feeder layer- and serum-free culture of human embryonic stem cells. Biol Reprod.70（3）: 838-845

[78] Zhang S C, Weming M, Duncan I D, 2001, In vitro differentiation of transplantable neural precursors from human embryonic stem cells . Nat Biotechnol.19（12）: 1129-1133

[79] Mummery C, Ward D, van den Brink C E, 2002, Cardiomyocyte differentiation of mouse and human embryonic stem cells . J Anat.200: 233-242

[80] Maxim A, Vodyanik L, Jack A, 2004, Human embryonic stem cell-derived CD34+ cells:efficient production in the coculture

with OP9 stromal cells and analysis of lymphohematopoietic potential. Blood.1649: 901-913

[81] Martin F, Pera L, Alan O, 2004, Human embryonic stem cells: prospects for development. Development.18: 5515-5525

[82] Kwon Y D, Oh S K, Kim H S. 2005, Cellular manipulation of human embryonic stem cells by TAT2PDX1 p rotein transduction. Mol Ther.12: 28–32

[83] Chung Y, Klimanskaya I, Becker S, 2006, Embryonic and extraembryonic stem cell lines derived from single mouse blastomeres. Nature.439（7073）: 216–219

[84] Meissner A, Jaenisch R. 2006, Generation of nuclear transfer-derived pluripotent ES cells from cloned Cdx2-deficient blastocysts . Nature.439（7073）: 212–215

[85] Solter D.2005, Politically correct human embryonic stem cells. N Engl J Med.353: 2321–2323

[86] Cowan C A, Atienza J, Melton D A,. 2005, Nuclear reprogramming of somatic cells after fusion with human embryonic stem cells. Science.309: 1369–1373.

[87] Saito S, Strelchenko N, Niemann H. 1992,Bovine embryonic stem cell-like cell lines cultured over several passages. Roux's Arch Dev Biol.201: 134-141

[88] White K L, Polejaeva I A, Bunch T D, 1995,nEffect of non-serum supplemented media on establishment and maintaince of bovine embryonic stem-like cells. Theriogenology. 43（1）:350

[89] Ito T. 1996, Influence of stage and derivation of bovine embryos on formation of embryonic stem （ES） like colonies. J Reprod Dev. 42（5）: 129-133

[90] Cibelli J B, Stice S L, Kane J J, 1997,Production of gremlins

chimeeric bovine fetuses from

[91] transgenic embryonic stem cells, Theriogenology.47（1）: 241

[92] Yindee K J S, Jiang G, Kanok P. 2000, Establishment and long-term maintenance of bovine embryonic stem cell lines using mouse and bovine mixed feeder cells and their survival after cryopreservation, Science Asia.26: 81-86

[93] Mitalipova M, Beyhan Z, First N L. 2001,Pluripotency of bovine embryonic cell line derived from precompacting embryos. Cloning.3（2）: 59-67

[94] Wolf A, Garcia J M. 2002, The influence of protein supplement on the establishment of a bovine embryonic stem cell-like line. Theriogenology.57（1）: 566

[95] Wang L, Duan E K, Sung L Y, 2005, Generation and characterization of pluripotent stem cells from colned bovine embryos. Biology of Reproduction.73: 149-155

[96] Udy G B, Wells D N. 1996, Low oxygen atmosphere initially increases the survival and multiplication of putative goat embryonic stem cells. Theriogenology.45: 237

[97] Tillmann S M. 1996, Isolation of ES-like cell lines from bovine and caprine preimplantation embryos. J Anim Breed Genet.113: 413-426

[98] Hai-Bin Tian, Hong Wang, Hong-Ying Sha. 2006,Factors derived from mouse embryonic stem cells promote self-renewal of goat embryonic stem-like cells. Cell Biology International. 30:452-458

[99] Handyside A.1987, Towards the isolation of embryonic stem cell lines from the sheep. Roux' s Arch Dev Biol. 196: 185-190

[100] Piedrahita J A, Moore K, Oetama B. 1998, Generation of transgenic porcine chimeras using primordial germ cell-derived clonies.

Biol Reprod. 58: 1321-1329

[101] Tsuchiya R.1994, Isolation of ICM-derived cell colonies from sheep blastocysts. Theriogenology.41: 321

[102] Campbell K H S, Mewhir J. 1996,Sheep cloned by nuclear transfer from cultured cell line. Nature.1380: 64-66

[103] Dattena M, Chessa B, Lacerenza D, 2006, Isolation, culture, and characterization of embryonic cell lines from vitrified sheep blastocysts. Molecular Reproduction and Development.73: 31-39

[104] Lee C K, Scales N, Newton G. 2000,Isolation and initial characterization of primordial germ cell （PGC） derived cells from cattle, goat, rabbit and rats. Asian-Aus Anim Sci.13（5）:587-594

[105] Kuhholzer B, Baguisi A, Overstrom EW.2000, Long-term culture and characterization of goat primordial germ cells. Theriogenology.53（5）:1071-1079

[106] Ledda S, Naitannas S, Loip,. 1996, Transplantation of primordial germ cells （PGCs） into enucleated oocytes in sheep. Theriogenology.45: 288

[107] Evans M J, Notarianni E, Laurie S. 1990,Derivation and preliminary characterization of pluripotent cell lines from porcine and bovine blastocytes. Theriogenology.33: 125-128

[108] Niwa H, Burdon T, Chambers I, 1998, Self-renewal of pluripotent embryonic stem cells is mediated via activation of STAT3. Genes Dev.12 （13）: 2048-2060

[109] Niwa H, Miyazaki J, Smith A G. 2000,Quantitative expression of Oct-3/4 defines differentiation, dedifferentiation or self-renewal of ES cells. Nat Genet.24 （4）: 372-376

[110] Cartwright P, McLean C, Sheppard A, 2005, LIF/STAT3 controls ES cell self-renewal and pluripotency by a Myc dependent

mechanism. Development.132 （5）: 885-896

[111] Sato N, Meijer L, Skaltsounis L, 2004, Maintenance of pluripotency in human and mouse embryonic stem cells through activation of Wnt signaling by a pharmacological GSK-3-specific inhibitor. Nat Med.10 （1）: 55–63

[112] Haegele L, Ingold B, Naumann H, Tabatabai G, Ledermann B, Brandner S. 2003,Wnt signalling inhibits neural differentiation of embryonic stem cells by controlling bone morphogenetic protein expression. Mo l Cell N euro sci.24 （3）: 696-708

[113] Paling N R, Wheadon H, Bone H K,. 2004, Regulation of embryonic stem cell self-renewal by phosphoinositide 3 kinase-dependent signaling. J Bio l Chem.279（46）: 48063-48070

[114] Hallmann D, Trumper K, Trusheim H, 2003, Altered signaling and cell cycle regulation in embryonal stem cells with a disruption of the gene for phosphoinositide 3-kinase regulatory subunit p85alpha. J Biol Chem.278（7）: 5099–5108

[115] Armstrong L, HughesO, Yung S. 2006,The role of PI3K/AKT, MAPK-ERK and NFkappabeta signalling in the maintenance of human embryonic stem cell pluripotency and viability highlighted by transcriptional profiling and functional analysis . Hum Mol Genet.15 （11）: 1894–1913

[116] Qi X, Li TG, Hao J. 2004, BMP4 supports self － renewal of embryonic stem cells by inhibiting mitogen － activated protein kinase pathways. Proc Natl Acad Sci USA.101: 6027–6032

[117] Chambers I. 2004,The molecular basis of pluripotency in mouse embryonic stem cells. Cloning Stem Cells. 6: 386-391

[118] Cavaleri F, Scholer H R. 2003, Nanog: a new recruit to the embryonic stem cell orchestra. Cell. 113（5）: 551-552

[119] Sch ler H R, Ruppert S, Suzuki N, 1990, New type of POU domain in germ line-specific protein Oct-4. Nature.344: 435-439

[120] Pesce M, Scholer H. 2001, Oct-4: gatekeeper in the beginnings of mammalian development. Stem Cells.19: 271-278

[121] Scholer H, Dressler G, Balling R, 1990, Oct-4: a germ line specific transcription factor mapping to the mouse t-complex . EMBO.9: 2185-2195

[122] Nichols J, Zevnik B, Anastassiadis K,. 1998, Formation of pluripotent stem cells in the mammalian embryo depends on the POU transcription factor Oct4. Cell. 95: 379-391

[123] Liu L M, Roberts R.1996, Silencing of the gene for the b-subunit of human chorionic gonadotropin by the embryonic transcription factor Oct-3/4 . J Biol Chem.271: 16683-16689

[124] Liu L, Leaman D, Villalta M, Roberts RM. 1997, Silencing of the gene for the a-subunit of human chorionic gonadotropin by the embryonic transcription factor Oct-3/4. Mol Endocrinol.11: 1651-1658

[125] Yamamoto H, Flannery M L, Kupriyanov S, 1998, Defective trophoblast functions in mice with a targeted mutation of Ets2. Genes Dev.12: 1315-1326

[126] Yuan H, Corbi N, Basilico C. 1995,Developmental-specific activity of the FGF-4 enhancer requires the synergistic action of Sox2 and Oct-3. Genes Dev. 9: 2635-2645

[127] Ambrosetti D C, Basilico C, Dailey L. 1997, Synergistic activation of the fibroblast growth factor 4 enhancer by Sox2 and Oct-3 depends on protein-protein interactions facilitated by a specific spatial arrangement of factor binding sites.Mol Cell Biol.17: 6321-6329.

[128] Ambrosetti D C, Scholer H R, Dailey L,. 2000,Modulation of the activity of multiple transcriptional activation domains by the DNA

binding domains mediates the synergistic action of Sox2 and Oct-3 on the fibroblast growth factor-4 enhancer. J Biol Chem.275: 23387-23397

[129] Tomioka M, Nishimoto M, Miyagi S, 2002, Identification of Sox-2 regulatory region which is under the control of Oct-3/4-Sox-2 complex, Nucleic Acids Res.30: 3202-3213

[130] Nishimoto M, Fukushima A, Okuda A,. 1999, The gene for the embryonic stem cell coactivator UTF1 carries a regulatory element which selectively interacts with a complex composed of Oct-3/4 and Sox-2. Mol Cell Biol.19: 5453-5465

[131] Pesce M, Gross M, Scholer H.1998, In line with our ancestors: Oct-4 and the mammalian germ. Bioessays.20: 722-732

[132] Pesce M, Scholer H. 2001, Oct-4: gatekeeper in the beginnings of mammalian development. Stem Cells.19: 271-278

[133] Pesce M, Scholer H. 2000, Oct-4: control of totipotency and germline determination.. Mol Reprod Dev.55: 452-457

[134] Pan G, Chang Z Y, Shooler H,.2002, Stem cell pluripotency and transcription factor Oct4. Cell Res.12（5-6）: 321-329

[135] Mitsui K, Tokuzawa Y, Itoh H,.2003, The homeoprotein Nanog is required for maintenance of pluripotency in mouse epiblast and ES cells. Cell.113 （5）: 631-642

[136] Chambers I, Colby D, Robertson M, 2003, Functional expression cloning of Nanog, a pluripotency sustaining factor in embryonic stem cells. Cell.113 （5）: 643-655

[137] Hart A H, Hartley L, Ibrahim M,. 2004, Identification, cloning and expression analysis of the pluripotency promoting Nanog genes in mouse and human. Dev Dyn.230（1）: 187-198

[138] Ambrosetti D C, Basilico C, Dailey L. 1997, Synergistic activation of the fibroblast growth factor 4 enhancer by Sox2 and Oct-3

depends on protein-protein interactions facilitated by a specific spatial arrangement of factor binding sites. Mol Cell Biol.17（11）: 6321-6329

[139] Prudhomme W, Daley G Q, Zandstra P, 2004, Multivariate proteomic analysis of murine embryonic stem cell self-renewal versus differentiation signaling. Proc Natl Acad Sci USA. 101（9）: 2900-2905

[140] Avilion A A, Nicolis S K, Pevny L H,. 2003, Multipotent cell lineages in early mouse development depend on SOX2 function. Genes Dev.17（1）: 126-140

[141] Hanna L A, Foreman R K, Tarasenko I A,. 2002,Requirement for Foxd3 in maintaining pluripotent cells of the early mouse embryo. Genes Dev.16（20）: 2650-2661

[142] Guo Y, Costa R, Ramsey H,. 2002,The embryonic stem cell transcription factors Oct-4 and FoxD3 interact to regulate endodermal-specific promoter expression. Proc Natl Acad Sci USA. 99（6）: 3663-3667

[143] Ben-Shushan E, Thompson J R, Gudas L J,. 1998, Rex1, a gene encoding a transcription factor expressed in the early embryo, is regulated via Oct-3/4 and Oct-6 binding to an octamer site and a novel protein, Rox-1, binding to an adjacent site. Mol Cell Biol.18（4）: 1866-1878

[144] Doetschman T C, Eistetter H, Katz M,. 1985, The in vitro development of blastocyte –derived embryonic stem cell lines: formation of visceral yolk sac, blood islands and myocarotium . Embryol Exp Morphol.87: 27-451

[145] Wiuiams R L, Hilton D J, Pease S, 1988 , Myelid leukaemia inhibitory factor maintains the developmental potential of embryonic stem cells . Nature.336: 684-688

[146] Li M, Pevtvy L, Lovell-Badeger. 1998, Generation of purified neural precursors from embryonic stem cells by lineage selation. Curr Biol. 8: 971

[147] Thorsteinsdottir S, Roelen B A, Goumans M J, 1999, Expression of the alpha 6A integrin splice variant in developing mouse embryonic stem cell aggregates and correlation with cardiac muscle differentiation . Differentiation.64（3）: 173-1841

[148] Cross M A, Ever T. 1999,The lineage commitment of haemopoietic progenitor cells. Curr Opin Genet Dev.7: 609

[149] Karin H, Fuhrmann G, Christensson K,.2003, Derivation of oocytes from mouse embryonic stem cells. Sience.300（23）: 1251-1256

[150] Klug M G, Soonpaa M H, Koh G Y,. 1996,Genetically selected cardiomyocytes from differentiating embryonic stem cells form stable intracadiac grafts. J Clin Invest.98: 216-224

[151] Kehat I, Kenyagin-Karsenti D, Snir M, 2001,Human embryonic stem cells can differentiate into myocytes with structural and functional properties of cardiomyocytes. J Clin Invest.108: 407-414

[152] Xu C, Police S, Rao N,. 2002, Characterization and enrichment of cardiomyocytes derived from human embryonic stem cells. Circ Res.91: 501-508

[153] Norstrom A, Akesson K, Hardarson T,. 2006, Molecular and pharmacological properties of human embryonic stem cellderived cardiomyocytes . Exp Biol Med.231（11）: 1753-1762

[154] Yoon B S, Yoo S J, Lee J E,.2006, Enhanced differentiation of human embryonic stem cells into cadiomyocytes by combining hanging drop culture and 5-azacytidine treatment. Differentiation.74: 149-159

[155] Pal R, KhannaA. 2007, Similar pattern in cardiac differentiation of human embryonic stem cell lines, BGO1V and

ReliCellò hES, under low serum concentration supplemented with bone morphogeneticprotein-2 . Differentiation.75: 112-122

[156] Kaufman D S, Hanson E T, Lewis R L. 2001,Hematopoietic colony-forming cells derived from human embryonic stem cells . Proc Natl Acad Sci USA.98（19）: 10716-10721

[157] Chadwick K, Wang L S, Li L. 2003, Cytokines and BMP-4 promote hematopoietic differentiation of human embryonic stem cells. Blood.102（3）: 906-915

[158] Cerdan C, Rouleau A, Bhatia M.2004, VEGF-A165 augments erythropoietic development from human embryonic stem cells. Blood.103（7）: 2504-2512

[159] Bowles K M, Vallier L, Smith J R,. 2006, HOXB4 over expression promotes hematopoietic development by human embryonic stem cells. Stem Cells.24: 1359-1369

[160] Zhang S C, Wernig M, Duncan I D,. 2001, In vitro differentiation of transplantable neural precursors from human embryonic stem cells. Nat Biotechnol.19: 1129-1133

[161] Reubinoff B E, Itsykson P, Turetsky T,. 2001,Neural progenitors from human embryonic stem cells. Nat Biotechnol.19: 1134-1140

[162] Hirasima M, Kataoka H, Nishikawa S,. 1999, Maturation of Embryonic stem cells into endothelial 353:1–7. cells in an in vitro model of vasculogenesis. Blood.93（4）: 1253-1263

[163] Vitter D.1996, Embryonic stem cells differentiate in vitro to endothelia cells through successive maturation steps . Blood. 88（9）: 3424-3431

[164] Mueller Klieser Wso. 1997,Tree-dimensional cell cultures: from molecular mechanism to clinical application. Am J Physiol.273: 1109-1213

[165] Zhang X J, Tsung H C, Caen J P,. 1996, Vasculogenesis from embryonic bodies of murine embryonic stem cells transfected by TGF-

β gene. Endotheliun.6（2）: 95-106

[166] Ahmad S, Stewart R, Yung S,. 2007, Differentiation of human embryonic stem cells into corneal epithelial like cells by in vitro replication of the corneal epithelial stem cell niche. Stem Cells.25: 1145-1155

[167] Heinsn, Englund M C, Sjobom C,. 2004, Derivat ion, characterization, and differentiation of human embryonic stem cells. Stem Cells.22: 367-376

[168] Reubinoff B E, Pera M F, Fong C Y, 2000, Embryonic stem cell lines from human blastocysts: somatic differentiation in vitro. Nat Biotechnol. 18: 399-404

[169] Delhaise F, Bralion V, Schuurbiers N,. 1996, Establishment of an embryonic stem cell line from 8-cell stage mouse embryos. Eur J Morphol.34（4）: 237-243

[170] Durcova-Hills G, Prelle K, Muller S,. 1998, Primary culture of porcine PGCs requires LIF and porcine Membrane-bound stem cell factor. Zygote.6（3）: 271-275

[171] Howattao, Mikkola M, Gertow K,. 2003, A culture system using human foresk in fibroblasts asfeeder cells allows production of human embryonic stem cells. Hum Reprod.18: 404-409

[172] Amit M, Marguletsv V, Segev H,. 2003, Human feeder layers for human embryonic stem cells. Biol Reprod.68: 2150-2156

[173] Jung B L, Jeoung E L, Jong H P,. 2005,Establishment and maintenance of human embryonic stem cell lines on human feeder cells derived from uterine endometrium under serum-free condition. Biol Reprod.72: 42-49

[174] Sayaka W, Takafusa i, Rinako S, 2007, Efficient Establishment of Mouse Embryonic Stem Cell Lines from Single Blastomeres and Polar Bodies. Stem Cells.25（4）: 986-993

[175] Irina K, Young C, Sandy B, 2006,Human embryonic stem

cell lines derived from single blastomeres . Nature.444（23）: 481-488

[176] Cibelli J B, Grant K A, Chapman K B, 2002, Parthenogenetic stem cells in nonhuman primates . Science.295: 819

[177] Kent E V, Jason D H, Ashley M G,. 2003, Nonhuman primate parthenogenetic stem cells [J]. PNAS. 100: 11911-11916

[178] Cibelli JB, Stice SL, Kane JJ,. 1998, Bovine chimeric offspring produced by transgenic embryonic stem cells generated from somatic cell nuclear transfer embryos. Theriogenology. 49（1）: 236

[179] Guan K, Nayernia K, Maier L S, 2006, Pluripotency of spermatogonial stem cells from adult mouse testis. Nature.440: 1199-1203

[180] Cowan C A, Klimanskaya I, McMahon J. 2004, Derivation of Embryonic Stem-Cell Lines from Human Blastocytes. The New England Journal of Medine.3: 1-4

[181] Hirofumi S, Kentaro Y, Kouichi H, 2006,Efficient establishment of human embryonic stem cell lines and long-term maintenance with stable karyotype by enzymatic bulk passage. Biochemical and Biophysical Research Communications.345: 926–932

[182] Lavoir M C. 1994,Isolation of germ cells from fetal bovine ovaries. Mol Reprod Dev. 37:413-424

[183] Watt T F, Hogan B L M. 2000,Out of eden: stem cells and their Niches. Science. 287:1427-1730

[184] Angelika E, Schnieke, Alexande J K, 1997,Human Factor 1X transgenic sheep produced by transfer of muclei from transfected Fetal fibroblasts. Science.278: 119-125

[185] Stice S L, Strelchenko N S, Keefer C L,. 1996, Pluripotent bovine embryonic cell lines directembryonic development following nuclear transfer. Biol Reprod.54（1）: 100-110

[186] Behrouz Aflatoonian, Harry Moore. 2005,Human primordial

germ cells and embryonic germ cells, and their use in cell therapy. Current Opinion in Biotechnology.16: 530-535

[187] Kawase E, Hashimoto K and Pedersen R A. 2004,Autocrine and paracrine mechanisms regulating primordial germ cell proliferation. Mol Reprod Dev.68（1）: 5-16

[188] Mindy D G, Mary L T. Serum-free culture of murine ES cells. Focus, 1998, 20: 8

[189] Horii T, Nagao Y, Tokunaga T,.2003, Serum-free culture of murine primordial germ cells andembryonic germ cells. Theriogenology. 59（5-6）: 1257-1264

[190] Choo AB, Padmanabhan J, Chin AC,. 2004,Expansion of pluripotent human embryonic stem cells on human feeders . Biotechnol Bioeng. 88 （3）: 321-331

[191] Takahashi K, Tanabe K, Ohnuki M,. 2007,Induction of pluripotent stem cells from adult human fibroblasts by defined factors. Cell.131（5）: 861-872

[192] Okita K, Ichisaka T, Yamanaka S. 2007,Generation of germline-competent induced pluripotent stem cell . Nature.448 （7151）: 313-317

[193] Lowry WE, Richter L, Yachechko R,. 2008,Generation of human induced pluripotent stem cells from dermal fibroblasts . Proc Natl Acad Sci USA. 105（8）: 2883-2888

[194] Park IH, Zhao R, West JA, et al.2008, Reprogramming of human somatic cells to pluripotency defined factors . Nature.451（7151）: 141-146

[195] Yu J, Vodyanik MA, Smuga-Otto K,. 2007, Induced pluripotent stem cell lines derived from human somatic cells . Science.318（5858）: 1917-1920

展　望

　　《周易·条辞传》曰："天地之大德曰生"。生命永远是宇宙中最宝贵的，生命具有无可争辩的意义，是第一本位的。"种"的繁衍生殖自然就具有无与伦比的重要意义。生殖也是人类和动物的永恒的话题。

　　虽然我们尽最大努力来综合国内外山羊生殖生物学领域的研究论文和著作让本书涵盖山羊畜牧生产中常用的山羊的生殖周期调控、超数排卵、人工输精、性别控制、体外受精、胚胎克隆、胚胎移植、生殖细胞保存、干细胞系建立等一系列技术，但是我们应该看到随着时代的发展，新方法、新技术的涌现和在生殖生物学领域的应用是永无止境的。从 1960—1970 年代的人工授精、胚胎移植技术；1980 年代以后的体外受精、性别控制技术；到今天的克隆技术、转基因技术以及干细胞技术的不断发展，都造就了山羊生殖技术发展的里程碑。

　　山羊生殖技术的百年发展史可以证明，谁率先把生物科学乃至理化科学最新的方法与技术应用于生殖生物学研究，谁就站在了学科发展的前沿。

　　最后让我们向在山羊生殖技术研究领域辛勤工作的人们致敬！